U0320021

大气环境管理工作手册

（下册）

环境保护部　编

中国环境出版社·北京

图书在版编目（CIP）数据

大气环境管理工作手册. 下册/环境保护部编. —北京：中国环境出版社，2014.12
ISBN 978-7-5111-2151-6

Ⅰ. ①大…　Ⅱ. ①环…　Ⅲ. ①大气环境—环境管理—工作—中国—手册　Ⅳ. ①X51-62

中国版本图书馆 CIP 数据核字（2014）第 287560 号

出 版 人	王新程
责任编辑	赵惠芬
责任校对	唐丽虹
封面设计	彭　杉

出版发行　中国环境出版社
　　　　　（100062　北京市东城区广渠门内大街 16 号）
　　　　　网　　址：http://www.cesp.com.cn
　　　　　电子邮箱：bjgl@cesp.com.cn
　　　　　联系电话：010-67112765（编辑管理部）
　　　　　发行热线：010-67125803，010-67113405（传真）

印	刷	北京中科印刷有限公司
经	销	各地新华书店
版	次	2014 年 12 月第 1 版
印	次	2014 年 12 月第 1 次印刷
开	本	787×960　1/16
印	张	22.5
字	数	430 千字
定	价	70.00 元

前　言

　　大气污染问题一直是中国环境保护的一项重点工作。"十一五"以来，通过加大结构调整力度、严格环境准入、强化末端治理、深化城市大气环境综合整治工作等措施，我国大气污染防治工作取得显著成效。在国内生产总值年均增长高达 11.2%，煤炭消费总量增长超过 10 亿吨的情况下，主要大气污染物排放量大幅度下降，大气环境质量得到显著改善。

　　但是，我们需要认识到在全球性金融危机的严峻形势下，我国面临前所未有的环境形势和经济发展压力。我国正处于工业化中后期和城镇化加速发展的阶段，人口总量仍将持续增长，资源能源消耗仍将快速上升，大气污染防治工作仍面临十分严峻的形势。据统计，70% 左右的城市不能达到新的环境空气质量标准，细颗粒物是影响城市空气质量的首要污染物；而且，随着重化工业的快速发展、能源消费和机动车保有量的快速增长，排放的大量二氧化硫、氮氧化物与挥发性有机物导致 $PM_{2.5}$、臭氧、酸雨等二次污染呈加剧态势。复合型大气污染导致能见度大幅度下降，2013 年 1 月份以来，我国中东部地区出现长时间、大范围、高强度的雾霾天气，严重影响人民群众生产生活，国内外反应强烈。

　　当前，我国正处于全面建设小康社会的关键时期，大气污染问题已经成为当前十分突出的环境问题。党中央国务院对此高度重视，作出了一系列重要指示和批示。习近平总书记对大气污染防治工作作出重要批示，要求务必高度重视，加强领导，下定决心，坚决治理。2013年 5 月 24 日中央政治局集体学习时的重要讲话中指出，要着力推进重点行业和重点区域大气污染治理，着力推进颗粒物污染防治，集中力量优先解决好细颗粒物等损害群众健康的突出环境问题。以国务院批复《大气污染防治行动计划》为标志，全国大气污染防治工作进入一个崭新阶段。必须以细颗粒物污染防控为重点，全力推进大气污染防治，由被动应对向主动防控的战略转变，从生产、生活和生态方面采取综合措施，合理控制城市人口，优化城市空间布局，调整产业和能源结构，协同控制各类污染物，全面削减二氧化硫、氮氧化物、工业烟粉尘、工地扬尘和挥发性有机物；积极探索代价小、效益好、排放低、可持续的环境保护新道路，实现经济效益、社会效益、资源环境效益的多赢，促进经济长期平稳较快发展的社会和谐进步。

目　录

第三篇　大气污染控制技术与清洁生产标准

附 录

第一篇

大气环境质量标准

环境空气质量标准

（GB 3095—2012）

1 适用范围

本标准规定了环境空气功能区分类、标准分级、污染物项目、平均时间及浓度限值、监测方法、数据统计的有效性规定及实施与监督等内容。

本标准适用于环境空气质量评价与管理。

2 规范性引用文件

本标准引用下列文件或其中的条款。凡是不注明日期的引用文件，其最新版本适用于本标准。

GB 8971 空气质量 飘尘中苯并[a]芘的测定乙酰化滤纸层析荧光分光光度法

GB 9801 空气质量 一氧化碳的测定非分散红外法

GB/T 15264 环境空气 铅的测定 火焰原子吸收分光光度法

GB/T 15432 环境空气 总悬浮颗粒物的测定 重量法

GB/T 15439 环境空气 苯并[a]芘的测定 高效液相色谱法

HJ 479 环境空气 氮氧化物（一氧化氮和二氧化氮）的测定 盐酸萘乙二胺分光光度法

HJ 482 环境空气 二氧化硫的测定 甲醛吸收-副玫瑰苯胺分光光度法

HJ 483 环境空气 二氧化硫的测定 四氯汞盐吸收-副玫瑰苯胺分光光度法

HJ 504 环境空气 臭氧的测定 靛蓝二磺酸钠分光光度法

HJ 539 环境空气 铅的测定 石墨炉原子吸收分光光度法（暂行）

HJ 590 环境空气 臭氧的测定 紫外光度法

HJ 618 环境空气 PM_{10} 和 $PM_{2.5}$ 的测定 重量法

HJ 630 环境监测质量管理技术导则

HJ/T 193 环境空气质量自动监测技术规范

HJ/T 194 环境空气质量手工监测技术规范

《环境空气质量监测规范（试行）》（国家环境保护总局公告 2007 年第 4 号）

《关于推进大气污染联防联控工作改善区域空气质量的指导意见》（国办发 [2010]33 号）

3　术语和定义

下列术语和定义适用于本标准。

3.1　环境空气　ambient air

指人群、植物、动物和建筑物所暴露的室外空气。

3.2　总悬浮颗粒物　total suspended particle（TSP）

指环境空气中空气动力学当量直径小于等于 100 μm 的颗粒物。

3.3　颗粒物（粒径小于等于 10 μm）particulate matter（PM_{10}）

指环境空气中空气动力学当量直径小于等于 10 μm 的颗粒物，也称可吸入颗粒物。

3.4　颗粒物（粒径小于等于 2.5 μm）　particulate matter（$PM_{2.5}$）

指环境空气中空气动力学当量直径小于等于 2.5 μm 的颗粒物，也称细颗粒物。

3.5　铅　lead

指存在于总悬浮颗粒物中的铅及其化合物。

3.6　苯并[a]芘　benzo[a]pyrene（BaP）

指存在于颗粒物（粒径小于等于 10 μm）中的苯并[a]芘。

3.7　氟化物　fluoride

指以气态和颗粒态形式存在的无机氟化物。

3.8　1 h 平均 1-hour average

指任何 1 h 污染物浓度的算术平均值。

3.9　8 h 平均　8-hour average

指连续 8 h 平均浓度的算术平均值，也称 8 h 滑动平均。

3.10　24 h 平均 24-hour average

指一个自然日 24 h 平均浓度的算术平均值，也称为日平均。

3.11　月平均 monthly average

指一个日历月内各日平均浓度的算术平均值。

3.12　季平均 quarterly average

指一个日历季内各日平均浓度的算术平均值。

3.13　年平均 annual mean

指一个日历年内各日平均浓度的算术平均值。

3.14　标准状态 standard state

指温度为 273 K，压力为 101.325 kPa 时的状态。本标准中的污染物浓度均为标准状态下的浓度。

4　环境空气功能区分类和质量要求

4.1　环境空气功能区分类

环境空气功能区分为二类：一类区为自然保护区、风景名胜区和其他需要特殊保护的区域；二类区为居住区、商业交通居民混合区、文化区、工业区和农村地区。

4.2　环境空气功能区质量要求

一类区适用一级浓度限值，二类区适用二级浓度限值。一、二类环境空气功能区质量要求见表 1 和表 2。

表 1　环境空气污染物基本项目浓度限值

序号	污染物项目	平均时间	浓度限值		单位
			一级	二级	
1	二氧化硫（SO_2）	年平均	20	60	$\mu g/m^3$
		24 h 平均	50	150	
		1 h 平均	150	500	
2	二氧化氮（NO_2）	年平均	40	40	
		24 h 平均	80	80	
		1 h 平均	200	200	
3	一氧化碳（CO）	24 h 平均	4	4	mg/m^3
		1 h 平均	10	10	
4	臭氧（O_3）	日最大 8 h 平均	100	160	$\mu g/m^3$
		1 h 平均	160	200	
5	颗粒物（PM_{10}）	年平均	40	70	
		24 h 平均	50	150	
6	颗粒物（$PM_{2.5}$）	年平均	15	35	
		24 h 平均	35	75	

表2　环境空气污染物其他项目浓度限值

序号	污染物项目	平均时间	浓度限值		单位
			一级	一级	
1	总悬浮颗粒物（TSP）	年平均	80	200	μg/m³
		24 h 平均	120	300	
2	氮氧化物（NO$_x$）	年平均	50	50	
		24 h 平均	100	100	
		小时平均	250	250	
3	铅（Pb）	年平均	0.5	0.5	
		季平均	1	1	
4	苯并[a]芘（BaP）	年平均	0.001	0.001	
		24 h 平均	0.002 5	0.002 5	

4.3　本标准自 2016 年 1 月 1 日起在全国实施。基本项目（表 1）在全国范围内实施；其他项目（表 2）由国务院环境保护行政主管部门或者省级人民政府根据实际情况，确定具体实施方式。

4.4　在全国实施本标准之前，国务院环境保护行政主管部门可根据《关于推进大气污染联防联控工作改善区域空气质量的指导意见》等文件要求指定部分地区提前实施本标准，具体实施方案（包括地域范围、时间等）另行公告；各省级人民政府也可根据实际情况和当地环境保护的需要提前实施本标准。

5　监测

环境空气质量监测工作应按照《环境空气质量监测规范（试行）》等规范性文件的要求进行。

5.1　监测点位布设

表 1 和表 2 中环境空气污染物监测点位的设置，应按照《环境空气质量监测规范（试行）》中的要求执行。

5.2　样品采集

环境空气质量监测中的采样环境、采样高度及采样频率等要求，按 HJ/T 193 或 HJ/T 194 的要求执行。

5.3　分析方法

应按表 3 的要求，采用相应的方法分析各项污染物的浓度。

表3 各项污染物分析方法

序号	污染物项目	手工分析方法		自动分析方法
		分析方法	标准编号	
1	二氧化硫（SO_2）	环境空气 二氧化硫的测定 甲醛吸收-副玫瑰苯胺分光光度法	HJ 482	紫外荧光法、差分吸收光谱分析法
		环境空气 二氧化硫的测定 四氯汞盐吸收-副玫瑰苯胺分光光度法	HJ 483	
2	二氧化氮（NO_2）	环境空气 氮氧化物（一氧化氮和二氧化氮）的测定 盐酸萘乙二胺分光光度法	HJ 479	化学发光法、差分吸收光谱分析法
3	一氧化碳（CO）	空气质量 一氧化碳的测定 非分散红外法	GB 9801	气体滤波相关红外吸收法、非分散红外吸收法
4	臭氧（O_3）	环境空气 臭氧的测定 靛蓝二磺酸钠分光光度法	HJ 504	紫外荧光法、差分吸收光谱分析法
		环境空气 臭氧的测定 紫外光度法	HJ 590	
5	颗粒物（粒径小于等于 10 μm）	环境空气 $PM_{2.5}$ 和 PM_{10} 的测定 重量法	HJ 618	微量震荡天平法、β 射线法
6	颗粒物（粒径小于等于 2.5 μm）	环境空气 $PM_{2.5}$ 和 PM_{10} 的测定 重量法	HJ 618	微量震荡天平法、β 射线法
7	总悬浮颗粒物（TSP）	环境空气 总悬浮颗粒物测定 重量法	GB/T 15432	—
8	氮氧化物（NO_x）	环境空气 氮氧化物（一氧化氮和二氧化氮）的测定 盐酸萘乙二胺分光光度法	HJ 479	化学发光法、差分吸收光谱分析法
9	铅（Pb）	环境空气 铅的测定 石墨炉原子吸收分光光度法（暂行）	HJ 539	—
		空气质量 铅的测定 火焰原子吸收分光光度法	GB/T 15264	—
10	苯并[a]芘（BaP）	空气质量 飘尘中苯并[a]芘的测定 乙酰化滤纸层析荧光分光光度法	GB 8971	—
		环境空气 苯并[a]芘的测定 高效液相色谱法	GB/T 15439	—

6 数据统计的有效性规定

6.1 应采取措施保证监测数据的准确性、连续性和完整性，确保全面、客观地反映监测结果。所有有效数据均应参加统计和评价，不得选择性地舍弃不利数据以及人为干预监测和评价结果。

6.2 采用自动监测设备监测时，监测仪器应全年365天（闰年366天）连续运行。

在监测仪器校准、停电和设备故障，以及其他不可抗拒的因素导致不能获得连续监测数据时，应采取有效措施及时恢复。

6.3   异常值的判断和处理应符合 HJ 630 的规定。对于监测过程中缺失和删除的数据均应说明原因，并保留详细的原始数据记录，以备数据审核。

6.4   任何情况下，有效的污染物浓度数据均应符合表 4 中的最低要求，否则应视为无效数据。

表 4   污染物浓度数据有效性的最低要求

污染物项目	平均时间	数据有效性规定
二氧化硫（SO$_2$）、二氧化氮（NO$_2$）、颗粒物（粒径小于等于 10 μm）、颗粒物（粒径小于等于 2.5 μm）、氮氧化物（NO$_x$）	年平均	每年至少有 324 个日平均浓度值；每月至少有 27 个日平均浓度值（二月至少有 25 个日平均浓度值）
二氧化硫（SO$_2$）、二氧化氮（NO$_2$）、颗粒物（粒径小于等于 10 μm）、颗粒物（粒径小于等于 2.5 μm）、氮氧化物（NO$_x$）	24 h 平均	每日至少有 20 个小时平均浓度值或采样时间
臭氧（O$_3$）	8 h 平均	每 8 h 至少有 6 h 平均浓度值
二氧化硫（SO$_2$）、二氧化氮（NO$_2$）、一氧化碳（CO）、臭氧（O$_3$）、氮氧化物（NO$_x$）	1 h 平均	每小时至少有 45 min 的采样时间
总悬浮颗粒物（TSP）、苯并[a]芘（BaP）、铅（Pb）	年平均	每年至少有分布均匀的 60 个日平均浓度值 每月至少有分布均匀的 5 个日平均浓度值
铅（Pb）	季平均	每季至少有分布均匀的 15 个日平均浓度值 每月至少有分布均匀的 5 个日平均浓度值
总悬浮颗粒物（TSP）、苯并[a]芘（BaP）、铅（Pb）	24 h 平均	每日应有 24 h 的采样时间

7   实施与监督

7.1   本标准由各级环境保护行政主管部门负责监督实施。

7.2   各类环境空气功能区的范围由县级以上（含县级）人民政府环境保护行政主管部门划分，报本级人民政府批准实施。

7.3   按照《中华人民共和国大气污染防治法》的规定，未达到本标准的大气污染防治重点城市，应当按照国务院或者国务院环境保护行政主管部门规定的期限，达到本标准。该城市人民政府应当制定限期达标规划，并可以根据国务院的授权或者规定，采取更严格的措施，按期实现达标规划。

室内空气质量标准

（GB/T 18883—2002）

1　范围

本标准规定了室内空气质量参数及检验方法。

本标准适用于住宅和办公建筑，其他室内环境可参照本标准执行。

2　规范性引用文件

下列文件中的条款通过本标准的引用而成为本标准的条款。凡是注日期的引用文件，其随后所有的修改（不包括勘误内容）或修订版均不适用于本标准，然而，鼓励根据本标准达成协议的各方研究是否可使用这些文件的最新版本。凡是不注日期的引用文件，其最新版本适用于本标准。

GB/T 9801　空气质量一氧化碳的测定非分散红外法

GB/T 11737　居住区大气中苯、甲醛和二甲苯卫生检验标准方法气相色谱法

GB/T 12372　居住区大气中二氧化氮检验标准方法改进的 Saltzman 法

GB/T 14582　环境空气中氡的标准测量方法

GB/T 14668　空气质量氨的测定纳氏试剂比色法

GB/T 14669　空气质量氨的测定离子选择电极法

GB 14677　空气质量甲苯、二甲苯、苯乙烯的测定气相色谱法

GB/T 14679　空气质量氨的测定次氯酸钠-水杨酸分光光度法

GB/T 15262　环境空气二氧化硫的测定甲醛吸收-副玫瑰苯胺分光光度法

GB/T 15435　环境空气二氧化氮的测定 Saltzman 法

GB/T 15437　环境空气臭氧的测定靛蓝二硫酸钠分光光度法

GB/T 15438　环境空气臭氧的测定紫外光度法

GB/T 15439　环境空气苯并[a]芘测定高效液相色谱法

GB/T 15516　空气质量甲醛的测定乙丙酮分光光度法

GB/T 16128　居住区大气中二氧化硫卫生检验标准方法，甲醛溶液吸收-盐酸

副玫瑰苯胺分光光度法

    GB/T 16129   居住区大气中甲醛卫生检验标准方法分光光度法

    GB/T 16147   空气中氡浓度的闪烁瓶测量方法

    GB/T 17095   室内空气中可吸入颗粒物卫生标准

    GB/T 18204.13   公共场所室内温度测定方法

    GB/T 18204.14   公共场所室内相对湿度测定方法

    GB/T 18204.15   公共场所室内空气流速测定方法

    GB/T 18204.18   公共场所室内新风量测定方法示踪气体法

    GB/T 18204.23   公共场所空气中一氧化氮检验方法

    GB/T 18204.24   公共场所空气中二氧化氮检验方法

    GB/T 18204.25   公共场所空气中氨检验方法

    GB/T 18204.26   公共场所空气中甲醛测定方法

    GB/T 18204.27   公共场所空气中臭氧检验方法

3　术语和定义

3.1　室内空气质量参数（indoor air quality parameter）

    指室内空气中与人体健康有关的物理、化学、生物和放射性参数。

3.2　可吸入颗粒物（particleswithdiametersof 10 umorless，PM_{10}）

    指悬浮在空气中，空气动力学当量直径小于等于 10 μm 的颗粒物。

3.3　总挥发性有机化合物（Total Volatile Organic，TVOC）：利用 Tenax GC 或 Tenax TA 采样，非极性色谱柱（极性指数小于 10）进行分析，保留时间在正己烷和正十六烷之间的挥发性有机化合物。

3.4　标准状态（normal state）

    指温度 273K，压力为 101.325 kPa 时的干物质状态。

4　室内空气质量

4.1　室内空气应无毒、无害、无异常嗅。

4.2　室内空气质量标准见表 1。

表 1　室内空气质量标准

序号	参数类别	参数	单位	标准值	备注
1	物理性	温度	℃	22～28	夏季空调
				16～24	冬季采暖
2		相对湿度	%	40～80	夏季空调
				30～60	冬季采暖
3		空气流速	m/s	0.3	夏季空调
				0.2	冬季采暖
4		新风量	$m^3/$（h·人）	30[①]	a
5	化学性	二氧化硫（SO_2）	mg/m^3	0.50	1 h 均值
6		二氧化氮（NO_2）	mg/m^3	0.24	1 h 均值
7		一氧化碳（CO）	mg/m^3	10	1 h 均值
8		二氧化碳（CO_2）	%	0.10	日平均值
9		氨（NH_3）	mg/m^3	0.20	1 h 均值
10		臭氧（O_3）	mg/m^3	0.16	1 h 均值
11		甲醛（HCHO）	mg/m^3	0.10	1 h 均值
12		苯（C_6H_6）	mg/m^3	0.11	1 h 均值
13		甲苯（C_7H_8）	mg/m^3	0.20	1 h 均值
14		二甲苯（C_8H_{10}）	mg/m^3	0.20	1 h 均值
15		苯并[a]芘[B(a)P]	mg/m^3	1.0	日平均值
16		可吸入颗粒（PM_{10}）	mg/m^3	0.15	日平均值
17		总挥发性有机物（TVOC）	mg/m^3	0.60	8 h 均值
18	生物性	氡 ^{222}Rn	cfu/m^3	2 500	依据仪器定[②]
19	放射性	菌落总数	Bq/m^3	400	年平均值（行动水平[③]）

①　新风量要求≥标准值，除温度、相对湿度外的其他参数要求≤标准值。

②　见附录 D（略）。

③　达到此水平建议采取干预行动以降低室内氡浓度。

5　室内空气质量检验

5.1　室内空气中各种参数的监测技术见附录 A（略）。

5.2　室内空气中苯的检验方法见附录 B（略）。

5.3　室内空气中总挥发性有机物（TVOC）的检验方法见附录 C（略）。

5.4　室内空气中菌落总数检验方法见附录 D（略）。

WHO 关于颗粒物、臭氧、二氧化氮和二氧化硫的空气质量准则

颗粒物准则值

PM$_{2.5}$：年平均浓度 10 μg/m^3；

24 h 平均浓度 25 μg/m^3。

PM$_{10}$：年平均浓度 20 μg/m^3；

24 h 平均浓度 50 μg/m^3。

表 1　WHO 对于颗粒物的空气质量准则值和过渡时期目标：年平均浓度[①]

项目	PM$_{10}$/（μg/m^3）	PM$_{2.5}$/（μg/m^3）	选择浓度的依据
过渡时期目标-1（IT-1）	70	35	相对于 AQG 水平而言，在这些水平的长期暴露会增加大约 15%的死亡风险
过渡时期目标-2（IT-2）	50	25	除了其他健康利益外，与过渡时期目标-1 相比，在这个水平的暴露会降低大约 6%（2%～11%）的死亡风险
过渡时期目标-3（IT-3）	30	15	除了其他健康利益外，与过渡时期目标-2 相比，在这个水平的暴露会降低大约 6%（2%～11%）的死亡风险
空气质量准则值（AQG）	20	10	对于 PM$_{2.5}$ 的长期暴露，这是一个最低水平，在这个水平，总死亡率、心肺疾病死亡率和肺癌的死亡率会增加（95%以上可信度）

① 应优先选择 PM$_{2.5}$ 准则值（AQG）。

表2 WHO 对于颗粒物的空气质量准则和过渡时期目标：24 h 浓度[①]

项目	$PM_{10}/$ $(\mu g/m^3)$	$PM_{2.5}/$ $(\mu g/m^3)$	选择浓度的依据
过渡时期目标-1（IT-1）	150	75	以已发表的多中心研究和 Meta 分析中得出的危险度系数为基础（超过 AQG 值的短期暴露会增加 5%的死亡率）
过渡时期目标-2（IT-2）	100	50	以已发表的多中心研究和 Meta 分析中得出的危险度系数为基础（超过 AQG 值的短期暴露会增加 2.5%的死亡率）
过渡时期目标-3（IT-3）*	75	37.5	以已发表的多中心研究和 Meta 分析中得出的危险度系数为基础（超过 AQG 值的短期暴露会增加 1.2%的死亡率）
空气质量准则值（AQG）	50	25	建立在 24 h 和年均暴露的基础上

① 第 99 百分位数（3 天/年）。

*以世界管理为目标。以年平均浓度准则值为基础；准确数的选择取决于当地日平均浓度频率分布：$PM_{2.5}$ 或 PM_{10} 日平均浓度的分布频率通常接近对数正态分布。

臭氧准则值

O_3：8 h 平均浓度为 100 $\mu g/m^3$。

表3 WHO 臭氧空气质量准则和过渡时期目标：8 h 平均浓度

项目	每日最高 8 h 平均浓度/（$\mu g/m^3$）	选择浓度的基础
高浓度	240	显著的健康危害；危害大部分的易感人群
过渡时期目标-1（IT-1）	160	重要的健康危害；不能够充分地保护公众健康。暴露于该浓度臭氧与以下健康效应相关：①在该浓度暴露 6.6 h，可导致进行运动的健康年轻人生理及炎症性肺功能损伤。②可导致儿童的健康效应（基于儿童暴露于室外臭氧的各种夏令营研究）。③估计的日死亡率增加为 3%～5%[①]（根据日时间序列研究）
空气质量准则（AQG）	100	充分保护公众的健康，尽管在该浓度可能产生一些不利的健康影响。暴露于该浓度臭氧与以下健康效应相关：①估计的日死亡率增加为 1%～2%[①]（根据日时间序列研究）。②实验室和现场研究结果的推断是基于现实暴露是反复发生的这种可能性以及在实验舱研究中排除了高敏感或临床免疫力低下的个体和儿童。③室外臭氧作为相关氧化性污染物的标志物的可能性

① 臭氧归因死亡人数。时间序列研究显示臭氧在估计的基线浓度 70 $\mu g/m^3$ 以上时，8 h 平均浓度每增加 10 $\mu g/m^3$ 日归因死亡率将增加 0.3%～0.5%。

二氧化氮准则值

NO_2：年平均浓度为 40 $\mu g/m^3$；

　　　　1 h 平均浓度为 200 $\mu g/m^3$。

二氧化硫准则值

SO_2：24 h 平均浓度 20 $\mu g/m^3$；

　　　　10 min 平均浓度 500 $\mu g/m^3$。

表 4　WHO SO_2 的空气质量准则与过渡时期目标：24 h 平均浓度和 10 min 平均浓度

项目	24 h 平均浓度/（$\mu g/m^3$）	10 min 平均浓度/（$\mu g/m^3$）	选择浓度的基础
过渡时期目标-1（IT-1）[①]	125		
过渡时期目标 2（IT-2）	50	—	对机动车辆排放，工业排放、发电站排放的控制可实现过渡时期目标。对某些发展中国家来说（几年内有望实现），这是合理可行的目标，它将使健康效应得到明显改善，而且还会促进将来进一步的改善（例如实现空气质量准则值）
空气质量准则（AQG）	20	500	

① 先前的 WHO 空气质量标准（WHO，2000）。

年平均浓度限值是不需要的，只要符合 24 h 浓度限值就可保证低的年平均浓度。这些推荐的 SO_2 的浓度限值与 PM 无关。

美国国家环境空气质量标准

美国环保署环境空气计划与标准办公室（OAQPS）设置了包括 6 种主要污染物的全国环境空气质量标准（见下表）。

全国环境空气质量标准（NAAQS）

污染物	首要目标		次要目标	
	水平值	平均时间	水平值	平均时间
CO	10 mg/m^3	8 h	无	
	40 mg/m^3	1 h	无	
Pb	0.15 μg/m^3		等于首要标准	
	1.5 μg/m^3	1 季度	等于首要标准	
NO$_2$	53 ppb	1 年	等于首要标准	
	100 ppb	1 h	无	
PM$_{10}$	150 μg/m^3	24 h	等于首要标准	
PM$_{2.5}$	15 μg/m^3	1 年	等于首要标准	
	35 μg/m^3	24 h	等于首要标准	
O$_3$	0.075 ppm	8 h	等于首要标准	
	0.08 ppm	8 h	等于首要标准	
	0.12 ppm	1 h	等于首要标准	
SO$_2$	0.03 ppm	1 年	0.5 ppm	3 h
	0.14 ppm	24 h		
	75 ppb	1 h	无	

第二篇

大气污染物排放标准

大气污染物综合排放标准

（GB 16297—1996）

1　主题内容与适用范围

1.1　主题内容

本标准规定了33种大气污染物的排放限值,同时规定了标准执行中的各种要求。

1.2　适用范围

1.2.1　在我国现有的国家大气污染物排放标准体系中,按照综合性排放标准与行业性排放标准不交叉执行的原则,锅炉执行 GB 13271—91《锅炉大气污染物排放标准》、工业炉窑执行 GB 9078—1996《工业炉窑大气污染物排放标准》、火电厂执行 GB 13223—1996《火电厂大气污染物排放标准》、炼焦炉执行 GB 16171—1996《炼焦炉大气污染物排放标准》、水泥厂执行 GB 4915—1996《水泥厂大气污染物排放标准》、恶臭物质排放执行 GB 14554—93《恶臭污染物排放标准》、汽车排放执行 GB 14761.1～14761.7—93《汽车大气污染物排放标准》、摩托车排气执行 GB 14621—93《摩托车排气污染物排放标准》,其他大气污染物排放均执行本标准。

1.2.2　本标准实施后再行发布的行业性国家大气污染物排放标准,按其适用范围规定的污染源不再执行本标准。

1.2.3　本标准适用于现有污染源大气污染物排放管理,以及建设项目的环境影响评价、设计、环境保护设施竣工验收及其投产后的大气污染物排放管理。

2　引用标准

下列标准所包含的条文,通过在本标准中引用而构成为本标准的条文。

GB 3095—1996　环境空气质量标准

GB/T 16157—1996　固定污染源排气中颗粒物测定与气态污染物采样方法

3　定义

本标准采用下列定义：

3.1　标准状态

　　指温度为 273K，压力为 101 325Pa 时的状态。本标准规定的各项标准值，均以标准状态下的干空气为基准。

3.2　最高允许排放浓度

　　指处理设施后排气筒中污染物任何 1 h 浓度平均值不得超过的限值；或指无处理设施排气筒中污染物任何 1 h 浓度平均值不得超过的限值。

3.3　最高允许排放速率

　　指一定高度的排气筒任何 1 h 排放污染物的质量不得超过的限值。

3.4　无组织排放

　　指大气污染物不经过排气筒的无规则排放。低矮排气筒的排放属有组织排放，但在一定条件下也可造成与无组织排放相同的后果。因此，在执行"无组织排放监控浓度限值"指标时，由低矮排气筒造成的监控点污染物浓度增加不予扣除。

3.5　无组织排放监控点

　　依照本标准附录 C 的规定，为判别无组织排放是否超过标准而设立的监测点。

3.6　无组织排放监控浓度限值

　　指监控点的污染物浓度在任何 1 h 的平均值不得超过的限值。

3.7　污染源

　　指排放大气污染物的设施或指排放大气污染物的建筑构造（如车间等）。

3.8　单位周界

　　指单位与外界环境接界的边界。通常应依据法定手续确定边界；若无法定手续，则按目前的实际边界确定。

3.9　无组织排放源

　　指设置于露天环境中具有无组织排放的设施，或指具有无组织排放的建筑构造（如车间、工棚等）。

3.10　排气筒高度

　　指自排气筒（或其主体建筑构造）所在的地平面至排气筒出口计的高度。

4　指标体系

　　本标准设置下列三项指标：

4.1　通过排气筒排放废气的最高允许排放浓度。

4.2　通过排气筒排放的废气，按排气筒高度规定的最高允许排放速率。

　　任何一个排气筒必须同时遵守上述两项指标，超过其中任何一项均为超标排放。

4.3　以无组织方式排放的废气，规定无组织排放的监控点及相应的监控浓度限值。该指标按照本标准第 9.2 条的规定执行。

5　排放速率标准分级

本标准规定的最高允许排放速率，现有污染源分一、二、三级，新污染源分为二、三级。按污染源所在的环境空气质量功能区类别，执行相应级别的排放速率标准，即：

位于一类区的污染源执行一级标准（一类区禁止新、扩建污染源，一类区现有污染源改建执行现有污染源的一级标准）；

位于二类区的污染源执行二级标准；

位于三类区的污染源执行三级标准。

6　标准值

6.1　1997 年 1 月 1 日前设立的污染源（以下简称为现有污染源）执行表 1 所列标准值。

6.2　1997 年 1 月 1 日起设立（包括新建、扩建、改建）的污染源（以下简称为新污染源）执行表 2 所列标准值。

6.3　按下列规定判断污染源的设立日期：

6.3.1　一般情况下应以建设项目环境影响报告书（表）批准日期作为其设立日期。

6.3.2　未经环境保护行政主管部门审批设立的污染源，应按补做的环境影响报告书（表）批准日期作为其设立日期。

7　其他规定

7.1　排气筒高度除须遵守表列排放速率标准值外，还应高出周围 200 m 半径范围的建筑 5 m 以上，不能达到该要求的排气筒，应按其高度对应的表列排放速率标准值严格 50% 执行。

7.2　两个排放相同污染物（不论其是否由同一生产工艺过程产生）的排气筒，若其距离小于其几何高度之和，应合并视为一根等效排气筒。若有三根以上的近距排气筒，且排放同一种污染物时，应以前两根的等效排气筒，依次与第三、四根排气筒取等效值。等效排气筒的有关参数计算方法见附录 A（略）。

7.3　若某排气筒的高度处于本标准列出的两个值之间，其执行的最高允许排放速率以内插法计算，内插法的计算式见本标准附录 B（略）；当某排气筒的高度大于或小于本标准列出的最大或最小值时，以外推法计算其最高允许排放速率，外推法计算式见本标准附录 B。

7.4 新污染源的排气筒一般不应低于 15 m。若新污染源的排气筒必须低于 15 m 时，其排放速率标准值按 7.3 的外推计算结果再严格 50%执行。

7.5 新污染源的无组织排放应从严控制，一般情况下不应有无组织排放存在，无法避免的无组织排放应达到表 2 规定的标准值。

7.6 工业生产尾气确需燃烧排放的，其烟气黑度不得超过林格曼 1 级。

8 监测

8.1 布点

8.1.1 排气筒中颗粒物或气态污染物监测的采样点数目及采样点位置的设置，按 GB/T 16157—1996 执行。

8.1.2 无组织排放监测的采样点（即监控点）数目和采样点位置的设置方法，详见本标准附录 C（略）。

8.2 采样时间和频次

本标准规定的三项指标，均指任何 1 h 平均值不得超过的限值，故在采样时应做到：

8.2.1 排气筒中废气的采样

以连续 1 h 的采样获取平均值；

或在 1 h 内，以等时间间隔采集 4 个样品，并计平均值。

8.2.2 无组织排放监控点的采样

无组织排放监控点和参照点监测的采样，一般采用连续 1 h 采样计平均值；

若浓度偏低，需要时可适当延长采样时间；

若分析方法灵敏度高，仅需用短时间采集样品时，应实行等时间间隔采样，采集四个样品计平均值。

8.2.3 特殊情况下的采样时间和频次

若某排气筒的排放为间断性排放，排放时间小于 1 h，应在排放时段内实行连续采样，或在排放时段内以等时间间隔采集 2～4 个样品，并计平均值；

若某排气筒的排放为间断性排放，排放时间大于 1 h，则应在排放时段内按 8.2.1 的要求采样；

当进行污染事故排放监测时，应按需要设置采样时间和采样频次，不受上述要求的限制；

建设项目环境保护设施竣工验收监测的采样时间和频次，按国家环境保护局制定的建设项目环境保护设施竣工验收监测办法执行。

8.3 监测工况要求

8.3.1 在对污染源的日常监督性监测中，采样期间的工况应与当时的运行工况相同，排污单位的人员和实施监测的人员都不应任意改变当时的运行工况。

8.3.2 建设项目环境保护设施竣工验收监测的工况要求按国家环境保护局制定的建设项目环境保护设施竣工验收监测办法执行。

8.4 采样方法和分析方法

8.4.1 污染物的分析方法按国家环境保护局规定执行。

8.4.2 污染物的采样方法按 GB/T 16157—1996 和国家环境保护局规定的分析方法有关部分执行。

8.5 排气量的测定

排气量的测定应与排放浓度的采样监测同步进行，排气量的测定方法按 GB/T 16157—1996 执行。

9 标准实施

9.1 位于国务院批准划定的酸雨控制区和二氧化硫污染控制区的污染源，其二氧化硫排放除执行本标准外，还应执行总量控制标准。

9.2 本标准中无组织排放监控浓度限值，由省、自治区、直辖市人民政府环境保护行政主管部门决定是否在本地区实施，并报国务院环境保护行政主管部门备案。

9.3 本标准由县级以上人民政府环境保护行政主管部门负责监督实施。

表 1 现有污染源大气污染物排放限值

序号	污染物	最高允许排放浓度/ (mg/m³)	最高允许排放速率/ (kg/h)				无组织排放监控浓度限值	
			排气筒高度/m	一级	二级	三级	监控点	浓度/ (mg/m³)
1	二氧化硫	1 200 （硫、二氧化硫、硫酸和其他含硫化合物生产）	15	1.6	3.0	4.1	无组织排放源上风向设参照点，下风向设监控点①	0.50 （监控点与参照点浓度差值）
			20	2.6	5.1	7.7		
			30	8.8	17	26		
			40	15	30	45		
		700 （硫、二氧化硫、硫酸和其他含硫化合物使用）	50	23	45	69		
			60	33	64	98		
			70	47	91	140		
			80	63	120	190		
			90	82	160	240		
			100	100	200	310		

序号	污染物	最高允许排放浓度/（mg/m³）	最高允许排放速率/（kg/h）				无组织排放监控浓度限值	
			排气筒高度/m	一级	二级	三级	监控点	浓度/（mg/m³）
2	氮氧化物	1 700（硝酸、氮肥和火炸药生产）	15	0.47	0.91	1.4	无组织排放源上风向设参照点,下风向设监控点	0.15（监控点与参照点浓度差值）
			20	0.77	1.5	2.3		
			30	2.6	5.1	7.7		
		420（硝酸使用和其他）	40	4.6	8.9	14		
			50	7.0	14	21		
			60	9.9	19	29		
			70	14	27	41		
			80	19	37	56		
			90	24	47	72		
			100	31	61	92		
3	颗粒物	22（碳黑尘、染料尘）	15	禁排	0.60	0.87	周界外浓度最高点[②]	肉眼不可见
			20		1.0	1.5		
			30		4.0	5.9		
			40		6.8	10		
		80[③]（玻璃棉尘、石英粉尘、矿渣棉尘）	15	禁排	2.2	3.1	无组织排放源上风向设参照点,下风向设监控点	2.0（监控点与参照点浓度差值）
			20		3.7	5.3		
			30		14	21		
			40		25	37		
		150（其他）	15	2.1	4.1	5.9	无组织排放源上风向设参照点,下风向设监控点	5.0（监控点与参照点浓度差值）
			20	3.5	6.9	10		
			30	14	27	40		
			40	24	46	69		
			50	36	70	110		
			60	51	100	150		
4	氟化氢	150	15	禁排	0.30	0.46	周界外浓度最高点	0.25
			20		0.51	0.77		
			30		1.7	2.6		
			40		3.0	4.5		
			50		4.5	6.9		
			60		6.4	9.8		
			70		9.1	14		
			80		12	19		
5	铬酸雾	0.080	15	禁排	0.009	0.014	周界外浓度最高点	0.007 5
			20		0.015	0.023		
			30		0.051	0.078		
			40		0.089	0.13		
			50		0.14	0.21		
			60		0.19	0.29		

序号	污染物	最高允许排放浓度/（mg/m³）	最高允许排放速率/（kg/h）				无组织排放监控浓度限值	
			排气筒高度/m	一级	二级	三级	监控点	浓度/（mg/m³）
6	硫酸雾	1 000（火炸药厂） 70（其他）	15	禁排	1.8	2.8	周界外浓度最高点	1.5
			20		3.1	4.6		
			30		10	16		
			40		18	27		
			50		27	41		
			60		39	59		
			70		55	83		
			80		74	110		
7	氟化物	100（普钙工业） 11（其他）	15	禁排	0.12	0.18	无组织排放源上风向设参照点，下风向设监控点	20（μg/m³）（监控点与参照点浓度差值）
			20		0.20	0.31		
			30		0.69	1.0		
			40		1.2	1.8		
			50		1.8	2.7		
			60		2.6	3.9		
			70		3.6	5.5		
			80		4.9	7.5		
8	氯④气	85	25	禁排	0.60	0.90	周界外浓度最高点	0.50
			30		1.0	1.5		
			40		3.4	5.2		
			50		5.9	9.0		
			60		9.1	14		
			70		13	20		
			80		18	28		
9	铅及其化合物	0.90	15	禁排	0.005	0.007	周界外浓度最高点	0.007 5
			20		0.007	0.011		
			30		0.031	0.048		
			40		0.055	0.083		
			50		0.085	0.13		
			60		0.12	0.18		
			70		0.17	0.26		
			80		0.23	0.35		
			90		0.31	0.47		
			100		0.39	0.60		

序号	污染物	最高允许排放浓度/（mg/m³）	最高允许排放速率/（kg/h）				无组织排放监控浓度限值	
			排气筒高度/m	一级	二级	三级	监控点	浓度/（mg/m³）
10	汞及其化合物	0.015	15	禁排	1.8×10^{-3}	2.8×10^{-3}	周界外浓度最高点	0.001 5
			20		3.1×10^{-3}	4.6×10^{-3}		
			30		10×10^{-3}	16×10^{-3}		
			40		18×10^{-3}	27×10^{-3}		
			50		27×10^{-3}	41×10^{-3}		
			60		39×10^{-3}	59×10^{-3}		
11	镉及其化合物	1.0	15	禁排	0.060	0.090	周界外浓度最高点	0.050
			20		0.10	0.15		
			30		0.34	0.52		
			40		0.59	0.90		
			50		0.91	1.4		
			60		1.3	2.0		
			70		1.8	2.8		
			80		2.5	3.7		
12	铍及其化合物	0.015	15	禁排	1.3×10^{-3}	2.0×10^{-3}	周界外浓度最高点	0.001 0
			20		2.2×10^{-3}	3.3×10^{-3}		
			30		7.3×10^{-3}	11×10^{-3}		
			40		13×10^{-3}	19×10^{-3}		
			50		19×10^{-3}	29×10^{-3}		
			60		27×10^{-3}	41×10^{-3}		
			70		39×10^{-3}	58×10^{-3}		
			80		52×10^{-3}	79×10^{-3}		
13	镍及其化合物	5.0	15	禁排	0.18	0.28	周界外浓度最高点	0.050
			20		0.31	0.46		
			30		1.0	1.6		
			40		1.8	2.7		
			50		2.7	4.1		
			60		3.9	5.9		
			70		5.5	8.2		
			80		7.4	11		
14	锡及其化合物	10	15	禁排	0.36	0.55	周界外浓度最高点	0.30
			20		0.61	0.93		
			30		2.1	3.1		
			40		3.5	5.4		
			50		5.4	8.2		
			60		7.7	12		
			70		11	17		
			80		15	22		

序号	污染物	最高允许排放浓度/（mg/m³）	最高允许排放速率/（kg/h）				无组织排放监控浓度限值	
			排气筒高度/m	一级	二级	三级	监控点	浓度/（mg/m³）
15	苯	17	15	禁排	0.60	0.90	周界外浓度最高点	0.50
			20		1.0	1.5		
			30		3.3	5.2		
			40		6.0	9.0		
16	甲苯	60	15	禁排	3.6	5.5	周界外浓度最高点	0.30
			20		6.1	9.3		
			30		21	31		
			40		36	54		
17	二甲苯	90	15	禁排	1.2	1.8	周界外浓度最高点	1.5
			20		2.0	3.1		
			30		6.9	10		
			40		12	18		
18	酚类	115	15	禁排	0.12	0.18	周界外浓度最高点	0.10
			20		0.20	0.31		
			30		0.68	1.0		
			40		1.2	1.8		
			50		1.8	2.7		
			60		2.6	3.9		
19	甲醛	30	15	禁排	0.30	0.46	周界外浓度最高点	0.25
			20		0.51	0.77		
			30		1.7	2.6		
			40		3.0	4.5		
			50		4.5	6.9		
			60		6.4	9.8		
20	乙醛	150	15	禁排	0.060	0.090	周界外浓度最高点	0.050
			20		0.10	0.15		
			30		0.34	0.52		
			40		0.59	0.90		
			50		0.91	1.4		
			60		1.3	2.0		
21	丙烯腈	26	15	禁排	0.91	1.4	周界外浓度最高点	0.75
			20		1.5	2.3		
			30		5.1	7.8		
			40		8.9	13		
			50		14	21		
			60		19	29		

序号	污染物	最高允许排放浓度/（mg/m³）	最高允许排放速率/（kg/h）				无组织排放监控浓度限值	
			排气筒高度/m	一级	二级	三级	监控点	浓度/（mg/m³）
22	丙烯醛	20	15	禁排	0.61	0.92	周界外浓度最高点	0.50
			20		1.0	1.5		
			30		3.4	5.2		
			40		5.9	9.0		
			50		9.1	14		
			60		13	20		
23	氯⑤化氢	2.3	25	禁排	0.18	0.28	周界外浓度最高点	0.030
			30		0.31	0.46		
			40		1.0	1.6		
			50		1.8	2.7		
			60		2.7	4.1		
			70		3.9	5.9		
			80		5.5	8.3		
24	甲醇	220	15	禁排	6.1	9.2	周界外浓度最高点	15
			20		10	15		
			30		34	52		
			40		59	90		
			50		91	140		
			60		130	200		
25	苯胺类	25	15	禁排	0.61	0.92	周界外浓度最高点	0.50
			20		1.0	1.5		
			30		3.4	5.2		
			40		5.9	9.0		
			50		9.1	14		
			60		13	20		
26	氯苯类	85	15	禁排	0.67	0.92	周界外浓度最高点	0.50
			20		1.0	1.5		
			30		2.9	4.4		
			40		5.0	7.6		
			50		7.7	12		
			60		11	17		
			70		15	23		
			80		21	32		
			90		27	41		
			100		34	52		

序号	污染物	最高允许排放浓度/（mg/m³）	最高允许排放速率/（kg/h）				无组织排放监控浓度限值	
			排气筒高度/m	一级	二级	三级	监控点	浓度/（mg/m³）
27	硝基苯类	20	15	禁排	0.060	0.090	周界外浓度最高点	0.050
			20		0.10	0.15		
			30		0.34	0.52		
			40		0.59	0.90		
			50		0.91	1.4		
			60		1.3	2.0		
28	氯乙烯	65	15	禁排	0.91	1.4	周界外浓度最高点	0.75
			20		1.5	2.3		
			30		5.0	7.8		
			40		8.9	13		
			50		14	21		
			60		19	29		
29	苯并[a]芘	$0.50×10^{-3}$（沥青、碳素制品生产和加工）	15	禁排	$0.06×10^{-3}$	$0.09×10^{-3}$	周界外浓度最高点	0.01（μg/m³）
			20		$0.10×10^{-3}$	$0.15×10^{-3}$		
			30		$0.34×10^{-3}$	$0.51×10^{-3}$		
			40		$0.59×10^{-3}$	$0.89×10^{-3}$		
			50		$0.90×10^{-3}$	$1.4×10^{-3}$		
			60		$1.3×10^{-3}$	$2.0×10^{-3}$		
30	光气[①]	5.0	25	禁排	0.12	0.18	周界外浓度最高点	0.10
			30		0.20	0.31		
			40		0.69	1.0		
			50		1.2	1.8		
31	沥青烟	280（吹制沥青） 80（熔炼、浸涂） 150（建筑搅拌）	15	0.11	0.22	0.34	生产设备不得有明显的无组织排放存在	
			20	0.19	0.36	0.55		
			30	0.82	1.6	2.4		
			40	1.4	2.8	4.2		
			50	2.2	4.3	6.6		
			60	3.0	5.9	9.0		
			70	4.5	8.7	13		
			80	6.2	12	18		
32	石棉尘	2 根纤维/cm³ 或 20 mg/m³	15	禁排	0.65	0.98	生产设备不得有明显的无组织排放存在	
			20		1.1	1.7		
			30		4.2	6.4		
			40		7.2	11		
			50		11	17		

序号	污染物	最高允许排放浓度/(mg/m³)	最高允许排放速率/（kg/h）				无组织排放监控浓度限值	
			排气筒高度/m	一级	二级	三级	监控点	浓度/(mg/m³)
33	非甲烷总烃	150（使用溶剂汽油或其他混合烃类物质）	15	6.3	12	18	周界外浓度最高点	5.0
			20	10	20	30		
			30	35	63	100		
			40	61	120	170		

① 一般应于无组织排放源上风向 2～50 m 范围内设参照点，排放源下风向 2～50 m 范围内设监控点，详见本标准附录 C。下同。

② 周界外浓度最高点一般应设于排放源下风向的单位周界外 10 m 范围内。如预计无组织排放的最大落地浓度点越出 10 m 范围，可将监控点移至该预计浓度最高点，详见附录 C。下同。

③ 均指含游离二氧化硅 10%以上的各种尘。

④ 排放氯气的排气筒不得低于 25 m。

⑤ 排放氰化氢的排气筒不得低于 25 m。

⑥ 排放光气的排气筒不得低于 25 m。

表 2　新污染源大气污染物排放限值

序号	污染物	最高允许排放浓度/（mg/m³）	最高允许排放速率/（kg/h）			无组织排放监控浓度限值	
			排气筒高度/m	二级	三级	监控点	浓度/(mg/m³)
1	二氧化硫	960（硫、二氧化硫、硫酸和其他含硫化合物生产） 550（硫、二氧化硫、硫酸和其他含硫化合物使用）	15	2.6	3.5	周界外浓度最高点①	0.40
			20	4.3	6.6		
			30	15	22		
			40	25	38		
			50	39	58		
			60	55	83		
			70	77	120		
			80	110	160		
			90	130	200		
			100	170	270		
2	氮氧化物	1 400（硝酸、氮肥和火炸药生产） 240（硝酸使用和其他）	15	0.77	1.2	周界外浓度最高点	0.12
			20	1.3	2.0		
			30	4.4	6.6		
			40	7.5	11		
			50	12	18		
			60	16	25		
			70	23	35		
			80	31	47		
			90	40	61		
			100	52	78		

序号	污染物	最高允许排放浓度/（mg/m³）	最高允许排放速率/（kg/h）			无组织排放监控浓度限值	
			排气筒高度/m	二级	三级	监控点	浓度/（mg/m³）
3	颗粒物	18（碳黑尘、染料尘）	15	0.15	0.74	周界外浓度最高点	肉眼不可见
			20	0.85	1.3		
			30	3.4	5.0		
			40	5.8	8.5		
		60② （玻璃棉尘、石英粉尘、矿渣棉尘）	15	1.9	2.6	周界外浓度最高点	1.0
			20	3.1	4.5		
			30	12	18		
			40	21	31		
		120（其他）	15	3.5	5.0	周界外浓度最高点	1.0
			20	5.9	8.5		
			30	23	34		
			40	39	59		
			50	60	94		
			60	85	130		
4	氟化氢	100	15	0.26	0.39	周界外浓度最高点	0.20
			20	0.43	0.65		
			30	1.4	2.2		
			40	2.6	3.8		
			50	3.8	5.9		
			60	5.4	8.3		
			70	7.7	12		
			80	10	16		
5	铬酸雾	0.070	15	0.008	0.012	周界外浓度最高点	0.006 0
			20	0.013	0.020		
			30	0.043	0.066		
			40	0.076	0.12		
			50	0.12	0.18		
			60	0.16	0.25		
6	硫酸雾	430（火炸药厂）	15	1.5	2.4	周界外浓度最高点	1.2
			20	2.6	3.9		
		45（其他）	30	8.8	13		
			40	15	23		
			50	23	35		
			60	33	50		
			70	46	70		
			80	63	95		

序号	污染物	最高允许排放浓度/（mg/m³）	最高允许排放速率/（kg/h）			无组织排放监控浓度限值	
			排气筒高度/m	二级	三级	监控点	浓度/（mg/m³）
7	氟化物	90（普钙工业）　　9.0（其他）	15	0.10	0.15	周界外浓度最高点	20（μg/m³）
			20	0.17	0.26		
			30	0.59	0.88		
			40	1.0	1.5		
			50	1.5	2.3		
			60	2.2	3.3		
			70	3.1	4.7		
			80	4.2	6.3		
8	氯气③	65	25	0.52	0.78	周界外浓度最高点	0.40
			30	0.87	1.3		
			40	2.9	4.4		
			50	5.0	7.6		
			60	7.7	12		
			70	11	17		
			80	15	23		
9	铅及其化合物	0.70	15	0.004	0.006	周界外浓度最高点	0.006 0
			20	0.006	0.009		
			30	0.027	0.041		
			40	0.047	0.071		
			50	0.072	0.11		
			60	0.10	0.15		
			70	0.15	0.22		
			80	0.20	0.30		
			90	0.26	0.40		
			100	0.33	0.51		
10	汞及其化合物	0.012	15	1.5×10^{-3}	2.4×10^{-3}	周界外浓度最高点	0.001 2
			20	2.6×10^{-3}	3.9×10^{-3}		
			30	7.8×10^{-3}	13×10^{-3}		
			40	15×10^{-3}	23×10^{-3}		
			50	23×10^{-3}	35×10^{-3}		
			60	33×10^{-3}	50×10^{-3}		
11	镉及其化合物	0.85	15	0.050	0.080	周界外浓度最高点	0.040
			20	0.090	0.13		
			30	0.29	0.44		
			40	0.50	0.77		
			50	0.77	1.2		
			60	1.1	1.7		
			70	1.5	2.3		
			80	2.1	3.2		

序号	污染物	最高允许排放浓度/（mg/m³）	最高允许排放速率/（kg/h）			无组织排放监控浓度限值	
			排气筒高度/m	二级	三级	监控点	浓度/（mg/m³）
12	铍及其化合物	0.012	15	$1.1×10^{-3}$	$1.7×10^{-3}$	周界外浓度最高点	0.000 8
			20	$1.8×10^{-3}$	$2.8×10^{-3}$		
			30	$6.2×10^{-3}$	$9.4×10^{-3}$		
			40	$11×10^{-3}$	$16×10^{-3}$		
			50	$16×10^{-3}$	$25×10^{-3}$		
			60	$23×10^{-3}$	$35×10^{-3}$		
			70	$33×10^{-3}$	$50×10^{-3}$		
			80	$44×10^{-3}$	$67×10^{-3}$		
13	镍及其化合物	4.3	15	0.15	0.24	周界外浓度最高点	0.040
			20	0.26	0.34		
			30	0.88	1.3		
			40	1.5	2.3		
			50	2.3	3.5		
			60	3.3	5.0		
			70	4.6	7.0		
			80	6.3	10		
14	锡及其化合物	8.5	15	0.31	0.47	周界外浓度最高点	0.24
			20	0.52	0.79		
			30	1.8	2.7		
			40	3.0	4.6		
			50	4.6	7.0		
			60	6.6	10		
			70	9.3	14		
			80	13	19		
15	苯	12	15	0.50	0.80	周界外浓度最高点	0.40
			20	0.90	1.3		
			30	2.9	4.4		
			40	5.6	7.6		
16	甲苯	40	15	3.1	4.7	周界外浓度最高点	2.4
			20	5.2	7.9		
			30	18	27		
			40	30	46		
17	二甲苯	70	15	1.0	1.5	周界外浓度最高点	1.2
			20	1.7	2.6		
			30	5.9	8.8		
			40	10	15		

序号	污染物	最高允许排放浓度/（mg/m³）	最高允许排放速率/（kg/h）			无组织排放监控浓度限值	
			排气筒高度/m	二级	三级	监控点	浓度/（mg/m³）
18	酚类	100	15	0.10	0.15	周界外浓度最高点	0.080
			20	0.17	0.26		
			30	0.58	0.88		
			40	1.0	1.5		
			50	1.5	2.3		
			60	2.2	3.3		
19	甲醛	25	15	0.26	0.39	周界外浓度最高点	0.20
			20	0.43	0.65		
			30	1.4	2.2		
			40	2.6	3.8		
			50	3.8	5.9		
			60	5.4	8.3		
20	乙醛	125	15	0.050	0.080	周界外浓度最高点	0.040
			20	0.090	0.13		
			30	0.29	0.44		
			40	0.50	0.77		
			50	0.77	1.2		
			60	1.1	1.6		
21	丙烯醛	22	15	0.77	1.2	周界外浓度最高点	0.60
			20	1.3	2.0		
			30	4.4	6.6		
			40	7.5	11		
			50	12	18		
			60	16	25		
22	丙烯醛	16	15	0.52	0.78	周界外浓度最高点	0.40
			20	0.87	1.3		
			30	2.9	4.4		
			40	5.0	7.6		
			50	7.7	12		
			60	11	17		
23	氯化氢④	1.9	25	0.15	0.24	周界外浓度最高点	0.024
			30	0.26	0.39		
			40	0.88	1.3		
			50	1.5	2.3		
			60	2.3	3.5		
			70	3.3	5.0		
			80	4.6	7.0		

序号	污染物	最高允许排放浓度/（mg/m³）	最高允许排放速率/（kg/h）			无组织排放监控浓度限值	
			排气筒高度/m	二级	三级	监控点	浓度/（mg/m³）
24	甲醇	190	15	5.1	7.8	周界外浓度最高点	12
			20	8.6	13		
			30	29	44		
			40	50	70		
			50	77	120		
			60	100	170		
25	苯胺类	20	15	0.52	0.78	周界外浓度最高点	0.40
			20	0.87	1.3		
			30	2.9	4.4		
			40	5.0	7.6		
			50	7.7	12		
			60	11	17		
26	氯苯类	60	15	0.52	0.78	周界外浓度最高点	0.40
			20	0.87	1.3		
			30	2.5	3.8		
			40	4.3	6.5		
			50	6.6	9.9		
			60	9.3	14		
			70	13	20		
			80	18	27		
			90	23	35		
			100	29	44		
27	硝基苯类	16	15	0.050	0.080	周界外浓度最高点	0.040
			20	0.090	0.13		
			30	0.29	0.44		
			40	0.50	0.77		
			50	0.77	1.2		
			60	1.1	1.7		
28	氯乙烯	36	15	0.77	1.2	周界外浓度最高点	0.60
			20	1.3	2.0		
			30	4.4	6.6		
			40	7.5	11		
			50	12	18		
			60	16	25		

序号	污染物	最高允许排放浓度/ (mg/m³)	最高允许排放速率/（kg/h）			无组织排放监控浓度限值	
			排气筒高度/m	二级	三级	监控点	浓度/ (mg/m³)
29	苯并[a]芘	0.30×10^{-3} （沥青及碳素制品生产和加工）	15	0.050×10^{-3}	0.080×10^{-3}	周界外浓度最高点	0.008 （μg/m³）
			20	0.085×10^{-3}	0.13×10^{-3}		
			30	0.29×10^{-3}	0.43×10^{-3}		
			40	0.50×10^{-3}	0.76×10^{-3}		
			50	0.77×10^{-3}	1.2×10^{-3}		
			60	1.1×10^{-3}	1.7×10^{-3}		
30	光气[5]	3.0	25	0.10	0.15	周界外浓度最高点	0.080
			30	0.17	0.26		
			40	0.59	0.88		
			50	1.0	1.5		
31	沥青烟	140 （吹制沥青）	15	0.18	0.27	生产设备不得有明显的无组织排放存在	
			20	0.30	0.45		
		40 （熔炼、浸涂）	30	1.3	2.0		
			40	2.3	3.5		
			50	3.6	5.4		
		75 （建筑搅拌）	60	5.6	7.5		
			70	7.4	11		
			80	10	15		
32	石棉尘	1 根纤维/cm³ 或 10 mg/m³	15	0.55	0.83	生产设备不得有明显的无组织排放存在	
			20	0.93	1.4		
			30	3.6	5.4		
			40	6.2	9.3		
			50	9.4	14		
33	非甲烷总烃	120 （使用溶剂汽油或其他混合烃类物质）	15	10	16	周界外浓度最高点	4.0
			20	17	27		
			30	53	83		
			40	100	150		

① 周界外浓度最高点一般应设置于无组织排放源下风向的单位周界外 10 m 范围内，若预计无组织排放的最大落地浓度点越出 10 m 范围，可将监控点移至该预计浓度最高点，详见附录 C。下同。

② 均指含游离二氧化硅超过 10% 以上的各种尘。

③ 排放氯气的排气筒不得低于 25 m。

④ 排放氰化氢的排气筒不得低于 25 m。

⑤ 排放光气的排气筒不得低于 25 m。

水泥工业大气污染物排放标准

（GB 4915—2013）

1　适用范围

本标准规定了水泥制造企业（含独立粉磨站）、水泥原料矿山、散装水泥中转站、水泥制品企业及其生产设施的大气污染物排放限值、监测和监督管理要求。

本标准适用于现有水泥工业企业或生产设施的大气污染物排放管理，以及水泥工业建设项目的环境影响评价、环境保护设施设计、竣工环境保护验收及其投产后的大气污染物排放管理。

利用水泥窑协同处置固体废物，除执行本标准外，还应执行国家相应的污染控制标准的规定。

本标准适用于法律允许的污染物排放行为。新设立污染源的选址和特殊保护区域内现有污染源的管理，按照《中华人民共和国大气污染防治法》、《中华人民共和国水污染防治法》、《中华人民共和国海洋环境保护法》、《中华人民共和国固体废物污染环境防治法》、《中华人民共和国环境影响评价法》等法律、法规和规章的相关规定执行。

2　规范性引用文件

本标准引用了下列文件或其中的条款。凡是未注明日期的引用文件，其最新版本适用于本标准。

GB/T 15432　环境空气　总悬浮颗粒物的测定　重量法

GB/T 16157　固定污染源排气中颗粒物测定与气态污染物采样方法

HJ/T 42　固定污染源排气中氮氧化物的测定　紫外分光光度法

HJ/T 43　固定污染源排气中氮氧化物的测定　盐酸萘乙二胺分光光度法

HJ/T 55　大气污染物无组织排放监测技术导则

HJ/T 56　固定污染源排气中二氧化硫的测定　碘量法

HJ/T 57　固定污染源排气中二氧化硫的测定　定电位电解法

HJ/T 67　大气固定污染源　氟化物的测定　离子选择电极法

HJ/T 75　固定污染源烟气排放连续监测技术规范（试行）

HJ/T 397　固定源废气监测技术规范

HJ 533　环境空气和废气　氨的测定　纳氏试剂分光光度法

HJ 534　环境空气　氨的测定　次氯酸钠-水杨酸分光光度法

HJ 543　固定污染源废气　汞的测定　冷原子吸收分光光度法（暂行）

HJ 629　固定污染源废气　二氧化硫的测定　非分散红外吸收法

《污染源自动监控管理办法》（国家环境保护总局令　第 28 号）

《环境监测管理办法》（国家环境保护总局令　第 39 号）

3　术语和定义

下列术语和定义适用于本标准。

3.1　水泥工业　cement industry

本标准指从事水泥原料矿山开采、水泥制造、散装水泥转运以及水泥制品生产的工业部门。

3.2　水泥窑　cement kiln

水泥熟料煅烧设备，通常包括回转窑和立窑两种形式。

3.3　窑尾余热利用系统　waste heat utilization system of kiln exhaust gas

引入水泥窑窑尾废气，利用废气余热进行物料干燥、发电等，并对余热利用后的废气进行净化处理的系统。

3.4　烘干机、烘干磨、煤磨及冷却机　dryer, drying and grinding mill, coal grinding mill and clinker cooler

烘干机指各种形式物料烘干设备；烘干磨指物料烘干兼粉磨设备；煤磨指各种形式煤粉制备设备；冷却机指各种类型（筒式、篦式等）冷却熟料设备。

3.5　破碎机、磨机、包装机及其他通风生产设备　crusher, mill, packing machine and other ventilation equipments

破碎机指各种破碎块粒状物料设备；磨机指各种物料粉磨设备系统（不包括烘干磨和煤磨）；包装机指各种形式包装水泥设备（包括水泥散装仓）；其他通风生产设备指除上述主要生产设备以外的需要通风的生产设备，其中包括物料输送设备、料仓和各种类型储库等。

3.6　采用独立热源的烘干设备　dryer associated with independent heat source

无水泥窑窑头、窑尾余热可以利用，需要单独设置热风炉等热源，对物料进行烘干的设备。

3.7　散装水泥中转站　bulk cement terminal

散装水泥集散中心，一般为水运（海运、河运）与陆运中转站。

3.8　水泥制品生产　production of cement products

预拌混凝土、砂浆和混凝土预制件的生产，不包括水泥用于施工现场搅拌的过程。

3.9　标准状态　standard condition

温度为 273.15 K，压力为 101 325 Pa 时的状态。本标准规定的大气污染物浓度均为标准状态下的质量浓度。

3.10　排气筒高度　stack height

自排气筒（或其主体建筑构造）所在的地平面至排气筒出口计的高度，单位为 m。

3.11　无组织排放　fugitive emission

大气污染物不经过排气筒的无规则排放，主要包括作业场所物料堆存、开放式输送扬尘，以及设备、管线等大气污染物泄漏。

3.12　现有企业　existing facility

本标准实施之日前已建成投产或环境影响评价文件已通过审批的水泥工业企业或生产设施。

3.13　新建企业　new facility

自本标准实施之日起环境影响评价文件通过审批的新建、改建、扩建水泥工业建设项目。

3.14　重点地区　key region

根据环境保护工作的要求，在国土开发密度较高，环境承载能力开始减弱，或大气环境容量较小、生态环境脆弱，容易发生严重大气环境污染问题而需要严格控制大气污染物排放的地区。

4　大气污染物排放控制要求

4.1　排气筒大气污染物排放限值

4.1.1　现有企业 2015 年 6 月 30 日前仍执行 GB 4915—2004，自 2015 年 7 月 1 日起执行表 1 规定的大气污染物排放限值。

4.1.2　自 2014 年 3 月 1 日起，新建企业执行表 1 规定的大气污染物排放限值。

4.1.3　重点地区企业执行表 2 规定的大气污染物特别排放限值。执行特别排放限值的时间和地域范围由国务院环境保护行政主管部门或省级人民政府规定。

表 1　现有企业与新建企业大气污染物排放限值

单位：mg/m³

生产过程	生产设备	颗粒物	二氧化硫	氮氧化物（以 NO₂ 计）	氟化物（以总 F 计）	汞及其化合物	氨
矿山开采	破碎机及其他通风生产设备	20	—	—	—	—	—
水泥制造	水泥窑及窑尾余热利用系统	30	200	400	5	0.05	10 [a]
水泥制造	烘干机、烘干磨、煤磨及冷却机	30	600 [b]	400 [b]	—	—	—
水泥制造	破碎机、磨机、包装机及其他通风生产设备	20	—	—	—	—	—
散装水泥中转站及水泥制品生产	水泥仓及其他通风生产设备	20	—	—	—	—	—

[a] 适用于使用氨水、尿素等含氨物质作为还原剂，去除烟气中氮氧化物。
[b] 适用于采用独立热源的烘干设备。

表 2　大气污染物特别排放限值

单位：mg/m³

生产过程	生产设备	颗粒物	二氧化硫	氮氧化物（以 NO₂ 计）	氟化物（以总 F 计）	汞及其化合物	氨
矿山开采	破碎机及其他通风生产设备	10	—	—	—	—	—
水泥制造	水泥窑及窑尾余热利用系统	20	100	320	3	0.05	8 [a]
水泥制造	烘干机、烘干磨、煤磨及冷却机	20	400 [a]	300 [b]	—	—	—
水泥制造	破碎机、磨机、包装机及其他通风生产设备	10	—	—	—	—	—
散装水泥中转站及水泥制品生产	水泥仓及其他通风生产设备	10	—	—	—	—	—

[a] 适用于使用氨水、尿素等含氨物质作为还原剂，去除烟气中氮氧化物。
[b] 适用于采用独立热源的烘干设备。

4.1.4 对于水泥窑及窑尾余热利用系统排气、采用独立热源的烘干设备排气，应同时对排气中氧含量进行监测，实测大气污染物排放浓度应按式（1）换算为基准含氧量状态下的基准排放浓度，并以此作为判定排放是否达标的依据。其他车间或生产设施排气按实测浓度计算，但不得人为稀释排放。

$$\rho_{基} = \frac{21 - \varphi(O_2)_{基}}{21 - \varphi(O_2)_{实}} \cdot \rho_{实} \qquad （1）$$

式中：$\rho_{基}$——大气污染物基准排放浓度，mg/m^3；

$\rho_{实}$——实测大气污染物排放浓度，mg/m^3；

$\varphi(O_2)_{基}$——基准含氧量百分率，水泥窑及窑尾余热利用系统排气为 10，采用独立热源的烘干设备排气为 8；

$\varphi(O_2)_{实}$——实测含氧量百分率；

21——空气含氧量百分率。

4.2　无组织排放控制要求

4.2.1 水泥工业企业的物料处理、输送、装卸、储存过程应当封闭，对块石、黏湿物料、浆料以及车船装卸料过程也可采取其他有效抑尘措施，控制颗粒物无组织排放。

4.2.2 自 2014 年 3 月 1 日起，水泥工业企业大气污染物无组织排放监控点浓度限值应符合表 3 规定。

表 3　大气污染物无组织排放限值

单位：mg/m^3

序号	污染物项目	限值	限值含义	无组织排放监控位置
1	颗粒物	0.5	监控点与参照点总悬浮颗粒物（TSP）1 h 浓度值的差值	厂界外 20 m 处上风向设参照点，下风向设监控点
2	氨[a]	1.0	监控点处 1 h 浓度平均值	监控点设在下风向厂界外 10 m 范围内浓度最高点

[a] 适用于使用氨水、尿素等含氨物质作为还原剂，去除烟气中氮氧化物。

4.3　废气收集、处理与排放

4.3.1 产生大气污染物的生产工艺和装置必须设立局部或整体气体收集系统和净化处理装置，达标排放。

4.3.2 净化处理装置应与其对应的生产工艺设备同步运转。应保证在生产工艺设备运行波动情况下净化处理装置仍能正常运转，实现达标排放。因净化处理装置故障造成非正常排放，应停止运转对应的生产工艺设备，待检修完毕后共同投入使用。

4.3.3 除储库底、地坑及物料转运点单机除尘设施外，其他排气筒高度应不低于 15 m。排气筒高度应高出本体建（构）筑物 3 m 以上。水泥窑及窑尾余热利用系统排气筒周围半径 200 m 范围内有建筑物时，排气筒高度还应高出最高建筑物 3 m 以上。

4.4 周边环境质量监控

在现有企业生产、建设项目竣工环保验收后的生产过程中，负责监管的环境保护主管部门应对周围居住、教学、医疗等用途的敏感区域环境质量进行监控。建设项目的具体监控范围为环境影响评价确定的周围敏感区域；未进行过环境影响评价的现有企业，监控范围由负责监管的环境保护主管部门，根据企业排污的特点和规律及当地的自然、气象条件等因素，参照相关环境影响评价技术导则确定。地方政府应对本辖区环境质量负责，采取措施确保环境状况符合环境质量标准要求。

5 污染物监测要求

5.1 企业应按照有关法律和《环境监测管理办法》等规定，建立企业监测制度，制订监测方案，对污染物排放状况及其对周边环境质量的影响开展自行监测，保存原始监测记录，并公布监测结果。

5.2 新建企业和现有企业安装污染物排放自动监控设备的要求，按有关法律和《污染源自动监控管理办法》的规定执行。

5.3 企业应按照环境监测管理规定和技术规范的要求，设计、建设、维护永久性采样口、采样测试平台和排污口标志。

5.4 对企业排放废气的采样，应根据监测污染物的种类，在规定的污染物排放监控位置进行，有废气处理设施的，应在该设施后监测。排气筒中大气污染物的监测采样按 GB/T 16157、HJ/T 397 或 HJ/T 75 规定执行；大气污染物无组织排放的监测按 HJ/T 55 规定执行。

5.5 对大气污染物排放浓度的测定采用表 4 所列的方法标准。

表4 大气污染物浓度测定方法标准

序号	污染物项目	方法标准名称	方法标准编号
1	颗粒物	固定污染源排气中颗粒物测定与气态污染物采样方法	GB/T 16157
		环境空气　总悬浮颗粒物的测定　重量法	GB/T 15432
2	二氧化硫	固定污染源排气中二氧化硫的测定　碘量法	HJ/T 56
		固定污染源排气中二氧化硫的测定　定电位电解法	HJ/T 57
		固定污染源废气　二氧化硫的测定　非分散红外吸收法	HJ 629
3	氮氧化物	固定污染源排气中氮氧化物的测定　紫外分光光度法	HJ/T 42
		固定污染源排气中氮氧化物的测定　盐酸萘乙二胺分光光度法	HJ/T 43
4	氟化物	大气固定污染源　氟化物的测定　离子选择电极法	HJ/T 67
5	汞及其化合物	固定污染源废气　汞的测定　冷原子吸收分光光度法（暂行）	HJ 543
6	氨	环境空气和废气　氨的测定　纳氏试剂分光光度法	HJ 533
		环境空气　氨的测定　次氯酸钠-水杨酸分光光度法	HJ 534

6 实施与监督

6.1 本标准由县级以上人民政府环境保护行政主管部门负责监督实施。

6.2 在任何情况下，水泥工业企业均应遵守本标准规定的大气污染物排放控制要求，采取必要措施保证污染防治设施正常运行。各级环保部门在对企业进行监督性检查时，可以现场即时采样或监测的结果，作为判定排污行为是否符合排放标准以及实施相关环境保护管理措施的依据。

火电厂大气污染物排放标准

（GB 13223—2011）

1　适用范围

本标准规定了火电厂大气污染物排放浓度限值、监测和监控要求，以及标准的实施与监督等相关规定。

本标准适用于现有火电厂的大气污染物排放管理以及火电厂建设项目的环境影响评价、环境保护工程设计、竣工环境保护验收及其投产后的大气污染物排放管理。

本标准适用于使用单台出力 65 t/h 以上除层燃炉、抛煤机炉外的燃煤发电锅炉；各种容量的煤粉发电锅炉；单台出力 65 t/h 以上燃油、燃气发电锅炉；各种容量的燃气轮机组的火电厂；单台出力 65 t/h 以上采用煤矸石、生物质、油页岩、石油焦等燃料的发电锅炉。整体煤气化联合循环发电的燃气轮机组执行本标准中燃用天然气的燃气轮机组排放限值。

本标准不适用于各种容量的以生活垃圾、危险废物为燃料的火电厂。

本标准适用于法律允许的污染物排放行为。新设立污染源的选址和特殊保护区域内现有污染源的管理，按照《中华人民共和国大气污染防治法》、《中华人民共和国水污染防治法》、《中华人民共和国海洋环境保护法》、《中华人民共和国固体废物污染环境防治法》、《中华人民共和国环境影响评价法》等法律、法规和规章的相关规定执行。

2　规范性引用文件

本标准引用下列文件或其中的条款。凡是不注日期的引用文件，其最新版本适用于本标准。

GB/T 16157　固定污染源排气中颗粒物测定与气态污染物采样方法

HJ/T 42　固定污染源排气中氮氧化物的测定　紫外分光光度法

HJ/T 43　固定污染源排气中氮氧化物的测定　盐酸萘乙二胺分光光度法

HJ/T 56　固定污染源排气中二氧化硫的测定　碘量法

HJ/T 57 固定污染源排气中二氧化硫的测定 定电位电解法

HJ/T 75 固定污染源烟气排放连续监测技术规范

HJ/T 76 固定污染源烟气排放连续监测系统技术要求及检测方法

HJ/T 373 固定污染源监测质量保证与质量控制技术规范（试行）

HJ/T 397 固定源废气监测技术规范

HJ/T 398 固定污染源排放烟气黑度的测定 林格曼烟气黑度图法

HJ 543 固定污染源废气 汞的测定 冷原子吸收分光光度法（暂行）

《污染源自动监控管理办法》（国家环境保护总局令 第 28 号）

《环境监测管理办法》（国家环境保护总局令 第 39 号）

3 术语和定义

下列术语和定义适用于本标准。

3.1 火电厂 thermal power plant

燃烧固体、液体、气体燃料的发电厂。

3.2 标准状态 standard condition

烟气在温度为 273K，压力为 101 325Pa 时的状态，简称"标态"。本标准中所规定的大气污染物浓度均指标准状态下干烟气的数值。

3.3 氧含量 O_2 content

燃料燃烧时，烟气中含有的多余的自由氧，通常以干基容积百分数来表示。

3.4 现有火力发电锅炉及燃气轮机组 existing plant

指本标准实施之日前，建成投产或环境影响评价文件已通过审批的火力发电锅炉及燃气轮机组。

3.5 新建火力发电锅炉及燃气轮机组 new plant

指本标准实施之日起，环境影响评价文件通过审批的新建、扩建和改建的火力发电锅炉及燃气轮机组。

3.6 W 型火焰炉膛 arch fired furnace

燃烧器置于炉膛前后墙拱顶，燃料和空气向下喷射，燃烧产物转折 180° 后从前后拱中间向上排出而形成 W 型火焰的燃烧空间。

3.7 重点地区 key region

指根据环境保护工作的要求，在国土开发密度较高，环境承载能力开始减弱，或大气环境容量较小、生态环境脆弱，容易发生严重大气环境污染问题而需要严格控制大气污染物排放的地区。

3.8 大气污染物特别排放限值 special limitation for air pollutants

指为防治区域性大气污染、改善环境质量、进一步降低大气污染源的排放强度、更加严格地控制排污行为而制定并实施的大气污染物排放限值，该限值的排放控制水平达到国际先进或领先程度，适用于重点地区。

4　污染物排放控制要求

4.1　自 2014 年 7 月 1 日起，现有火力发电锅炉及燃气轮机组执行表 1 规定的烟尘、二氧化硫、氮氧化物和烟气黑度排放限值。

表 1　火力发电锅炉及燃气轮机组大气污染物排放浓度限值

单位：mg/m³（烟气黑度除外）

序号	燃料和热能转化设施类型	污染物项目	适用条件	限值	污染物排放监控位置
1	燃煤锅炉	烟尘	全部	30	烟囱或烟道
		二氧化硫	新建锅炉	100 200①	
			现有锅炉	200 400①	
		氮氧化物（以 NO₂ 计）	全部	100 200②	
		汞及其化合物	全部	0.03	
2	以油为燃料的锅炉或燃气轮机组	烟尘	全部	30	
		二氧化硫	新建锅炉及燃气轮机组	100	
			现有锅炉及燃气轮机组	200	
		氮氧化物（以 NO₂ 计）	新建燃油锅炉	100	
			现有燃油锅炉	200	
			燃气轮机组	120	
3	以气体为燃料的锅炉或燃气轮机组	烟尘	天然气锅炉及燃气轮机组	5	
			其他气体燃料锅炉及燃气轮机组	10	
		二氧化硫	天然气锅炉及燃气轮机组	35	
			其他气体燃料锅炉及燃气轮机组	100	
		氮氧化物（以 NO₂ 计）	天然气锅炉	100	
			其他气体燃料锅炉	200	
			天然气燃气轮机组	50	
			其他气体燃料燃气轮机组	120	
4	燃煤锅炉，以油、气体为燃料的锅炉或燃气轮机组	烟气黑度（林格曼黑度，级）	全部	1	烟囱排放口

注：①　位于广西壮族自治区、重庆市、四川省和贵州省的火力发电锅炉执行该限值。
　　②　采用 W 型火焰炉膛的火力发电锅炉、现有循环流化床火力发电锅炉，以及 2003 年 12 月 31 日前建成投产或通过建设项目环境影响报告书审批的火力发电锅炉执行该限值。

4.2 自 2012 年 1 月 1 日起，新建火力发电锅炉及燃气轮机组执行表 1 规定的烟尘、二氧化硫、氮氧化物和烟气黑度排放限值。

4.3 自 2015 年 1 月 1 日起，火力发电锅炉及燃气轮机组执行表 1 规定的汞及其化合物污染物排放限值。

4.4 重点地区的火力发电锅炉及燃气轮机组执行表 2 规定的大气污染物特别排放限值。

执行大气污染物特别排放限值的具体地域范围、实施时间，由国务院环境保护行政主管部门规定。

表 2 大气污染物特别排放限值

单位：mg/m^3（烟气黑度除外）

序号	燃料和热能转化设施类型	污染物项目	适用条件	限值	污染物排放监控位置
1	燃煤锅炉	烟尘	全部	20	烟囱或烟道
		二氧化硫	全部	50	
		氮氧化物（以 NO$_2$ 计）	全部	100	
		汞及其化合物	全部	0.03	
2	以油为燃料的锅炉或燃气轮机组	烟尘	全部	20	
		二氧化硫	全部	50	
		氮氧化物（以 NO$_2$ 计）	燃油锅炉	100	
			燃气轮机组	120	
3	以气体为燃料的锅炉或燃气轮机组	烟尘	全部	5	
		二氧化硫	全部	35	
		氮氧化物（以 NO$_2$ 计）	燃气锅炉	100	
			燃气轮机组	50	
4	燃煤锅炉，以油、气体为燃料的锅炉或燃气轮机组	烟气黑度（林格曼黑度，级）	全部	1	烟囱排放口

4.5 在现有火力发电锅炉及燃气轮机组运行、建设项目竣工环保验收及其后的运行过程中，负责监管的环境保护行政主管部门，应对周围居住、教学、医疗等用途的敏感区域环境质量进行监测。建设项目的具体监控范围为环境影响评价确定的周围敏感区域；未进行过环境影响评价的现有火力发电企业，监控范围由负责监管的环境保护行政主管部门，根据企业排污的特点和规律及当地的自然、气象条件等因素，参照相关环境影响评价技术导则确定。地方政府应对本辖区环境质

量负责，采取措施确保环境状况符合环境质量标准要求。

4.6　不同时段建设的锅炉，若采用混合方式排放烟气，且选择的监控位置只能监测混合烟气中的大气污染物浓度，则应执行各时段限值中最严格的排放限值。

5　污染物监测要求

5.1　污染物采样与监测要求

5.1.1　对企业排放废气的采样，应根据监测污染物的种类，在规定的污染物排放监控位置进行，有废气处理设施的，应在该设施后监控。在污染物排放监控位置须设置规范的永久性测试孔、采样平台和排污口标志。

5.1.2　新建企业和现有企业安装污染物排放自动监控设备的要求，应按有关法律和《污染源自动监控管理办法》的规定执行。

5.1.3　污染物排放自动监控设备通过验收并正常运行的，应按照 HJ/T 75 和 HJ/T 76 的要求，定期对自动监测设备进行监督考核。

5.1.4　对企业污染物排放情况进行监测的采样方法、采样频次、采样时间和运行负荷等要求，按 GB/T 16157 和 HJ/T 397 的规定执行。

5.1.5　对火电厂大气污染物的监测，应按照 HJ/T 373 的要求进行监测质量保证和质量控制。

5.1.6　企业应按照有关法律和《环境监测管理办法》的规定，对排污状况进行监测，并保存原始监测记录。

5.1.7　对火电厂大气污染物排放浓度的测定采用表3所列的方法标准。

表3　火电厂大气污染物浓度测定方法标准

序号	污染物项目	方法标准名称	方法标准编号
1	烟尘	固定污染源排气中颗粒物测定与气态污染物采样方法	GB/T 16157
2	烟气黑度	固定污染源排放烟气黑度的测定　林格曼烟气黑度图法	HJ/T 398
3	二氧化硫	固定污染源排气中二氧化硫的测定　碘量法	HJ/T 56
		固定污染源排气中二氧化硫的测定　定电位电解法	HJ/T 57
4	氮氧化物	固定污染源排气中氮氧化物的测定　紫外分光光度法	HJ/T 42
		固定污染源排气中氮氧化物的测定　盐酸萘乙二胺分光光度法	HJ/T 43
5	汞及其化合物	固定污染源废气　汞的测定　冷原子吸收分光光度法（暂行）	HJ 543

5.2 大气污染物基准氧含量排放浓度折算方法

实测的火电厂烟尘、二氧化硫、氮氧化物和汞及其化合物排放浓度，必须执行 GB/T 16157 规定，按公式（1）折算为基准氧含量排放浓度。各类热能转化设施的基准氧含量按表 4 的规定执行。

表 4 基准氧含量

序号	热能转化设施类型	基准氧含量（O_2）/%
1	燃煤锅炉	6
2	燃油锅炉及燃气锅炉	3
3	燃气轮机组	15

$$c = c' \times \frac{21 - O_2}{21 - O_2'} \tag{1}$$

式中： c ——大气污染物基准氧含量排放浓度，mg/m^3；

c' ——实测的大气污染物排放浓度，mg/m^3；

O_2' ——实测的氧含量，%；

O_2 ——基准氧含量，%。

6 实施与监督

6.1 本标准由县级以上人民政府环境保护行政主管部门负责监督实施。

6.2 在任何情况下，火力发电企业均应遵守本标准的大气污染物排放控制要求，采取必要措施保证污染防治设施正常运行。各级环保部门在对企业进行监督性检查时，可以现场即时采样或监测结果，作为判定排污行为是否符合排放标准以及实施相关环境保护管理措施的依据。

锅炉大气污染物排放标准

（GB 13271—2014）

1　适用范围

本标准规定了锅炉烟气中颗粒物、二氧化硫、氮氧化物、汞及其化合物的最高允许排放浓度限值和烟气黑度限值。

本标准适用于以燃煤、燃油和燃气为燃料的单台出力 65 t/h 及以下蒸汽锅炉、各种容量的热水锅炉及有机热载体锅炉；各种容量的层燃炉、抛煤机炉。

使用型煤、水煤浆、煤矸石、石油焦、油页岩、生物质成型燃料等的锅炉，参照本标准中燃煤锅炉排放控制要求执行。

本标准不适用于以生活垃圾、危险废物为燃料的锅炉。

本标准适用于在用锅炉的大气污染物排放管理，以及锅炉建设项目环境影响评价、环境保护设施设计、竣工环境保护验收及其投产后的大气污染物排放管理。

本标准适用于法律允许的污染物排放行为；新设立污染源的选址和特殊保护区域内现有污染源的管理，按照《中华人民共和国大气污染防治法》、《中华人民共和国水污染防治法》、《中华人民共和国海洋环境保护法》、《中华人民共和国固体废物污染环境防治法》、《中华人民共和国放射性污染防治法》、《中华人民共和国环境影响评价法》等法律、法规、规章的相关规定执行。

2　规范性引用文件

本标准内容引用了下列文件或其中的条款。凡是未注明日期的引用文件，其最新版本适用于本标准。

GB 5468　锅炉烟尘测试方法

GB/T 16157　固定污染源排气中颗粒物测定与气态污染物采样方法

HJ/T 42　固定污染源排气中氮氧化物的测定　紫外分光光度法

HJ/T 43　固定污染源排气中氮氧化物的测定　盐酸萘乙二胺分光光度法

HJ/T 56　固定污染源排气中二氧化硫的测定　碘量法

HJ/T 57　固定污染源排气中二氧化硫的测定　定电位电解法

HJ/T 373 固定污染源监测质量保证与质量控制技术规范（试行）

HJ/T 397 固定源废气监测技术规范

HJ/T 398 固定污染源排放烟气黑度的测定 林格曼烟气黑度图法

HJ 543 固定污染源废气 汞的测定 冷原子吸收分光光度法（暂行）

HJ 629 固定污染源废气 二氧化硫的测定 非分散红外吸收法

HJ 692 固定污染源废气 氮氧化物的测定 非分散红外吸收法

HJ 693 固定污染源废气 氮氧化物的测定 定电位电解法

《污染源自动监控管理办法》（国家环境保护总局令 第 28 号）

《环境监测管理办法》（国家环境保护总局令 第 39 号）

3 术语和定义

下列术语和定义适用于本标准。

3.1 锅炉 boiler

利用燃料燃烧释放的热能或其他热能加热热水或其他工质，以生产规定参数（温度、压力）和品质的蒸汽、热水或其他工质的设备。

3.2 在用锅炉 in-use boiler

本标准实施之日前，已建成投产或环境影响评价文件已通过审批的锅炉。

3.3 新建锅炉 new boiler

本标准实施之日起，环境影响评价文件通过审批的新建、改建和扩建的锅炉建设项目。

3.4 有机热载体锅炉 organic fluid boiler

以有机质液体作为热载体工质的锅炉。

3.5 标准状态 standard condition

锅炉烟气在温度为 273.15 K，压力为 101 325 Pa 时的状态，简称"标态"。本标准规定的排放质量浓度均指标准状态下干烟气中的数值。

3.6 烟囱高度 stack height

从烟囱（或锅炉房）所在的地平面至烟囱出口的高度。

3.7 氧含量 O$_2$ content

燃料燃烧后，烟气中含有的多余的自由氧，通常以干基容积百分数来表示。

3.8 重点地区 key region

根据环境保护工作的要求，在国土开发密度较高，环境承载能力开始减弱，或大气环境容量较小、生态环境脆弱，容易发生严重大气环境污染问题而需要严格控制大气污染物排放的地区。

3.9　大气污染物特别排放限值　special limitation for air pollutants

为防治区域性大气污染、改善环境质量、进一步降低大气污染源的排放强度、更加严格地控制排污行为而制定并实施的大气污染物排放限值，该限值的控制水平达到国际先进或领先程度，适用于重点地区。

4　大气污染物排放控制要求

4.1　10 t/h 以上在用蒸汽锅炉和 7 MW 以上在用热水锅炉 2015 年 9 月 30 日前执行 GB 13271—2001 中规定的排放限值，10 t/h 及以下在用蒸汽锅炉和 7 MW 及以下在用热水锅炉 2016 年 6 月 30 日前执行 GB 13271—2001 中规定的排放限值。

4.2　10 t/h 以上在用蒸汽锅炉和 7 MW 以上在用热水锅炉自 2015 年 10 月 1 日起执行表 1 规定的大气污染物排放限值，10 t/h 及以下在用蒸汽锅炉和 7 MW 及以下在用热水锅炉自 2016 年 7 月 1 日起执行表 1 规定的大气污染物排放限值。

表 1　在用锅炉大气污染物排放限值

单位：mg/m³（烟气黑度除外）

污染物项目	限值			污染物排放监控位置
	燃煤锅炉	燃油锅炉	燃气锅炉	
颗粒物	80	60	30	烟囱或烟道
二氧化硫	400 550 [a]	300	100	烟囱或烟道
氮氧化物	400	400	400	烟囱或烟道
汞及其化合物	0.05	—	—	烟囱或烟道
烟气黑度（林格曼黑度，级）	≤1			烟囱排放口

a 位于广西壮族自治区、重庆市、四川省和贵州省的在用燃煤锅炉执行该限值。

4.3　自 2014 年 7 月 1 日起，新建锅炉执行表 2 规定的大气污染物排放限值。

表 2　新建锅炉大气污染物排放限值

单位：mg/m³（烟气黑度除外）

污染物项目	限值			污染物排放监控位置
	燃煤锅炉	燃油锅炉	燃气锅炉	
颗粒物	50	30	20	烟囱或烟道
二氧化硫	300	200	50	烟囱或烟道
氮氧化物	300	250	200	烟囱或烟道
汞及其化合物	0.05	—	—	烟囱或烟道
烟气黑度（林格曼黑度，级）	≤1			烟囱排放口

4.4 重点地区锅炉执行表3规定的大气污染物特别排放限值。

执行大气污染物特别排放限值的地域范围、时间，由国务院环境保护主管部门或省级人民政府规定。

表3 大气污染物特别排放限值

单位：mg/m³（烟气黑度除外）

污染物项目	限值			污染物排放监控位置
	燃煤锅炉	燃油锅炉	燃气锅炉	
颗粒物	30	30	20	烟囱或烟道
二氧化硫	200	100	50	
氮氧化物	200	200	150	
汞及其化合物	0.05	—	—	
烟气黑度（林格曼黑度，级）	≤1			烟囱排放口

4.5 每个新建燃煤锅炉房只能设一根烟囱，烟囱高度应根据锅炉房装机总容量，按表4规定执行，燃油、燃气锅炉烟囱不低于8 m，烟囱的具体高度按批复的环境影响评价文件确定。新建锅炉房的烟囱周围半径200 m距离内有建筑物时，其烟囱应高出最高建筑物3 m以上。

表4 燃煤锅炉房烟囱最低允许高度

锅炉房装机总容量		烟囱最低允许高度/m
MW	t/h	
<0.7	<1	20
0.7～<1.4	1～<2	25
1.4～<2.8	2～<4	30
2.8～<7	4～<10	35
7～<14	10～<20	40
≥14	≥20	45

4.6 不同时段建设的锅炉，若采用混合方式排放烟气，且选择的监控位置只能监测混合烟气中的大气污染物浓度，应执行各个时段限值中最严格的排放限值。

5 大气污染物监测要求

5.1 污染物采样与监测要求

5.1.1 锅炉使用企业应按照有关法律和《环境监测管理办法》等规定，建立企业监测制度，制定监测方案，对污染物排放状况及其对周边环境质量的影响开展自行监测，保存原始监测记录，并公布监测结果。

5.1.2　锅炉使用企业应按照环境监测管理规定和技术规范的要求，设计、建设、维护永久性采样口、采样测试平台和排污口标志。

5.1.3　对锅炉排放废气的采样，应根据监测污染物的种类，在规定的污染物排放监控位置进行，有废气处理设施的，应在该设施后监测。排气筒中大气污染物的监测采样按 GB 5468、GB/T 16157 或 HJ/T 397 规定执行。

5.1.4　20 t/h 及以上蒸汽锅炉和 14 MW 及以上热水锅炉应安装污染物排放自动监控设备，与环保部门的监控中心联网，并保证设备正常运行，按有关法律和《污染源自动监控管理办法》的规定执行。

5.1.5　对大气污染物的监测，应按照 HJ/T 373 的要求进行监测质量保证和质量控制。

5.1.6　对大气污染物排放浓度的测定采用表 5 所列的方法标准。

表 5　大气污染物浓度测定方法标准

序号	污染物项目	方法标准名称	标准编号
1	颗粒物	锅炉烟尘测试方法	GB 5468
		固定污染源排气中颗粒物测定与气态污染物采样方法	GB/T 16157
2	烟气黑度	固定污染源排放烟气黑度的测定　林格曼烟气黑度图法	HJ/T 398
3	二氧化硫	固定污染源排气中二氧化硫的测定　碘量法	HJ/T 56
		固定污染源排气中二氧化硫的测定　定电位电解法	HJ/T 57
		固定污染源废气　二氧化硫的测定　非分散红外吸收法	HJ 629
4	氮氧化物	固定污染源排气中氮氧化物的测定　紫外分光光度法	HJ/T 42
		固定污染源排气中氮氧化物的测定　盐酸萘乙二胺分光光度法	HJ/T 43
		固定污染源废气　氮氧化物的测定　非分散红外吸收法	HJ 692
		固定污染源废气　氮氧化物的测定　定电位电解法	HJ 693
5	汞及其化合物	固定污染源废气　汞的测定　冷原子吸收分光光度法（暂行）	HJ 543

5.2　大气污染物基准含氧量排放浓度折算方法

实测的锅炉颗粒物、二氧化硫、氮氧化物、汞及其化合物的排放浓度，应执行 GB 5468 或 GB/T 16157 规定，按式（1）折算为基准氧含量排放浓度。各类燃烧设备的基准氧含量按表 6 的规定执行。

表 6　基准含氧量

锅炉类型	基准氧含量/%
燃煤锅炉	9
燃油、燃气锅炉	3.5

$$\rho = \rho' \times \frac{21 - \varphi(O_2)}{21 - \varphi'(O_2)} \qquad (1)$$

式中：　ρ ——大气污染物基准氧含量排放质量浓度，mg/m^3；

　　　　ρ' ——实测的大气污染物排放质量浓度，mg/m^3；

　　　　$\varphi'(O_2)$ ——实测的氧含量，%；

　　　　$\varphi(O_2)$ ——基准氧含量，%。

6　实施与监督

6.1　本标准由县级以上人民政府环境保护行政主管部门负责监督实施。

6.2　在任何情况下，锅炉使用单位均应遵守本标准的大气污染物排放控制要求，采取必要措施保证污染防治设施正常运行。各级环保部门在对锅炉使用单位进行监督性检查时，可以现场即时采样或监测的结果，作为判断排污行为是否符合排放标准以及实施相关环境保护管理措施的依据。

砖瓦工业大气污染物排放标准

（GB 29620—2013）

1　适用范围

本标准规定了砖瓦工业生产过程的大气污染物排放限值、监测和监控要求，以及标准的实施与监督等相关规定。

本标准适用于现有砖瓦工业企业或生产设施的大气污染物排放管理，以及砖瓦工业建设项目的环境影响评价、环境保护设施设计、竣工环境保护验收及其投产后的大气污染物排放管理。

本标准适用于以粘土、页岩、煤矸石、粉煤灰为主要原料的砖瓦烧结制品生产过程和以砂石、粉煤灰、石灰及水泥为主要原料的砖瓦非烧结制品生产过程。本标准不适用于利用污泥、垃圾、其他工业尾矿等为原料的砖瓦生产过程。

本标准适用于法律允许的污染物排放行为。新设立污染源的选址和特殊保护区域内现有污染源的管理，按照《中华人民共和国大气污染防治法》、《中华人民共和国环境影响评价法》等法律、法规和规章的相关规定执行。

2　规范性引用文件

本标准引用了下列文件或其中的条款。凡是未注明日期的引用文件，其最新版本适用于本标准。

GB/T 15432　环境空气　总悬浮颗粒物的测定　重量法

GB/T 16157　固定污染源排气中颗粒物测定与气态污染物采样方法

HJ/T 42　固定污染源排气中氮氧化物的测定　紫外分光光度法

HJ/T 43　固定污染源排气中氮氧化物的测定　盐酸萘乙二胺分光光度法

HJ/T 55　大气污染物无组织排放监测技术导则

HJ/T 56　固定污染源排气中二氧化硫的测定　碘量法

HJ/T 57　固定污染源排气中二氧化硫的测定　定电位电解法

HJ/T 67　大气固定污染源　氟化物的测定　离子选择电极法

HJ/T 75　固定污染源烟气排放连续监测技术规范（试行）

HJ 480 环境空气 氟化物的测定 滤膜采样氟离子选择电极法

HJ 481 环境空气 氟化物的测定 石灰滤纸采样氟离子选择电极法

HJ 482 环境空气 二氧化硫的测定 甲醛吸收-副玫瑰苯胺分光光度法

HJ 483 环境空气 二氧化硫的测定 四氯汞盐吸收-副玫瑰苯胺分光光度法

《污染源自动监控管理办法》（国家环境保护总局令 第 28 号）

《环境监测管理办法》（国家环境保护总局令 第 39 号）

3 术语和定义

下列术语和定义适用于本标准。

3.1 砖瓦工业 brick and tile industry

通过原料制备、挤出（压制）成型、干燥、焙烧（蒸压）等生产过程，生产烧结砖瓦制品和非烧结砖瓦制品的工业。

3.2 现有企业 existing facility

指在本标准实施之日前已建成投产或环境影响评价文件已通过审批的砖瓦工业企业及生产设施。

3.3 新建企业 new facility

指本标准实施之日起环境影响评价文件通过审批的新建、改建和扩建的砖瓦工业建设项目。

3.4 排气筒高度 stack height

指自排气筒（或其主体建筑构造）所在的地平面至排气筒出口计的高度。

3.5 标准状态 standard condition

指温度为 273.15 K、压力为 101 325 Pa 时的状态。本标准规定的大气污染物排放浓度限值均以标准状态下的干气体为基准。

3.6 过量空气系数 excess air coefficient

指工业炉窑运行时实际空气量与理论空气需要量的比值。

3.7 企业边界 enterprise boundary

指砖瓦工业企业的法定边界。若无法定边界，则指实际边界。

4 污染物排放控制要求

4.1 自 2014 年 1 月 1 日起至 2016 年 6 月 30 日止，现有企业执行表 1 规定的大气污染物排放限值。

4.2 自 2016 年 7 月 1 日起，现有企业执行表 2 规定的大气污染物排放限值。

4.3 自 2014 年 1 月 1 日起，新建企业执行表 2 规定的大气污染物排放限值。

表 1 现有企业大气污染物排放限值

单位：mg/m³

生产过程	最高允许排放浓度				污染物排放监控位置
	颗粒物	二氧化硫	氮氧化物（以 NO_2 计）	氟化物（以总氟计）	
原料燃料破碎及制备成型	100	—			车间或生产设施排气筒
人工干燥及焙烧	100	850（煤矸石）400（其他）		3	

表 2 新建企业大气污染物排放限值

单位：mg/m³

生产过程	最高允许排放浓度				污染物排放监控位置
	颗粒物	二氧化硫	氮氧化物（以 NO_2 计）	氟化物（以 F 计）	
原料燃料破碎及制备成型	30	—	—	—	车间或生产设施排气筒
人工干燥及焙烧	30	300	200	3	

4.4 企业边界大气污染物任何 1 h 平均浓度执行表 3 规定的限值。

表 3 现有和新建企业边界大气污染物浓度限值

单位：mg/m³

序号	污染物	浓度限值
1	总悬浮颗粒物	1.0
2	二氧化硫	0.5
3	氟化物	0.02

4.5 在现有企业生产、建设项目竣工环保验收后的生产过程中，负责监管的环境保护主管部门应对周围居住、教学、医疗等用途的敏感区域环境质量进行监测，建设项目的具体监控范围为环境影响评价确定的周围敏感区域；未进行过环境影响评价的现有企业，监控范围由负责监管的环境保护主管部门，根据企业排污的特点和规律及当地的自然、气象条件等因素，参照相关环境影响评价技术导则确定。地方政府应对本辖区环境质量负责，采取措施确保环境状况符合环境质量标准要求。

4.6　产生大气污染物的生产工艺和装置必须设立局部或整体气体收集系统和集中净化处理装置。人工干燥及焙烧窑的排气筒高度一律不得低于 15 m。排气筒周围半径 200 m 范围内有建筑物时，排气筒高度还应高出最高建筑物 3 m 以上。

4.7　基准过量空气系数为 1.7，实测的大气污染物排放浓度应换算为基准过量空气系数排放浓度。生产设施应采取合理的通风措施，不得故意稀释排放。

5　污染物监测要求

5.1　污染物监测的一般要求

5.1.1　对企业排放废气的采样，应根据监测污染物的种类，在规定的污染物排放监控位置进行，有废气处理设施的，应在该设施后监控。在污染物排放监控位置须设置规范的永久性测试孔、采样平台和排污口标志。

5.1.2　新建企业和现有企业安装污染物排放自动监控设备的要求，应按有关法律和《污染源自动监控管理办法》的规定执行。

5.1.3　对企业污染物排放情况进行监测的频次、采样时间等要求，按国家有关污染源监测技术规范的规定执行。

5.1.4　企业应按照有关法律和《环境监测管理办法》的规定，对排污状况进行监测，并保存原始监测记录。

5.2　大气污染物监测要求

5.2.1　采样点的设置与采样方法按 GB/T 16157 和 HJ/T 75 的规定执行。

5.2.2　在有敏感建筑物方位、必要的情况下进行无组织排放监控，具体要求按 HJ/T 55 进行监测。

5.2.3　对企业排放大气污染物浓度的测定采用表 4 所列的方法标准。

表4　大气污染物监测项目测定方法

序号	污染物项目	方法标准名称	方法标准编号
1	颗粒物	环境空气　总悬浮颗粒物的测定　重量法	GB/T 15432
		固定污染源排气中颗粒物测定与气态污染物采样方法	GB/T 16157
2	二氧化硫	固定污染源排气中二氧化硫的测定　碘量法	HJ/T 56
		固定污染源排气中二氧化硫的测定　定电位电解法	HJ/T 57
		环境空气　二氧化硫的测定　甲醛吸收-副玫瑰苯胺分光光度法	HJ 482
		环境空气　二氧化硫的测定　四氯汞盐吸收-副玫瑰苯胺分光光度法	HJ 483

序号	污染物项目	方法标准名称	方法标准编号
3	氮氧化物	固定污染源排气中氮氧化物的测定　紫外分光光度法	HJ/T 42
		固定污染源排气中氮氧化物的测定　盐酸萘乙二胺分光光度法	HJ/T 43
4	氟化物	大气固定污染源　氟化物的测定　离子选择电极法	HJ/T 67
		环境空气　氟化物的测定　滤膜采样氟离子选择电极法	HJ 480
		环境空气　氟化物的测定　石灰滤纸采样氟离子选择电极法	HJ 481

6　实施与监督

6.1　本标准由县级以上人民政府环境保护行政主管部门负责监督实施。

6.2　在任何情况下，企业均应遵守本标准的大气污染物排放控制要求，采取必要措施保证污染防治设施正常运行。各级环保部门在对设施进行监督性检查时，可以现场即时采样或监测结果，作为判定排污行为是否符合排放标准以及实施相关环境保护管理措施的依据。

钢铁烧结、球团工业大气污染物排放标准

（GB 28662—2012）

1 适用范围

本标准规定了钢铁烧结及球团生产企业或生产设施的大气污染物排放限值、监测和监控要求，以及标准的实施与监督等相关规定。

本标准适用于现有钢铁烧结及球团生产企业或生产设施的大气污染物排放管理，以及钢铁烧结及球团工业建设项目的环境影响评价、环境保护设施设计、竣工环境保护验收及其投产后的大气污染物排放管理。

本标准适用于法律允许的污染物排放行为。新设立污染源的选址和特殊保护区域内现有污染源的管理，按照《中华人民共和国大气污染防治法》、《中华人民共和国水污染防治法》、《中华人民共和国海洋环境保护法》、《中华人民共和国固体废物污染环境防治法》、《中华人民共和国环境影响评价法》等法律、法规、规章的相关规定执行。

2 规范性引用文件

本标准引用了下列文件中的条款。

GB/T 15432—1995 环境空气 总悬浮颗粒物的测定 重量法

GB/T 16157—1996 固定污染源排气中颗粒物测定与气态污染物采样方法

HJ/T 42—1999 固定污染源排气中氮氧化物的测定 紫外分光光度法

HJ/T 43—1999 固定污染源排气中氮氧化物的测定 盐酸萘乙二胺分光光度法

HJ/T 56—2000 固定污染源排气中二氧化硫的测定 碘量法

HJ/T 57—2000 固定污染源排气中二氧化硫的测定 定电位电解法

HJ/T 67—2001 大气固定污染源 氟化物的测定 离子选择电极法

HJ/T 77.2—2008 环境空气和废水 二噁英类的测定 同位素稀释高分辨气象色谱-高分辨质谱法

HJ/T 397—2007 固定源废气监测技术规范

《污染源自动监控管理办法》（国家环境保护总局令第 28 号）

《污染监测管理办法》（国家环境保护总局令第 39 号）

3　术语和定义

下列术语和定义适用于本标准。

3.1　烧结

铁粉矿等含铁原料加入溶剂和固体燃料，按要求的比例配合，加水混合制粒后，平铺在烧结机台车上，经点火抽风，使其燃料燃烧，烧结料部分熔化粘结成块状的过程。

3.2　球团

铁精矿等原料与适量的膨润土均匀混合后，通过造球机造出生球，然后高温焙烧，使球团氧化固结的过程。

3.3　现有企业

指在本标准实施之日前建成投产或环境影响评价文件已通过审批的烧结及球团生产企业或生产设施。

3.4　新建企业

指在本标准实施之日起环境影响评价文件通过审批的新建、改建和扩建的烧结及球团工业建设项目。

3.5　标准状态

温度为 273.15K，压力为 101 325Pa 时的状态。本标准规定的大气污染物排放浓度均为标准状态下的干气体为基准。

3.6　烧结（球团）设备

指生产烧结矿（球团矿）的烧结机，包括竖炉、带式焙烧机和链箅机-回转窑等设备。

3.7　其他生产设备

指除烧结（球团）设备以外的所有生产设备。

3.8　颗粒物

指生产过程中排放的炉窑烟尘和生产性粉尘的总称。

3.9　二噁英类

指多氯代二苯并-对-二噁英（PCDDs）和多氯代二苯并呋喃（PCDFs）的统称。

3.10　毒性当量因子（TEF）

指二噁英类同类物与 2,3,7,8-四氯代二苯并-对-二噁英对 Ah 受体的亲和性能之比。

3.11 毒性当量（TEQ）

指各二噁英类同类物浓度折算为相当于 2,3,7,8-四氯代二苯并-对-二噁英毒性的等价浓度，毒性当量浓度为实测浓度与该异构体的毒性当量因子的乘积。

4 大气污染物排放控制要求

4.1 自 2012 年 10 月 1 日起至 2014 年 12 月 31 日止，现有企业执行表 1 规定的大气污染物排放限值。

表 1 现有企业大气污染物排放浓度限值

单位：mg/m³（二噁英类除外）

生产工序或设施	污染物项目	限值	污染物排放监控位置
烧结机 球团焙烧设备	颗粒物	80	车间或生产设施排气筒
	二氧化硫	600	
	氮氧化物（以 NO₂ 计）	500	
	氟化物（以 F 计）	6.0	
	二噁英类（ng-TEQ/m³）	1.0	
烧结机机尾 带式焙烧机机尾 其他生产设备	颗粒物	50	

4.2 自 2015 年 1 月 1 日起，现有企业执行表 2 规定的大气污染物排放限值。

4.3 自 2012 年 10 月 1 日起，新建企业执行表 2 规定的大气污染物排放限值。

表 2 新建企业大气污染物排放浓度限值

单位：mg/m³（二噁英类除外）

生产工序或设施	污染物项目	限值	污染物排放监控位置
烧结机 球团焙烧设备	颗粒物	50	车间或生产设施排气筒
	二氧化硫	200	
	氮氧化物（以 NO₂ 计）	300	
	氟化物（以 F 计）	4.0	
	二噁英类（ng-TEQ/m³）	0.5	
烧结机机尾 带式焙烧机机尾 其他生产设备	颗粒物	30	

4.4　根据环境保护工作的要求，在国土开发密度已经较高、环境承载能力开始减弱，或环境容量较小、生态环境脆弱，容易发生严重环境污染问题而需要采取特别保护措施的地区，应严格控制企业的污染物排放行为，在上述地区的企业执行表 3 规定的大气污染物特别排放限值。

执行大气污染物特别排放限值的地域范围、时间，由国务院环境保护行政主管部门或省级人民政府规定。

表 3　大气污染物特别排放限值

单位：mg/m^3（二噁英类除外）

生产工序或设施	污染物项目	限值	污染物排放监控位置
烧结机 球团焙烧设备	颗粒物	40	车间或生产设施排气筒
	二氧化硫	180	
	氮氧化物（以 NO_2 计）	300	
	氟化物（以 F 计）	4.0	
	二噁英类（ng-TEQ/m^3）	0.5	
烧结机机尾 带式焙烧机机尾 其他生产设备	颗粒物	20	

4.5　企业颗粒物无组织排放执行表 4 规定的限值。

表 4　现有和新建企业颗粒物无组织排放浓度限值

单位：mg/m^3

序号	无组织排放源	限值
1	有厂房生产车间	8.0
2	无完整厂房车间	5.0

4.6　在现有企业生产、建设项目竣工环保验收及其后的生产过程中，负责监管的环境保护行政主管部门，应对周围居住、教学、医疗等用途的敏感区域环境空气质量进行监测。建设项目的具体监控范围为环境影响评价确定的周围敏感区域；未进行过环境影响评价的现有企业，监控范围由负责监管的环境保护行政主管部门，根据企业排污的特点和规律及当地的自然、气象条件等因素，参照相关环境影响评价技术导则确定。地方政府应对本辖区环境质量负责，采取措施确保环境状况符合环境质量标准要求。

4.7　产生大气污染物的生产工艺装置必须设立局部气体收集系统和集中净化处

理装置，达标排放。所有排气筒高度应不低于 15 m。排气筒周围半径 200 m 范围内有建筑物时，排气筒高度还应高出最高建筑物 3 m 以上。

4.8 在国家未规定生产单位产品基准排气量之前，以实测浓度作为判定大气污染物排放是否达标的依据。

5 大气污染物监测要求

5.1 对企业排放废气的采样应根据监测污染物的种类，在规定的污染物排放监控位置进行，有废气处理设施的，应在该设施后监控，在污染物排放监控位置须设置永久性排污口标志。

5.2 新建企业和现有企业安装污染物排放自动监控设备的要求，按有关法律和《污染源自动监控管理办法》的规定执行。

5.3 对企业污染物排放情况进行监测的频次、采样时间等要求，按国家有关污染源监测技术规范的规定执行。二噁英类指标每年监测一次。

5.4 排气筒中大气污染物的监测采样按 GB/T 16157、HJ/T 397 规定执行。

5.5 大气污染物无组织排放的采样点设在生产厂房门窗、屋顶、气楼等排放口处并选浓度最大值。若无组织排放源是露天或有顶无围墙，监测点应选在距烟（粉）尘排放源 5 m，最低高度 1.5 m 处任意点，并选浓度最大值。无组织排放监控点的采样，采用任何连续 1 h 的采样计平均值，或在任何 1 h 内，以等时间间隔采集 4 个样品计平均值。

5.6 企业应按照有关法律和《环境监测管理办法》的规定，对排污状况进行监测，并保存原始监测记录。

5.7 对大气污染物浓度的测定采用表 5 所列的方法标准。

表 5 大气污染物浓度测定方法标准

序号	污染物项目	方法标准名称	标准编号
1	颗粒物	固定污染源排气中颗粒物测定与气态污染物采样方法	GB/T 16157—1996
		环境空气 总悬浮颗粒物的测定 重量法	GB/T 15432—1995
2	二氧化硫	固定污染源排气中二氧化硫的测定 碘量法	HJ/T 56—2000
		固定污染源排气中二氧化硫的测定 定电位电解法	HJ/T 57—2000
3	氮氧化物	固定污染源排气中氮氧化物的测定 紫外分光光度法	HJ/T 42—1999
		固定污染源排气中氮氧化物的测定 盐酸萘乙二胺分光光度法	HJ/T 43—1999
4	氟化物	大气固定污染源 氟化物的测定 离子选择电极法	HJ/T 67—2001
5	二噁英类	环境空气和废气 二噁英类的测定 同位素稀释高分辨气相色谱-高分辨质谱法	HJ/T 77.2—2008

6 实施与监督

6.1 本标准由县级以上人民政府环境保护行政主管部门负责监督实施。

6.2 在任何情况下，企业均应遵守本标准的大气污染物排放控制要求，采取必要措施保证污染防治设施正常运行。各级环保部门在对企业进行监督性检查时，可以现场即时采样或监测的结果，作为判定排污行为是否符合排放标准以及实施相关环境保护管理措施的依据。

炼铁工业大气污染物排放标准

（GB 28663—2012）

1 适用范围

本标准规定了炼铁生产企业或生产设施大气污染物排放限值、监测和监控要求，以及标准的实施与监督等相关规定。

本标准适用于现有炼铁生产企业或生产设施大气污染物排放管理，以及炼铁工业建设项目的环境影响评价、环境保护设施设计、竣工环境保护验收及其投产后的大气污染物排放管理。

本标准适用于法律允许的污染物排放行为；新设立污染源的选址和特殊保护区域内现有污染源的管理，按照《中华人民共和国大气污染防治法》、《中华人民共和国水污染防治法》、《中华人民共和国海洋环境保护法》、《中华人民共和国固体废物污染环境防治法》、《中华人民共和国环境影响评价法》等法律、法规、规章的相关规定执行。

2 规范性引用文件

本标准内容引用了下列文件中的条款。

GB/T 15432—1995 环境空气 总悬浮颗粒物的测定 重量法

GB/T 16157—1996 固定污染源排气中颗粒物测定与气态污染物采样方法

HJ/T 42—1999 固定污染源排气中氮氧化物的测定 紫外分光光度法

HJ/T 43—1999 固定污染源排气中氮氧化物的测定 盐酸萘乙二胺分光光度法

HJ/T 56—2000 固定污染源排气中二氧化硫的测定 碘量法

HJ/T 57—2000 固定污染源排气中二氧化硫的测定 定电位电解法

HJ/T 397—2007 固定源废气监测技术规范

《污染源自动监控管理办法》（国家环境保护总局令第 28 号）

《环境监测管理办法》（国家环境保护总局令第 39 号）

3　术语和定义

下列术语和定义适用于本标准。

3.1　高炉炼铁

指采用高炉冶炼生铁的生产过程。高炉是工艺流程的主体，从其上部装入的铁矿石、燃料和熔剂向下运动，下部鼓入空气燃料燃烧，产生大量的高温还原性气体向上运动；炉料经过加热、还原、熔化、造渣、渗碳、脱硫等一系列物理化学过程，最后生成液态炉渣和生铁。

3.2　现有企业

在本标准实施之日前，建成投产或环境影响评价文件已通过审批的炼铁生产企业或生产设施。

3.3　新建企业

本标准实施之日起，环境影响评价文件通过审批的新建、改建和扩建的炼铁工业生产设施建设项目。

3.4　标准状态

温度为 273.15K，压力为 101 325Pa 时的状态。本标准规定的大气污染物排放浓度均以标准状态下的干气体为基准。

3.5　高炉出铁场

高炉冶炼出铁时的场所，包括出铁口、主沟、砂口、铁沟、渣沟、罐位、摆动流嘴等生产设施所在场所，也称高炉炉前。

3.6　热风炉

供风系统为高炉提供热风的蓄热式换热装置。

3.7　原料系统

为高炉冶炼准备原料的设施，包括：贮矿仓、贮矿槽、焦槽、槽上运料设备（火车与矿车或皮带）、矿石与焦炭的槽下筛分设备（振动筛）、返矿和返焦运输设备（皮带及转运站）、入炉矿石和焦炭的称量设备、将炉料运送至炉顶的皮带、上料车、炉顶受料斗等。

3.8　煤粉系统

磨煤机、煤粉输送设备及管道、高炉煤粉贮存及喷吹罐、混合器，分配调节器、喷枪、压缩空气及安全保护系统等。

3.9　颗粒物

生产过程中排放的炉窑烟尘和生产性粉尘的总称。

3.10 排气筒高度

自排气筒（或其主体建筑构造）所在的地平面至排气筒出口的高度，单位为 m。

4 大气污染物排放控制要求

4.1 自 2012 年 10 月 1 日起至 2014 年 12 月 31 日止，现有企业执行表 1 规定的大气污染物排放限值。

表 1 现有企业大气污染物排放浓度限值

单位：mg/m³

生产工序或设施	污染物项目	限值	污染物监控位置
热风炉	颗粒物	50	车间或生产设施排气筒
	二氧化硫	100	
	氮氧化物（以 NO_2 计）	300	
原料系统、煤粉系统、高炉出铁场、其他生产设施	颗粒物	50	

4.2 自 2015 年 1 月 1 日起，现有企业执行表 2 规定的大气污染物排放限值。

4.3 自 2012 年 10 月 1 日起，新建企业执行表 2 规定的大气污染物排放限值。

表 2 新建企业大气污染物排放浓度限值

单位：mg/m³

生产工序或设施	污染物项目	限值	污染物监控位置
热风炉	颗粒物	20	车间或生产设施排气筒
	二氧化硫	100	
	氮氧化物（以 NO_2 计）	300	
原料系统、煤粉系统、高炉出铁场、其他生产设施	颗粒物	25	

4.4 根据环境保护工作的要求，在国土开发密度已经较高、环境承载能力开始减弱，或环境容量较小、生态环境脆弱，容易发生严重环境污染问题而需要采取特别保护措施的地区，应严格控制企业的污染物排放行为，在上述地区的企业执行表 3 规定的大气污染物特别排放限值。

执行大气污染物特别排放限值的地域范围、时间，由国务院环境保护行政主管部门或省级人民政府规定。

表3   大气污染物特别排放限值

单位：mg/m³

生产工序或设施	污染物项目	限值	污染物监控位置
热风炉	颗粒物	15	车间或生产设施排气筒
	二氧化硫	100	
	氮氧化物（以 NO$_2$ 计）	300	
高炉出铁场	颗粒物	15	
原料系统、煤粉系统、其他生产设施		10	

4.5   企业颗粒物无组织排放执行表4规定的限值。

表4   现有和新建企业颗粒物无组织排放浓度限值

单位：mg/m³

序号	无组织排放源	限值
1	有厂房生产车间	8.0
2	无完整厂房车间	5.0

4.6   在现有企业生产、建设项目竣工环保验收及其后的生产过程中，负责监管的环境保护行政主管部门，应对周围居住、教学、医疗等用途的敏感区域环境空气质量进行监测。建设项目的具体监控范围为环境影响评价确定的周围敏感区域；未进行过环境影响评价的现有企业，监控范围由负责监管的环境保护行政主管部门，根据企业排污的特点和规律及当地的自然、气象条件等因素，参照相关环境影响评价技术导则确定。地方政府应对本辖区环境质量负责，采取措施确保环境状况符合环境质量标准要求。

4.7   产生大气污染物的生产工艺装置必须设立局部气体收集系统和集中净化处理装置，达标排放。所有排气筒高度应不低于 15 m。排气筒周围半径 200 m 范围内有建筑物时，排气筒高度还应高出最高建筑物 3 m 以上。

4.8   在国家未规定生产单位产品基准排气量之前，以实测浓度作为判定大气污染物排放是否达标的依据。

5   大气污染物监测要求

5.1   对企业排放废气的采样应根据监测污染物的种类，在规定的污染物排放监控位置进行，有废气处理设施的，应在该设施后监控。在污染物排放监控位置设置永久性排污口标志。

5.2　新建企业和现有企业安装污染物排放自动监控设备的要求，按有关法律和《污染源自动监控管理办法》的规定执行。

5.3　对企业污染物排放情况进行监测的频次、采样时间等要求，按国家有关污染源监测技术规范的规定执行。

5.4　排气筒中大气污染物的监测采样按 GB/T 16157、HJ/T 397 规定执行。

5.5　大气污染物无组织排放的采样点设在生产厂房门窗、屋顶、气楼等排放口处并选浓度最大值。若无组织排放源是露天或有顶无围墙，监测点应选在距烟（粉）尘排放源 5 m，最低高度 1.5 m 处任意点，并选浓度最大值。无组织排放监控点的采样，采用任何连续 1 h 的采样计平均值，或在任何 1 h 内，以等时间间隔采集 4 个样品计平均值。

5.6　企业应按照有关法律和《环境监测管理办法》的规定，对排污状况进行监测，并保存原始监测记录。

5.7　对企业排放大气污染物浓度的测定采用表 5 所列的方法标准。

表 5　大气污染物浓度测定方法标准

序号	污染物项目	方法标准名称	标准编号
1	颗粒物	固定污染源排气中颗粒物测定与气态污染物采样方法	GB/T 16157—1996
		环境空气　总悬浮颗粒物的测定　重量法	GB/T 15432—1995
2	二氧化硫	固定污染源排气中二氧化硫的测定　碘量法	HJ/T 56—2000
		固定污染源排气中二氧化硫的测定　定电位电解法	HJ/T 57—2000
3	氮氧化物	固定污染源排气中氮氧化物的测定　紫外分光光度法	HJ/T 42—1999
		固定污染源排气中氮氧化物的测定　盐酸萘乙二胺分光光度法	HJ/T 43—1999

6　实施与监督

6.1　本标准由县级以上人民政府环境保护行政主管部门负责监督实施。

6.2　在任何情况下，企业均应遵守本标准的大气污染物排放控制要求，采取必要措施保证污染防治设施正常运行。各级环保部门在对企业进行监督性检查时，可以现场即时采样或监测的结果，作为判定排污行为是否符合排放标准以及实施相关环境保护管理措施的依据。

炼钢工业大气污染物排放标准

（GB 28664—2012）

1　适用范围

本标准规定了炼钢生产企业或生产设施大气污染物排放限值、监测和监控要求，以及标准的实施与监督等相关规定。

本标准适用于现有炼钢生产企业或生产设施大气污染物排放管理，以及炼钢工业建设项目的环境影响评价、环境保护设施设计、竣工环境保护验收及其投产后的大气污染物排放管理。

本标准只适用于法律允许的污染物排放行为；新设立污染源的选址和特殊保护区域内现有污染源的管理，按照《中华人民共和国大气污染防治法》、《中华人民共和国水污染防治法》、《中华人民共和国海洋环境保护法》、《中华人民共和国固体废物污染环境防治法》、《中华人民共和国放射性污染防治法》、《中华人民共和国环境影响评价法》等法律、法规、规章的相关规定执行。

2　规范性引用文件

本标准内容引用了下列文件中的条款。

GB/T 15432—1995　环境空气　总悬浮颗粒物的测定　重量法

GB/T 16157—1996　固定污染源排气中颗粒物测定与气态污染物采样方法

HJ/T 67—2001　大气固定污染源　氟化物的测定　离子选择电极法

HJ/T 77.2—2008　环境空气和废气　二噁英类的测定　同位素稀释高分辨气相色谱-高分辨质谱法

HJ/T 397—2007　固定源废气监测技术规范

《污染源自动监控管理办法》（国家环境保护总局令第 28 号）

《环境监测管理办法》（国家环境保护总局令第 39 号）

3　术语和定义

下列术语和定义适用本标准。

3.1　炼钢

将炉料（如铁水、废钢、海绵铁、铁合金等）熔化、升温、提纯，使之符合成分和纯净度要求的过程，涉及的生产工艺包括：铁水预处理、熔炼、炉外精炼（二次冶金）和浇铸（连铸）。

3.2　现有企业

本标准实施之日前，已建成投产或环境影响评价文件已通过审批的炼钢生产企业或生产设施，含废钢加工、石灰焙烧、白云石焙烧。

3.3　新建企业

本标准实施之日起，环境影响评价文件通过审批的新、改、扩建炼钢工业建设项目，含废钢加工、石灰焙烧、白云石焙烧。

3.4　标准状态

温度为 273.15K，压力为 101 325Pa 时的状态。本标准规定的大气污染物排放浓度均以标准状态下的干气体为基准。

3.5　铁水预处理

为了提高炼钢熔炼效率，铁水在进入炼钢炉前，先行去除某些有害成分的处理过程，主要包括脱硫、脱硅、脱磷等预处理。

3.6　转炉炼钢

利用吹入炉内的氧与铁水中的元素碳、硅、锰、磷反应放出热量进行的冶炼过程。

3.7　电炉炼钢

利用电能作热源进行的冶炼过程，主要为电弧炉。

3.8　炉外精炼

为了提高钢的质量或提高生产效率，将在转炉或电炉中的精炼任务转移到钢包或专门的容器中进行的二次冶金过程。其主要目的是脱氧、脱气、脱硫、深脱碳、去除夹杂物和成分微调等。

3.9　浇铸

将炼钢过程（包括二次冶金）生产出的合格液态钢通过一定的凝固成形工艺制成具有特定要求的固态材料的加工过程，主要有铸钢、钢锭浇铸和连铸。炼钢厂浇注工艺主要是连铸。

3.10　一次烟气

转炉炼钢煤气回收过程因煤气不合格不能回收而放散的烟气。

3.11　二次烟气

转炉炼钢除一次烟气之外，兑铁水、加料、出渣、出钢等生产过程产生的所有含尘烟气。

3.12   颗粒物

生产过程中排放的炉窑烟尘和生产性粉尘的总称。

3.13   二噁英类

多氯代二苯并-对-二噁英（PCDDs）和多氯代二苯并呋喃（PCDFs）的统称。

3.14   毒性当量因子（TEF）

二噁英类同类物与 2,3,7,8-四氯代二苯并-对-二噁英对 Ah 受体的亲和性能之比。

3.15   毒性当量（TEQ）

各二噁英类同类物浓度折算为相当于 2,3,7,8-四氯代二苯并-对-二噁英毒性的等价浓度，毒性当量浓度为实测浓度与该异构体的毒性当量因子的乘积。

3.16   排气筒高度

自排气筒（或其主体建筑构造）所在的地平面至排气筒出口计的高度，单位为 m。

4   大气污染物排放控制要求

4.1   自 2012 年 10 月 1 日起至 2014 年 12 月 31 日止，现有企业执行表 1 规定的大气污染物排放限值。

表 1   现有企业大气污染物排放浓度限值

单位：mg/m^3（二噁英类除外）

污染物项目	生产工序或设施	限值	污染物排放监控位置
颗粒物	转炉（一次烟气）	100	车间或生产设施排气筒
	混铁炉及铁水预处理（包括倒罐、扒渣等）、转炉（二次烟气）、电炉、精炼炉	50	
	连铸切割及火焰清理、石灰窑、白云石窑焙烧	50	
	钢渣处理	100	
	其他生产设施	50	
二噁英类/（ng-TEQ/m³）	电炉	1.0	
氟化物（以 F 计）	电渣冶金	6.0	

4.2   自 2015 年 1 月 1 日起，现有企业执行表 2 规定的大气污染物排放限值。

4.3   自 2012 年 10 月 1 日起，新建企业执行表 2 规定的大气污染物排放限值。

表2 新建企业大气污染物排放浓度限值

单位：mg/m³（二噁英类除外）

污染物项目	生产工序或设施	限值	污染物排放监控位置
颗粒物	转炉（一次烟气）	50	车间或生产设施排气筒
	铁水预处理（包括倒罐、扒渣等）、转炉（二次烟气）、电炉、精炼炉	20	
	连铸切割及火焰清理、石灰窑、白云石窑焙烧	30	
	钢渣处理	100	
	其他生产设施	20	
二噁英类/（ng-TEQ/m³）	电炉	0.5	
氟化物（以 F 计）	电渣冶金	5.0	

4.4 根据环境保护工作的要求，在国土开发密度已经较高、环境承载能力开始减弱，或环境容量较小、生态环境脆弱，容易发生严重环境污染问题而需要采取特别保护措施的地区，应严格控制企业的污染物排放行为，在上述地区的企业执行表3规定的大气污染物特别排放限值。

执行大气污染物特别排放限值的地域范围、时间，由国务院环境保护行政主管部门或省级人民政府规定。

表3 大气污染物特别排放限值

单位：mg/m³（二噁英类除外）

污染物项目	生产工序或设施	限值	污染物排放监控位置
颗粒物	转炉（一次烟气）	50	车间或生产设施排气筒
	铁水预处理（包括倒罐、扒渣等）、转炉（二次烟气）、电炉、精炼炉	15	
	连铸切割及火焰清理、石灰窑、白云石窑焙烧	30	
	钢渣处理	100	
	其他生产设施	15	
二噁英类/（ng-TEQ/m³）	电炉	0.5	
氟化物（以 F 计）	电渣冶金	5.0	

4.5 企业颗粒物无组织排放执行表4规定的限值。

表4　现有和新建企业颗粒物无组织排放浓度限值

单位：mg/m^3

序号	无组织排放源	限值
1	有厂房生产车间	8.0
2	无完整厂房车间	5.0

4.6　在现有企业生产、建设项目竣工环保验收及其后的生产过程中，负责监管的环境保护行政主管部门，应对周围居住、教学、医疗等用途的敏感区域环境空气质量进行监测。建设项目的具体监控范围为环境影响评价确定的周围敏感区域；未进行过环境影响评价的现有企业，监控范围由负责监管的环境保护行政主管部门，根据企业排污的特点和规律及当地的自然、气象条件等因素，参照相关环境影响评价技术导则确定。地方政府应对本辖区环境质量负责，采取措施确保环境状况符合环境质量标准要求。

4.7　产生大气污染物的生产工艺装置必须设立局部气体收集系统和集中净化处理装置，达标排放。所有排气筒高度应不低于15 m。排气筒周围半径200 m范围内有建筑物时，排气筒高度还应高出最高建筑物3 m以上。

4.8　对于石灰窑、白云石窑排气，应同时对排气中氧含量进行监测，实测排气筒中大气污染物排放浓度应按公式（1）换算为含氧量8%状态下的基准排放浓度，并以此作为判定排放是否达标的依据。在国家未规定其他生产设施单位产品基准排气量之前，暂以实测浓度作为判定大气污染物排放是否达标的依据。

$$C_基 = \frac{21-8}{21-O_实} \cdot C_实 \tag{1}$$

式中：$C_基$——大气污染物基准排放浓度，mg/m^3；

$\quad\quad C_实$——实测的大气污染物排放浓度，mg/m^3；

$\quad\quad O_实$——实测的石灰窑、白云石窑干烟气中含氧量，%。

5　大气污染物监测要求

5.1　对企业排放废气的采样应根据监测污染物的种类，在规定的污染物排放监控位置进行，有废气处理设施的，应在该设施后监控。在污染物排放监控位置须设置永久性排污口标志。

5.2　新建企业和现有企业安装污染物排放自动监控设备的要求，按有关法律和《污染源自动监控管理办法》的规定执行。

5.3　对企业污染物排放情况进行监测的频次、采样时间等要求，按国家有关污染源监测技术规范的规定执行。二噁英类指标每年监测一次。

5.4　排气筒中大气污染物的监测采样按 GB/T 16157、HJ/T 397 规定执行。

5.5　大气污染物无组织排放的采样点设在生产厂房门窗、屋顶、气楼等排放口处并选浓度最大值。若无组织排放源是露天或有顶无围墙，监测点应选在距烟（粉）尘排放源 5 m，最低高度 1.5 m 处任意点，并选浓度最大值。无组织排放监控点的采样，采用任何连续 1 h 的采样计平均值，或在任何 1 h 内，以等时间间隔采集 4 个样品计平均值。

5.6　企业应按照有关法律和《环境监测管理办法》的规定，对排污状况进行监测，并保存原始监测记录。

5.7　对大气污染物浓度的测定采用表 5 所列的方法标准。

表 5　大气污染物浓度测定方法标准

序号	污染物项目	方法标准名称	方法标准编号
1	颗粒物	固定污染源排气中颗粒物测定与气态污染物采样方法	GB/T 16157—1996
		环境空气　总悬浮颗粒物的测定　重量法	GB/T 15432—1995
2	氟化物	大气固定污染源　氟化物的测定　离子选择电极法	HJ/T 67—2001
3	二噁英类	环境空气和废气　二噁英类的测定　同位素稀释高分辨气相色谱-高分辨质谱法	HJ/T 77.2—2008

6　实施与监督

6.1　本标准由县级以上人民政府环境保护行政主管部门负责监督实施。

6.2　在任何情况下，企业均应遵守本标准的大气污染物排放控制要求，采取必要措施保证污染防治设施正常运行。各级环保部门在对企业进行监督性检查时，可以现场即时采样或监测的结果，作为判定排污行为是否符合排放标准以及实施相关环境保护管理措施的依据。

轧钢工业大气污染物排放标准

（GB 28665—2012）

1　适用范围

本标准规定了轧钢生产企业或生产设施的大气污染物排放限值、监测和监控要求，以及标准的实施与监督等相关规定。

本标准适用于现有轧钢生产企业或生产设施大气污染物排放管理，以及轧钢工业建设项目的环境影响评价、环境保护设施设计、竣工环境保护验收及其投产后的大气污染物排放管理。

本标准适用于法律允许的污染物排放行为；新设立污染源的选址和特殊保护区域内现有污染源的管理，按照《中华人民共和国大气污染防治法》、《中华人民共和国水污染防治法》、《中华人民共和国海洋环境保护法》、《中华人民共和国固体废物污染环境防治法》、《中华人民共和国环境影响评价法》等法律、法规、规章的相关规定执行。

2　规范性引用文件

本标准内容引用了下列文件中的条款。

GB/T 15432—1995　环境空气　总悬浮颗粒物的测定　重量法

GB/T 16157—1996　固定污染源排气中颗粒物测定与气态污染物采样方法

HJ/T 27—1999　固定污染源排气中氯化氢的测定　硫氰酸汞分光光度法

HJ/T 29—1999　固定污染源排气中铬酸雾的测定　二苯基碳酰二肼分光光度法

HJ/T 38—1999　固定污染源排气中非甲烷总烃的测定　气相色谱法

HJ/T 42—1999　固定污染源排气中氮氧化物的测定　紫外分光光度法

HJ/T 43—1999　固定污染源排气中氮氧化物的测定　盐酸萘乙二胺分光光度法

HJ/T 56—1999　固定污染源排气中二氧化硫的测定　碘量法

HJ/T 57—1999　固定污染源排气中二氧化硫的测定　定电位电解法

HJ/T 67—1999 大气固定污染源 氟化物的测定 离子选择电极法

HJ/T 397—2007 固定源废气监测技术规范

HJ 544—2009 固定污染源废气 硫酸雾测定 离子色谱法（暂行）

HJ 548—2009 固定污染源废气 氯化氢的测定 硝酸银容量法（暂行）

HJ 549—2009 环境空气和废气 氯化氢的测定 离子色谱法（暂行）

HJ 583—2010 环境空气 苯系物的测定 固体吸附/热脱附-气相色谱法

HJ 584—2010 环境空气 苯系物的测定 活性炭吸附/二硫化碳解吸-气相色谱法

《污染源自动监控管理办法》（国家环境保护总局令第 28 号）

《环境监测管理办法》（国家环境保护总局令第 39 号）

3 术语和定义

下列术语和定义适用于本标准。

3.1 轧钢

钢坯料经过加热通过热轧或将钢板通过冷轧轧制成所需要的成品钢材的过程。本标准也包括在钢材表面涂镀金属或非金属的涂、镀层钢材的加工过程。

3.2 现有企业

在本标准实施之日前，已建成投产或环境影响评价文件已通过审批的轧钢生产企业或生产设施。

3.3 新建企业

在本标准实施之日起，环境影响评价文件通过审批的新建、改建和扩建的轧钢工业建设项目。

3.4 标准状态

温度为 273.15K，压力为 101 325Pa 时的状态。本标准规定的大气污染物排放浓度均以标准状态下的干气体为基准。

3.5 热处理炉

将钢铁材料放在一定的介质中加热至一定的适宜温度并通过不同的保温、冷却方式来改变材料表面或内部组织结构性能的热工设备，包括加热炉、退火炉、正火炉、回火炉、保温炉（坑）、淬火炉、固溶炉、时效炉、调质炉等。

3.6 颗粒物

生产过程中排放的炉窑烟尘和生产性粉尘的总称。

3.7 排气筒高度

自排气筒（或其主体建筑构造）所在的地平面至排气筒出口计的高度，单位为 m。

4 大气污染物排放控制要求

4.1 自 2012 年 10 月 1 日起至 2014 年 12 月 31 日止，现有企业执行表 1 规定的大气污染物排放限值。

表 1 现有企业大气污染物排放浓度限值

单位：mg/m^3

序号	污染物项目	生产工艺或设施	限值	污染物排放监控位置
1	颗粒物	热轧精轧机	50	
		废酸再生	30	
		热处理炉、拉矫、精整、抛丸、修磨、焊接机及其他生产设施	30	
2	二氧化硫	热处理炉	250	
3	氮氧化物（以 NO$_2$ 计）	热处理炉	350	
4	氯化氢	酸洗机组	30	车间或生产设施排气筒
		废酸再生	50	
5	硫酸雾	酸洗机组	20	
6	铬酸雾	涂镀层机组、酸洗机组	0.07	
7	硝酸雾	酸洗机组及废酸再生	240	
8	氟化物	酸洗机组及废酸再生	9.0	
9	苯[①]		10	
10	甲苯	涂层机组	40	
11	二甲苯		70	
12	非甲烷总烃		100	

注：①待国家污染物监测方法标准发布后实施。

4.2 自 2015 年 1 月 1 日起，现有企业执行表 2 规定的大气污染物排放限值。

4.3 自 2012 年 1 月 1 日起，新建企业执行表 2 规定的大气污染物排放限值。

4.4 根据环境保护工作的要求，在国土开发密度已经较高、环境承载能力开始减弱，或环境容量较小、生态环境脆弱，容易发生严重环境污染问题而需要采取特别保护措施的地区，应严格控制企业的污染物排放行为，在上述地区的企业执行表 3 规定的大气污染物特别排放限值。

执行大气污染物特别排放限值的地域范围、时间，由国务院环境保护行政主管部门或省级人民政府规定。

表2 新建企业大气污染物排放浓度限值

单位：mg/m^3

序号	污染物项目	生产工艺或设施	限值	污染物排放监控位置
1	颗粒物	热轧精轧机	30	
		废酸再生	30	
		热处理炉、拉矫、精整、抛丸、修磨、焊接机及其他生产设施	20	
2	二氧化硫	热处理炉	150	
3	氮氧化物（以 NO$_2$ 计）	热处理炉	300	
4	氯化氢	酸洗机组	20	
		废酸再生	30	
5	硫酸雾	酸洗机组	10	
6	铬酸雾	涂镀层机组、酸洗机组	0.07	车间或生产设施排气筒
7	硝酸雾	酸洗机组	150	
		废酸再生	240	
8	氟化物	酸洗机组	6.0	
		废酸再生	9.0	
9	碱雾①	脱脂	10	
10	油雾①	轧制机组	30	
11	苯①	涂层机组	8.0	
12	甲苯		40	
13	二甲苯		40	
14	非甲烷总烃		80	

注：①待国家污染物监测方法标准发布后实施。

4.5 企业无组织排放执行表4规定的限值。

4.6 在现有企业生产、建设项目竣工环保验收及其后的生产过程中，负责监管的环境保护行政主管部门，应对周围居住、教学、医疗等用途的敏感区域环境空气质量进行监测。建设项目的具体监控范围为环境影响评价确定的周围敏感区域；未进行过环境影响评价的现有企业，监控范围由负责监管的环境保护行政主管部门，根据企业排污的特点和规律及当地的自然、气象条件等因素，参照相关环境影响评价技术导则确定。地方政府应对本辖区环境质量负责，采取措施确保环境状况符合环境质量标准要求。

表3 大气污染物特别排放限值

单位：mg/m^3

序号	污染物项目	生产工艺或设施	限值	污染物排放监控位置
1	颗粒物	热轧精轧机	20	车间或生产设施排气筒
		废酸再生	30	
		热处理炉、拉矫、精整、抛丸、修磨、焊接机及其他生产设施	15	
2	二氧化硫	热处理炉	150	
3	氮氧化物（以 NO_2 计）	热处理炉	300	
4	氯化氢	酸洗机组	15	
		废酸再生	30	
5	硫酸雾	酸洗机组	10	
6	铬酸雾	涂镀层机组、酸洗机组	0.07	
7	硝酸雾	酸洗机组	150	
		废酸再生	240	
8	氟化物	酸洗机组	6.0	
		废酸再生	9.0	
9	碱雾①	脱脂	10	
10	油雾①	轧制机组	20	
11	苯①	涂层机组	5.0	
12	甲苯		25	
13	二甲苯		40	
14	非甲烷总烃		50	

注：①待国家污染物监测方法标准发布后实施。

表4 现有和新建企业无组织排放浓度限值

单位：mg/m^3

序号	污染物项目	生产工艺或设施	限值
1	颗粒物	板坯加热、磨辊作业、钢卷精整、酸再生下料	5.0
2	硫酸雾	酸洗机组及废酸再生	1.2
3	盐酸雾		0.2
4	硝酸雾（以 NO_2 计）		0.12
5	苯	涂层机组	0.4
6	甲苯		2.4
7	二甲苯		1.2
8	非甲烷总烃		4.0

4.7 产生大气污染物的生产工艺装置必须设立局部气体收集系统和集中净化处理装置，达标排放。所有排气筒高度应不低于 15 m。排气筒周围半径 200 m 范围内有建筑物时，排气筒高度还应高出最高建筑物 3 m 以上。

4.8 对于热处理炉排气，应同时对排气中氧含量进行监测，实测排气筒中大气污染物排放浓度应按公式（1）换算为含氧量8%状态下的基准排放浓度，并以此作为判定排放是否达标的依据。在国家未规定其他生产设施单位产品基准排气量之前，暂以实测浓度作为判定大气污染物排放是否达标的依据。

$$C_{基} = \frac{21-8}{21-O_{实}} \cdot C_{实}$$

式中：$C_{基}$——大气污染物基准排放浓度，mg/m³；

$\qquad$ $C_{实}$——实测排气筒中大气污染物排放浓度，mg/m³；

$\qquad$ $O_{实}$——实测的干烟气中含氧量百分率，%。

5 大气污染物监测要求

5.1 对企业排放废气的采样应根据监测污染物的种类，在规定的污染物排放监控位置进行，有废气处理设施的，应在该设施后监控。在污染物排放监控位置须设置永久性排污口标志。

5.2 新建企业和现有企业安装污染物排放自动监控设备的要求，按有关法律和《污染源自动监控管理办法》的规定执行。

5.3 对企业污染物排放情况进行监测的频次、采样时间等要求，按国家有关污染源监测技术规范的规定执行。二噁英类指标每年监测一次。

5.4 排气筒中大气污染物的监测采样按 GB/T 16157、HJ/T 397 规定执行。

5.5 大气污染物无组织排放的采样点设在生产厂房门窗、屋顶、气楼等排放口处并选浓度最大值。若无组织排放源是露天或有顶无围墙，监测点应选在距烟（粉）尘排放源 5 m，最低高度 1.5 m 处任意点，并选浓度最大值。无组织排放监控点的采样，采用任何连续 1 h 的采样计平均值，或在任何 1 h 内，以等时间间隔采集 4 个样品计平均值。

5.6 企业应按照有关法律和《环境监测管理办法》的规定，对排污状况进行监测，并保存原始监测记录。

5.7 对大气污染物浓度的测定采用表 5 所列的方法标准。

表 5　大气污染物浓度测定方法标准

序号	污染物项目	方法标准名称	方法标准编号
1	颗粒物	固定污染源排气中颗粒物测定与气态污染物采样方法	GB/T 16157—1996
		环境空气　总悬浮颗粒物的测定　重量法	GB/T 15432—1995
2	二氧化硫	固定污染源排气中二氧化硫的测定　碘量法	HJ/T 56—1999
		固定污染源排气中二氧化硫的测定　定电位电解法	HJ/T 57—1999
3	氮氧化物	固定污染源排气中氮氧化物的测定　紫外分光光度法	HJ/T 42—1999
		固定污染源排气中氮氧化物的测定　盐酸萘乙二胺分光光度法	HJ/T 43—1999
4	铬酸雾	固定污染源排气中铬酸雾的测定　二苯基碳酰二肼分光光度法	HJ/T 29—1999
5	氯化氢	固定污染源排气中氯化氢的测定　硫氰酸汞分光光度法	HJ/T 27—1999
		固定污染源废气　氯化氢的测定　硝酸银容量法（暂行）	HJ 548—2009
		环境空气和废气　氯化氢的测定　离子色谱法（暂行）	HJ 549—2009
6	硫酸雾	固定污染源废气　硫酸雾测定　离子色谱法（暂行）	HJ 544—2009
7	硝酸雾	固定污染源排气中氮氧化物的测定　紫外分光光度法	HJ/T 42—1999
		固定污染源排气中氮氧化物的测定　盐酸萘乙二胺分光光度法	HJ/T 43—1999
8	氟化物	大气固定污染源　氟化物的测定　离子选择电极法	HJ/T 67—2001
9	苯、甲苯及二甲苯	环境空气　苯系物的测定　固体吸附/热脱附-气相色谱法	HJ 583—2010
A.1.1		环境空气　苯系物的测定　活性炭吸附/二硫化碳解吸-气相色谱法	HJ 584—2010
10	非甲烷总烃	固定污染源排气中非甲烷总烃的测定　气相色谱法	HJ/T 38—1999

6　实施与监督

6.1　本标准由县级以上人民政府环境保护行政主管部门负责监督实施。

6.2　在任何情况下，企业均应遵守本标准规定的大气污染物排放控制要求，采取必要措施保证污染防治设施正常运行。各级环保部门在对企业进行监督性检查时，可以现场即时采样或监测的结果，作为判定排污行为是否符合排放标准以及实施相关环境保护管理措施的依据。

铁合金工业污染物排放标准

（GB 28666—2012）

1　适用范围

本标准规定了铁合金生产企业或生产设施水污染物和大气污染物排放限值、监测和监控要求，以及标准的实施与监督等相关规定。

本标准适用于电炉法铁合金生产企业或生产设施的水污染物和大气污染物排放管理，以及电炉法铁合金工业建设项目的环境影响评价、环境保护设施设计、竣工环境保护验收及其投产后的水污染物和大气污染物排放管理。

本标准适用于法律允许的污染物排放行为；新设立污染源的选址和特殊保护区域内现有污染源的管理，按照《中华人民共和国大气污染防治法》、《中华人民共和国水污染防治法》、《中华人民共和国海洋环境保护法》、《中华人民共和国固体废物污染环境防治法》、《中华人民共和国环境影响评价法》等法律、法规、规章的相关规定执行。

本标准规定的水污染物排放控制要求适用于企业直接或间接向其法定边界外排放水污染物的行为。

2　规范性引用文件

本标准内容引用了下列文件中的条款。

GB/T 6920—1986　水质　pH 值的测定　玻璃电极法

GB/T 7466—1987　水质　总铬的测定　高锰酸钾氧化-二苯碳酰二肼分光光度法

GB/T 7467—1987　水质　六价铬的测定　二苯碳酰二肼分光光度法

GB/T 7472—1987　水质　锌的测定　双硫腙分光光度法

GB/T 7475—1987　水质　铜、锌、铅、镉的测定　原子吸收分光光度法

GB/T 16157—1996　固定污染源排气中颗粒物测定与气态污染物采样方法

GB/T 15432—1995　环境空气　总悬浮颗粒物的测定　重量法

GB/T 11901—1989　水质　悬浮物的测定　重量法

GB/T 11914—1989   水质   化学需氧量的测定   重铬酸钾法

GB/T 11893—1989   水质   总磷的测定   钼酸铵分光光度法

GB/T 11894—1989   水质   总氮的测定   碱性过硫酸钾消解紫外分光光度法

GB/T 16488—1996   水质   石油类的测定   红外分光光度法

HJ/T 55—2000   大气污染物无组织排放监测技术导则

HJ/T 195—2005   水质   氨氮的测定   气相分子吸收光谱法

HJ/T 397—2007   固定源废气监测技术规范

HJ/T 399—2007   水质   化学需氧量的测定   快速消解分光光度法

HJ 484—2009   水质   氰化物的测定   容量法和分光光度法

HJ 503—2009   水质   挥发酚的测定   4-氨基安替比林分光光度法

HJ 535—2009   水质   氨氮的测定   纳氏试剂分光光度法

HJ 536—2009   水质   氨氮的测定   水杨酸分光光度法

HJ 537—2009   水质   氨氮的测定   蒸馏-中和滴定法

《污染源自动监控管理办法》（国家环境保护总局令第 28 号）

《环境监测管理办法》（国家环境保护总局令第 39 号）

3 术语和定义

下列术语和定义适用于本标准。

3.1 铁合金

一种或一种以上的金属或非金属元素与铁组成的合金，及某些非铁质元素组成的合金。

3.2 现有企业

在本标准实施之日前，建成投产或环境影响评价文件已通过审批的铁合金生产企业或生产设施。

3.3 新建企业

指本标准实施之日起，环境影响评价文件通过审批的新建、改建和扩建的电炉法铁合金生产企业或设施建设项目。

3.4 直接排放

排污单位直接向环境排放水污染物的行为。

3.5 间接排放

排污单位向公共污水处理系统排放水污染物的行为。

3.6 公共污水处理系统

通过纳污管道等方式收集废水，为两家以上排污单位提供废水处理服务并且排水能够达到相关排放标准要求的企业或机构，包括各种规模和类型的城镇污水处理厂、区域（包括各类工业园区、开发区、工业聚集地等）废水处理厂等，其废水处理程度应达到二级或二级以上。

3.7　排水量

生产设施或企业向企业法定边界以外排放的废水的量，包括与生产有直接或间接关系的各种外排废水（如厂区生活污水、冷却废水、厂区锅炉和电站排水等）。

3.8　单位产品基准排水量

用于核定水污染物排放浓度而规定的生产单位产品的废水排放量上限值。

3.9　标准状态

温度为273.15K，压力为101 325Pa时的状态。本标准规定的大气污染物排放浓度均以标准状态下的干气体为基准。

3.10　颗粒物

生产过程中排放的炉窑烟尘和生产性粉尘的总称。

3.11　排气筒高度

自排气筒（或其主体建筑构造）所在地平面至排气筒出口计的高度，单位为m。

3.12　企业边界

铁合金企业的法定边界。若无法定边界，则指企业的实际边界。

4　污染物排放控制要求

4.1　水污染物排放控制要求（略）

4.2　大气污染物排放控制要求

4.2.1　自2012年10月1日起至2014年12月31日止，现有企业执行表4规定的大气污染物排放限值。

表4　现有企业大气污染物排放浓度限值　　　　单位：mg/m³

序号	污染物	生产工艺或设施	限值	污染物监控位置
1	颗粒物	半封闭炉、敞口炉、精炼炉	80	车间或生产设施排气筒
		其他设施	50	
2	铬及其化合物①	铬铁合金工艺	5	

注：①　待国家污染物监测方法标准发布后实施。

4.2.2　自2015年1月1日起，现有企业执行表5规定的大气污染物排放限值。

4.2.3　自2012年10月1日起，新建企业执行表5规定的大气污染物排放限值。

表 5　新建企业大气污染物排放浓度限值　　　　单位：mg/m³

序号	污染物	生产工艺或设施	限值	污染物监控位置
1	颗粒物	半封闭炉、敞口炉、精炼炉	50	车间或生产设施排气筒
		其他设施	30	
2	铬及其化合物①	铬铁合金工艺	4	

注：①待国家污染物监测方法标准发布后实施。

4.2.4　根据环境保护工作的要求，在国土开发密度已经较高、环境承载能力开始减弱，或环境容量较小、生态环境脆弱，容易发生严重环境污染问题而需要采取特别保护措施的地区，应严格控制企业的污染物排放行为，在上述地区的企业执行表 6 规定的大气污染物特别排放限值。

执行大气污染物特别排放限值的地域范围、时间，由国务院环境保护行政主管部门或省级人民政府规定。

表 6　大气污染物特别排放限值　　　　单位：mg/m³

序号	污染物	生产工艺或设施	限值	污染物监控位置
1	颗粒物	半封闭炉、敞口炉、精炼炉	30	车间或生产设施排气筒
		其他设施	20	
2	铬及其化合物①	铬铁合金工艺	3	

注：①待国家污染物监测方法标准发布后实施。

4.2.5　企业边界大气污染物任何 1 h 平均浓度执行表 7 规定的限值。

表 7　现有和新建企业边界大气污染物浓度限值　　　　单位：mg/m³

序号	污染物项目	限值
1	颗粒物	1.0
2	铬及其化合物①	0.006

注：①待国家污染物监测方法标准发布后实施。

4.2.6　在现有企业生产、建设项目竣工环保验收及其后的生产过程中，负责监管的环境保护行政主管部门，应对周围居住、教学、医疗等用途的敏感区域环境空气质量进行监测。建设项目的具体监控范围为环境影响评价确定的周围敏感区域；未进行过环境影响评价的现有企业，监控范围由负责监管的环境保护行政主管部门，根据企业排污的特点和规律及当地的自然、气象条件等因素，参照相关环境影响评价技术导则确定。地方政府应对本辖区环境质量负责，采取措施确保环境状况符合环境质量标准要求。

4.2.7　产生大气污染物的生产工艺装置必须设立局部气体收集系统和集中净化处理装置，达标排放。所有排气筒高度应不低于 15 m。排气筒周围半径 200 m 范围内有建筑物时，排气筒高度还应高出最高建筑物 3 m 以上。

4.2.8　在国家未规定生产单位产品基准排气量之前，以实测浓度作为判定大气污染物排放是否达标的依据。

5　污染物监测要求

5.1　污染物监测的一般要求

5.1.1　对企业排放废水和废气的采样，应根据监测污染物的种类，在规定的污染物排放监控位置进行。有废水和废气处理设施的，应在该设施后监控。在污染物排放监控位置须设置永久性标志。

5.1.2　新建企业和现有企业安装污染物排放自动监控设备的要求，按有关法律和《污染源自动监控管理办法》的规定执行。

5.1.3　对企业污染物排放情况进行监测的频次、采样时间等要求，按国家有关污染源监测技术规范的规定执行。

5.1.4　企业产品产量的核定，以法定报表为依据。

5.1.5　企业应按照有关法律和《环境监测管理办法》的规定，对排污状况进行监测，并保存原始监测记录。

5.2　水污染物监测要求（略）

5.3　大气污染物监测要求

5.3.1　排气筒中大气污染物的监测采样按 GB/T 16157、HJ/T 397 规定执行；大气污染物无组织排放的监测按 HJ/T 55 规定执行。

5.3.2　对企业排放大气污染物浓度的测定采用表 9 所列的方法标准。

表 9　大气污染物浓度测定方法标准

污染物项目	方法标准名称	方法标准编号
颗粒物	固定污染源排气中颗粒物测定与气态污染物采样方法	GB/T 16157—1996
	环境空气　总悬浮颗粒物的测定　重量法	GB/T 15432—1995

6 实施与监督

6.1   本标准由县级以上人民政府环境保护行政主管部门负责监督实施。

6.2   在任何情况下，企业均应遵守本标准的污染物排放控制要求，采取必要措施保证污染防治设施正常运行。各级环保部门在对企业进行监督性检查时，可以现场即时采样或监测的结果，作为判定排污行为是否符合排放标准以及实施相关环境保护管理措施的依据。在发现设施耗水或排水量有异常变化的情况下，应核定设施的实际产品产量和排水量，按本标准的规定，换算为水污染物基准排水量排放浓度。

煤炭工业污染物排放标准

（GB 20426—2006）

1　适用范围

本标准规定了原煤开采、选煤水污染物排放限值，煤炭地面生产系统大气污染物排放限值，以及煤炭采选企业所属煤矸石堆置场、煤炭贮存、装卸场所污染物控制技术要求。本标准适用于现有煤矿（含露天煤矿）、选煤厂及其所属煤矸石堆置场、煤炭贮存、装卸场所污染防治与管理，以及煤炭工业建设项目环境影响评价、环境保护设施设计、竣工环境保护验收及其投产后的污染防治与管理。

本标准适用于法律允许的污染物排放行为，新设立生产线的选址和特殊保护区域内现有生产线的管理，按《中华人民共和国大气污染防治法》第十六条、《中华人民共和国水污染防治法》第二十条和第二十七条、《中华人民共和国海洋环境保护法》第三十条、《饮用水水源保护区污染防治管理规定》的相关规定执行。

2　规范性引用文件

下列标准的条款通过本标准的引用而成为本标准的条文，与本标准同效。凡不注明日期的引用文件，其最新版本适用于本标准。

GB 3097　海水水质标准

GB 3838　地表水环境质量标准

GB 5084　农田灌溉水质标准

GB 5086.1～2　固体废物　浸出毒性浸出方法

GB/T 6920　水质　pH值的测定　玻璃电极法

GB/T 7466　水质　总铬的测定

GB/T 7467　水质　六价铬的测定　二苯碳酰二肼分光光度法

GB/T 7468　水质　总汞的测定　冷原子吸收分光光度法

GB/T 7470　水质　铅的测定　双硫腙分分光光度法

GB/T 7471　水质　镉的测定　双硫腙分光光度法

GB/T 7472　水质　锌的测定　双硫腙分光光度法

GB/T 7475 水质 铜、锌、铅、镉的测定 原子吸收分光光度法

GB/T 7484 水质 氟化物的测定 离子选择电极法

GB/T 7485 水质 总砷的测定 二乙基二硫代氨基甲酸银分光光度法

GB/T 8970 空气质量 二氧化硫的测定 四氯汞盐-盐酸副玫瑰苯胺比色法

GB/T 11901 水质 悬浮物的测定 重量法

GB/T 11911 水质 铁、锰的测定 火焰原子吸收分光光度法

GB/T 11914 水质 化学需氧量的测定 重铬酸盐法

GB/T 15432 环境空气 总悬浮颗粒物的测定 重量法

GB/T 16157 固定污染源排气中颗粒物测定与气态污染物采样方法

GB/T 16488 水质 石油类和动植物油的测定 红外光度法

GB 18599 一般工业固体废物贮存、处置场污染控制标准

HJ/T 55 大气污染物无组织排放监测技术导则

HJ/T 91 地表水和污水监测技术规范

3 术语和定义

下列术语与定义适用于本标准。

3.1 煤炭工业 coal industry
指原煤开采和选煤行业。

3.2 煤炭工业废水 coal industry waste water
煤炭开采和选煤过程中产生的废水，包括采煤废水和选煤废水。

3.3 采煤废水 mine drainage
煤炭开采过程中，排放到环境水体的煤矿矿井水或露天煤矿疏干水。

3.4 酸性采煤废水 acid mine drainage
在未经处理之前，pH 值小于 6.0 或者总铁浓度大于或等于 10.0 mg/L 的采煤废水。

3.5 高矿化度采煤废水 mine drainage of high mineralization
矿化度（无机盐总含量）大于 1 000 mg/L 的采煤废水。

3.6 选煤 coal preparation
利用物理、化学等方法，除掉煤中杂质，将煤按需要分成不同质量、规格产品的加工过程。

3.7 选煤厂 coal preparation plant
对煤炭进行分选，生产不同质量、规格产品的加工厂。

3.8 选煤废水 coal preparation waste water

在选煤厂煤泥水处理工艺中，洗水不能形成闭路循环，需向环境排放的那部分废水。

3.9　大气污染物排放浓度　Air Pollutants Emission Concentration

指在温度 273K，压力为 101 325Pa 时状态下，排气筒中污染物任何 1 h 的平均浓度，单位为 mg/m³（标）或 mg/Nm³。

3.10　煤矸石　coal slack/waste

采、掘煤炭生产过程中从顶、底板或煤夹矸混入煤中的岩石和选煤厂生产过程中排出的洗矸石。

3.11　煤矸石堆置场　waste heap

堆放煤矸石的场地和设施。

3.12　现有生产线　existing facility

本标准实施之日前已建成投产或环境影响报告书已通过审批的煤矿矿井、露天煤矿、选煤厂以及所属贮存、装卸场所。

3.13　新（扩、改）建生产线　new facility

本标准实施之日起环境影响报告书通过审批的新、扩、改煤矿矿井、露天煤矿、选煤厂以及所属贮存、装卸场所。

4　煤炭工业水污染物排放限值和控制要求（略）

5　煤炭工业地面生产系统大气污染物排放限值和控制要求

5.1　现有生产线自 2007 年 10 月 1 日起，排气筒中大气污染物不得超过表 4 规定的限值；在此之前过渡期内仍执行 GB 16297—1996《大气污染物综合排放标准》。新（扩、改）建生产线，自本标准实施之日起，排气筒中大气污染物不得超过表 4 规定的限值。

表 4　煤炭工业大气污染物排放限制

污染物	生产设备	
	原煤筛分、破碎、转载点等除尘设备	煤炭风选设备通风管道、筛面、转载点等除尘设备
颗粒物	80 mg/Nm³ 或设备去除效率 >98%	80 mg/Nm³ 或设备去除效率 >98%

5.2　煤炭工业除尘设备排气筒高度应不低于 15 m

5.3　煤炭工业作业场所无组织排放限值

现有生产线在 2007 年 10 月 1 日起，煤炭工业作业场所污染物无组织排放监控点浓度不得超过表 4 规定的限值。在此之前过渡期内仍执行 GB 16297—1996《大气污染物综合排放标准》。新（扩、改）建生产线，自本标准实施之日起，作业场所颗粒物无组织排放监控点浓度不得超过表 5 规定的限值。

表 5　煤炭工业无组织排放限制

污染物	监控点	作业场所	
		煤炭工业所属装卸场所	煤炭贮存场所、煤矸石堆置场
		无组织排放限值/（mg/Nm³）（监控点与参考点浓度差值）	无组织排放限值/（mg/Nm³）（监控点与参考点浓度差值）
颗粒物	周界外浓度最高点①	1.0	1.0
二氧化硫			0.4

注：①周界外浓度最高点一般应设置于无组织排放源下风向的单位周界外 10 m 范围内，若预计无组织排放的最大落地浓度点越出 10 m 范围，可将监控点移至该预计浓度最高点。

6　煤矸石堆置场污染控制和其他管理规定

6.1　煤矿煤矸石应集中堆置，每个矿井宜设立一个煤矸石堆置场。煤矸石堆置场选址应符合 GB 18599 的有关要求。

6.2　煤矸石应因地制宜，综合利用，如可用于修筑路基、平整工业场地、烧结煤矸石砖、充填塌陷区、采空区等。不宜利用的煤矸石堆置场应在停用后三年内完成覆土、压实稳定化和绿化等封场处理。

6.3　建井期间排放的煤矸石临时堆置场，自投产之日起不得继续使用。临时堆置场停用后一年内完成封场处理。临时堆置场关闭与封场处理应符合 GB 18599 的有关要求。

6.4　煤矸石堆置场应采取有效措施，防止自燃。已经发生自燃的煤矸石堆场应及时灭火。

6.5　煤矸石堆置场应构筑堤、坝、挡土墙等设施，堆置场周边应设置排洪沟、导流渠等，防止降水径流进入煤矸石堆置场，避免流失、坍塌的发生。

6.6　按照 GB 5086 规定的方法进行浸出试验，煤矸石属于 GB 18599 所定义 II 类一般工业固体废物的煤矸石堆置场，应采取防渗透的技术措施。

6.7　露天煤矿采场、排土场使用期间，应通过定期喷洒水或化学剂等措施，抑制粉尘的产生。

7　监测

7.1　水污染物监测（略）

7.2　大气污染物监测

7.2.1　排气筒中大气污染物的采样点数目及采样点位置的设置，按 GB/T 16157 规定执行。

7.2.2　对于大气污染物日常监督性监测，采样期间的工况应为正常工况。排污单位和实施监测人员不得随意改变当时的运行工况。以连续 1 h 的采样获得平均值，或在 1 h 内，以等时间间隔采集 4 个或以上样品，计算平均值。

　　建设项目环境保护竣工验收监测的工况要求和采样时间频次按国家环境保护主管部门制定的建设项目环境保护设施竣工验收监测办法和规范执行。

7.2.3　无组织排放监测按 HJ/T 55 的规定执行。

7.2.4　颗粒物测定方法采用 GB/T 15432；二氧化硫测定方法采用 GB/T 8970。

8　标准实施监督

8.1　本标准 2006 年 10 月 1 日起实施

8.2　本标准由县级以上人民政府环境保护行政保护主管部门负责监督实施。

饮食业油烟排放标准（试行）

（GB 18483—2001）

1　主题内容与适用范围

1.1　主题内容

本标准规定了饮食业单位油烟的最高允许排放浓度和油烟净化设施的最低去除效率。

1.2　适用范围

1.2.1　本标准适用于城市建成区。

1.2.2　本标准适用于现有饮食业单位的油烟排放管理，以及新设立饮食业单位的设计、环境影响评价、环境保护设施竣工验收及其经营期间的油烟排放管理；排放油烟的食品加工单位和非经营性单位内部职工食堂，参照本标准执行。

1.2.3　本标准不适用于居民家庭油烟排放。

2　引用标准

下列标准所包含的条文，通过在本标准中引用而构成为本标准的条文：

GB 3095—1996　环境空气质量标准

GB/T 16157—1996　固定污染源排气中颗粒物和气态污染物采样方法

GB 14554—1993　恶臭污染物排放标准

3　定义

本标准采用下列定义：

3.1　标准状态

指温度为 273K，压力为 101 325Pa 时的状态。本标准规定的浓度标准值均为标准状态下的干烟气数值。

3.2　油烟

指食物烹饪、加工过程中挥发的油脂、有机质及其加热分解或裂解产物，统称为油烟。

3.3　城市

与《中华人民共和国城市规划法》关于城市的定义相同，即国家按行政建制设立的直辖市、市、镇。

3.4　饮食业单位

处于同一建筑物内，隶属于同一法人的所有排烟灶头，计为一个饮食业单位。

3.5　无组织排放

未经任何油烟净化设施净化的油烟排放。

3.6　油烟去除效率

指油烟经净化设施处理后，被去除的油烟与净化之前的油烟的质量的百分比。

$$P = （C_{前} × Q_{前} - C_{后} × Q_{后}）/（C_{前} × Q_{前}）×100\%$$

式中：P ——油烟去除效率，%；

$C_{前}$ ——处理设施前的油烟浓度，mg/m^3；

$Q_{前}$ ——处理设施前的排风量，m^3/h；

$C_{后}$ ——处理设施后的油烟浓度，mg/m^3；

$Q_{后}$ ——处理设施后的排风量，m^3/h。

4　标准限制

4.1　饮食业单位的油烟净化设备最低去除效率限制按规模分为大、中、小三级；餐饮业单位的规模按基准灶头数划分，基准灶头数按灶的总发热功率或排气罩灶面投影总面积折算。每个基准灶头对应的排气罩灶面投影面积为 1.1m²。餐饮业单位的规模划分参数见表1。

表 1　餐饮业单位的规模划分

规模	小型	中型	大型
基准灶头数	≥1，<3	≥3，<6	≥3
对应灶头总功率/（10⁸ J/h）	≥1.67，<5.00	≥5.00，<10	≥10
对应排气罩灶面总投影面积/m²	≥1.1，<3.3	≥3.3，<6.6	≥6.6

4.2　饮食业单位油烟的最高允许排放浓度和油烟净化设施最低去除效率，按表2的规定执行。

表 2　饮食业单位的油烟最高允许排放浓度和油烟净化设备最低去除效率

规模	小型	中型	大型
最高允许排放浓度/（mg/m³）		2.0	
净化设备最低去除效率/%	60	75	85

5　其他规定

5.1　排放油烟的饮食业单位必须安装油烟净化设施，并保证操作期间按要求运行。油烟无组织排放视同超标。

5.2　排气筒出口段的长度至少应有 4.5 倍直径（或当量直径）的平直管段。

5.3　排气筒出口朝向应避开易受影响的建筑物。油烟排气筒的高度、位置等具体规定由省级环境保护部门制定。

5.4　排烟系统应做到密封完好，禁止人为稀释排气筒中污染物浓度。

5.5　饮食业产生特殊气味时，参照《恶臭污染物排放标准》臭气浓度指标执行。

6　监测

6.1　采样位置

采样位置应优先选择在垂直管段。应避开烟道弯头和断面急剧变化部位。采样位置应设置在距弯头、变径管下游方向不小于 3 倍直径，和距上述部件上游方向不小于 1.5 倍直径处，对矩形烟道，其当量直径 $D = 2AB/（A+B）$，式中 A、B 为边长。

6.2　采样点

当排气管截面积小于 0.5 m² 时，只测一个点，取动压中位值处；超过上述截面积时，则按 GB/T 16157—1996 有关规定进行。

6.3　采样时间和频次

执行本标准规定的排放限值指标体系时，采样时间应在油烟排放单位正常作业期间，采样次数为连续采样 5 次，每次 10 min。

6.4　采样工况

样品采集应在油烟排放单位作业（炒菜、食品加工或其他产生油烟的操作）高峰期进行。

6.5　分析结果处理

五次采样分析结果之间，其中任何一个数据与最大值比较，若该数据小于最大值的四分之一，则该数据为无效值，不能参与平均值计算。数据经取舍后，至少有三个数据参与平均值计算。若数据之间不符合上述条件，则需重新采样。

6.6 监测排放浓度时，应将实测排放浓度折算为基准风量时的排放浓度：

$$C_基 = C_测 \times Q_测 / nq_基$$

式中：$C_基$ ——折算为单个灶头基准排风量时的排放浓度，mg/m³；

$\quad Q_测$ ——实测排风量，m³/h；

$\quad C_测$ ——实测排放浓度，mg/m³；

$\quad q_基$ ——单个灶头基准排风量，大、中、小型均为 2 000 m³/h；

$\quad n$ ——折算的工作灶头个数。

7 标准实施

7.1 安装并正常运行符合 4.2 要求的油烟净化设施视同达标。县级以上环保部门可视情况需要，对饮食单位油烟排放状况进行监督监测。

7.2 新老污染源执行同一标准值。本标准实施之日之前已开业的饮食业单位或已批准设立的饮食业单位为现有饮食业单位，未达标的应限期达标排放。本标准实施之日起批准设立的饮食业单位为新饮食业单位，应按"三同时"要求执行本标准。

7.3 油烟净化设施须经国家认可的单位检测合格才能安装使用。

7.4 本标准由县级以上人民政府环境保护行政主管部门负责监督实施。

工业窑炉大气污染物排放标准

（GB 9078—1996）

1　范围

　　本标准按年限规定了工业炉窑烟尘、生产性粉尘、有害污染物的最高允许排放浓度、烟气黑度的排放限值。

　　本标准适用于除炼焦炉、焚烧炉、水泥厂以外使用固体、液体、气体燃料和电加热的工业炉窑的管理，以及工业炉窑建设项目的环境影响评价、设计、竣工验收及其建成后的排放管理。

2　引用标准

　　下列标准所包含的条文，通过在本标准中引用而构成为本标准的条文。

　　GB 3095—1996　环境空气质量标准

　　GB/T 16157—1996　固定污染源排气中颗粒物测定与气态污染物采样方法

3　定义

　　本标准采用下列定义：

3.1　工业炉窑

　　工业炉窑是指在工业生产中用燃料燃烧或电能转换产生的热量，将物料或工件进行冶炼、焙烧、烧结、熔化、加热等工序的热工设备。

3.2　标准状态

　　指烟气在温度为 273K，压力为 101 325Pa 时的状态，简称"标态"。本标准规定的排放浓度均指标准状态下的干烟气中的数值。

3.3　无组织排放

　　凡不通过烟囱或排气系统而泄漏烟尘、生产性粉尘和有关害污染物，均称无组织排放。

3.4　过量空气系数

　　燃料燃烧时实际空气需要量与理论空气需要量之比值。

3.5 掺风系数

冲天炉掺风系数是指从加料口等处进入炉体的空气量与冲天炉工艺理论空气需要量之比值。

4 技术内容

4.1 排放标准的适用区域

4.1.1 本标准为一级、二级、三级标准，分别为 GB 3095 中的环境空气质量功能区相对应：

一类区执行一级标准；

二类区执行二级标准；

三类区执行三级标准。

4.1.2 在一类区内，除市政、建筑施工临时用沥青加热炉外，禁止新建各种工业炉窑，原有的工业炉窑改建时不得增加污染负荷。

4.2 1997 年 1 月 1 日前安装[包括尚未安装，但环境影响报告书（表已经批准）]的各种工业炉窑，烟尘及生产性粉尘最高允许排放浓度、烟气黑度限值按表 1 规定执行。

表 1

序号	炉窑类别		标准级别	排放限值	
				烟（粉）尘浓度/（mg/m³）	烟气黑度（林格曼级）
1	熔炼炉	高炉及高炉出铁场	一	100	—
			二	150	—
			三	200	—
		炼钢炉及混铁炉（车）	一	100	—
			二	150	—
			三	200	—
		铁合金熔炼炉	一	100	—
			二	150	—
			三	250	—
		有色金属熔炼炉	一	100	—
			二	200	—
			三	300	—

序号	炉窑类别		标准级别	排放限值	
				烟（粉）尘浓度/（mg/m³）	烟气黑度（林格曼级）
2	熔化炉	冲天炉、化铁炉	一	100	1
			二	200	1
			三	300	1
		金属熔化炉	一	100	1
			二	200	1
			三	300	1
		非金属熔化、冶炼炉	一	100	1
			二	250	1
			三	400	1
3	铁矿烧结炉	烧结机（机头、机尾）	一	100	—
			二	150	—
			三	200	—
		球团竖炉带式球团	一	100	—
			二	150	—
			三	250	—
4	加热炉	金属压延、锻造加热炉	一	100	1
			二	300	1
			三	350	1
		非金属加热炉	一	100	1
			二	300	1
			三	350	1
5	热处理炉	金属热处理炉	一	100	1
			二	300	1
			三	350	1
		非金属热处理炉	一	100	1
			二	300	1
			三	350	1
6	干燥炉、窑		一	100	1
			二	250	1
			三	350	1
7	非金属焙（锻）烧炉窑（耐火材料窑）		一	100	1
			二	300	1
			三	400	2

序号	炉窑类别		标准级别	排放限值	
				烟（粉）尘浓度/（mg/m³）	烟气黑度（林格曼级）
8	石灰窑		一	100	1
			二	250	1
			三	400	1
9	陶瓷搪瓷砖瓦窑	隧道窑	一	100	1
			二	250	1
			三	400	1
		其他窑	一	100	1
			二	300	1
			三	500	2
10	其他炉窑		一	150	1
			二	300	1
			三	400	1

注：栏中斜线系指不监测项目，下同。

4.3　1997 年 1 月 1 日起通过环境影响报告书（表）批准的新建、改建、扩建的各种工业炉窑，其烟尘及生产性粉尘最高允许排放浓度、烟气黑度限值，按表 2 规定执行。

表 2

序号	炉窑类别		标准级别	排放限值	
				烟（粉）尘浓度/（mg/m³）	烟气黑度（林格曼级）
1	熔炼炉	高炉及高炉出铁场	一	禁排	—
			二	100	—
			三	150	—
		炼钢炉及混铁炉（车）	一	禁排	—
			二	100	—
			三	150	—
		铁合金熔炼炉	一	禁排	—
			二	100	—
			三	200	—
		有色金属熔炼炉	一	禁排	—
			二	100	—
			三	200	—

序号	炉窑类别		标准级别	排放限值	
				烟（粉）尘浓度/（mg/m³）	烟气黑度（林格曼级）
2	熔化炉	冲天炉、化铁炉	一	禁排	—
			二	150	1
			三	200	1
		金属熔化炉	一	禁排	—
			二	150	1
			三	200	1
		非金属熔化、冶炼炉	一	禁排	—
			二	200	1
			三	300	1
3	铁矿烧结炉	烧结机（机头、机尾）	一	禁排	—
			二	100	—
			三	150	—
		球团竖炉带式球团	一	禁排	—
			二	100	—
			三	150	1
4	加热炉	金属压延、锻造加热炉	一	禁排	—
			二	200	1
			三	300	1
		非金属加热炉	一	50*	1
			二	200	1
			三	300	1
5	热处理炉	金属热处理炉	一	禁排	—
			二	200	1
			三	300	1
		非金属热处理炉	一	禁排	—
			二	200	1
			三	300	1
6	干燥炉、窑		一	禁排	—
			二	200	1
			三	300	1
7	非金属焙（锻）烧炉窑（耐火材料窑）		一	禁排	—
			二	200	1
			三	300	2

序号	炉窑类别		标准级别	排放限值	
				烟（粉）尘浓度/（mg/m³）	烟气黑度（林格曼级）
8	石灰窑		一	禁排	—
			二	200	1
			三	350	1
9	陶瓷搪瓷砖瓦窑	隧道窑	一	禁排	—
			二	200	1
			三	300	1
		其他窑	一	禁排	—
			二	200	1
			三	400	2
10	其他炉窑		一	禁排	—
			二	200	1
			三	300	1

*仅限于市政、建筑施工临时用沥青加热炉。

4.4　各种工业炉窑（不分期其安装时间），无组织排放烟（粉）尘最高允许浓度，按表 3 规定执行。

表 3

设置方式	炉窑类别	无组织排放烟（粉）尘最高允许浓度/（mg/m³）
有车间厂房	熔炼炉、铁矿烧结炉	25
	其他炉窑	5
露天（或有顶无围墙）	各种工业炉窑	5

4.5　各种工业炉窑的有害污染物最高允许排放浓度按表 4 规定执行。

4.6　烟囱高度

4.6.1　各种工业炉窑烟囱（或排气筒）最低允许高度为 15 m。

4.6.2　1997 年 1 月 1 日起新建、改建、扩建的排放烟（粉）尘和有害污染物的工业炉窑，其烟囱（或排气筒）最低允许高度除应执行 4.6.1 和 4.6.3 规定外，还应按批准的环境影响报告书要求确定。

4.6.3　当烟囱（或排气筒）周围半径 200 m 距离内有建筑物时，除应执行 4.6.1 和 4.6.2 规定外，烟囱（或排气筒）还应高出最高建筑物 3 m 以上。

表4

序号	有害污染物名称		标准级别	1997年1月1日前安装的工业炉窑排放浓度/（mg/m³）	1997年1月1日起新、改、扩建的工业炉窑排放浓度/（mg/m³）
1	二氧化硫	有色金属冶炼	一	850	禁排
			二	1 430	850
			三	4 300	1 430
		钢铁烧结冶炼	一	1 430	禁排
			二	2 860	2 000
			三	4 300	2 860
		燃煤（油）炉窑	一	1 200	禁排
			二	1 430	850
			三	1 800	1 200
2	氟及其化合物（以F计）		一	6	禁排
			二	15	6
			三	50	15
3	铅	金属熔炼	一	5	禁排
			二	30	10
			三	45	35
		其他	一	0.5	禁排
			二	0.10	0.10
			三	0.20	0.10
4	汞	金属熔炼	一	0.05	禁排
			二	3.0	1.0
			三	5.0	3.0
		其他	一	0.008	禁排
			二	0.010	0.010
			三	0.020	0.010
5	铍及其化合物（以Be计）		一	0.010	禁排
			二	0.015	0.010
			三	0.015	0.015
6	沥青油烟		一	10	5*
			二	80	50
			三	150	100

*仅限于市政、建筑施工临时用沥青加热炉。

4.6.4　各种工业炉窑烟囱（或排气筒）高度如果达不到4.6.1、4.6.2和4.6.3的任何一项规定时，其烟（粉）尘或有害污染物最高允许排放浓度，应按相应区域排放标准值的50%执行。

4.6.5 1997年1月1日起新建、改建、扩建的工业炉窑烟囱（或排气筒）应设置永久采样、监测孔和采样监测用平台。

5 监测

5.1 测试工况：测试在最大热负荷下进行，当炉窑达不到或超过设计能力时，也必须在最大生产能力的热负荷下测定，即在燃料耗量较大的稳定加温阶段进行。一般测试时间不得少于2 h。

5.2 实测的工业炉窑的烟（粉）尘、有害污染物排放浓度，应换算为规定的掺风系数或过量空气系数时的数值：

冲天炉（冷风炉，鼓风温度≤400℃）掺风系数规定为4.0；

冲天炉（热风炉，鼓风温度＞400℃）掺风系数规定为2.5；

其他工业炉窑过量空气系数规定为1.7。

熔炼炉、铁矿烧结炉按实测浓度计。

5.3 无组织排放烟尘及生产性粉尘监测点，设置在工业炉窑所在厂房门窗排放口处，并选浓度最大值。若工业炉窑露天设置（或有顶无围墙），监测点应选在距烟（粉）尘排放源5 m，最低高度1.5 m处任意点，并选浓度最大值。

6 标准实施

6.1 本标准由县级以上人民政府环境保护行政主管部门负责监督实施。

6.2 位于国务院批准划定的酸雨控制区和二氧化硫污染控制区的各种工业炉窑，SO_2的排放除执行本标准外，还应执行总量控制标准。

炼焦化学工业污染物排放标准

（GB 16171—2012）

1 范围

本标准规定了炼焦化学工业企业水污染和大气污染排放限值、监测和监控要求，以及标准的实施与监督等相关规定。

本标准适用于现有和新建焦炉生产过程备煤、炼焦、煤气净化、炼焦化学产品回收和热能利用等工序水污染物和大气污染物的排放管理，以及炼焦化学工业企业建设项目的环境影响评价、环境保护设施设计、竣工环境保护验收及其投产后的水污染物和大气污染物的排放管理。

钢铁等工业企业炼焦分厂污染物排放管理执行本标准。

本标准适用于法律允许的污染物排放行为；新设立污染源的选址和特殊保护区域内现有污染源的管理，除执行本标准外，还应符合《中华人民共和国大气污染防治法》、《中华人民共和国水污染防治法》、《中华人民共和国海洋环境保护法》、《中华人民共和国固体废物污染环境防治法》、《中华人民共和国环境影响评价法》等法律、法规、规章的相关规定执行。

本标准规定的水污染物排放控制要求适用于企业直接或间接向其法定边界外排放水污染物的行为。

2 引用标准

本标准内容引用了下列文件或其中的条款。

GB 6920—1986 水质 pH 值的测定 玻璃电极法

GB 11890—1989 水质 苯系物的测定 气相色谱法

GB 11893—1989 水质 总磷的测定 钼酸铵分光光度法

GB 11901—1989 水质 悬浮物的测定 重量法

GB 11914—1989 水质 化学需氧量的测定 重铬酸盐法

GB/T 14669—93 空气质量 氨的测定 离子选择电极法

GB/T 14678—1993 空气质量 硫化氢 甲硫醇甲硫醚 二甲二硫的测定气

相色谱法

 GB/T 15432—1995 环境空气 总悬浮颗粒物的测定 重量法

 GB/T 15439—1995 环境空气 苯并[a]芘的测定 高效液相色谱法

 GB/T 16157—1996 固定污染源排气中颗粒物测定与气态污染物采样方法

 GB/T 16488—1996 水质 石油类和动物油的测定 红外光度法

 GB/T 16489—1996 水质 硫化物的测定 亚甲基蓝分光光度法

 HJ/T 28—1999 固定污染源排气中氰化氢的测定 异酸盐-吡唑啉酮分光光度法

 HJ/T 32—1999 固定污染源排气中酚类化合物的测定 4-氨基安替比林分光光度法

 HJ/T 38—1999 固定污染源排气中非甲烷总烃的测定 气相色谱法

 HJ/T 40—1999 固定污染源排气中苯并[a]芘的测定 高效液相色谱法

 HJ/T 42—1999 固定污染源排气中氮氧化物的测定 紫外分光光度法

 HJ/T 43—1999 固定污染源排气中氮氧化物的测定 盐酸萘乙二胺分光光度法

 HJ/T 55—2000 大气污染物无组织排放监测技术导则

 HJ/T 56—2000 固定污染源排气中二氧化硫的测定 碘量法

 HJ/T 57—2000 固定污染源排气中二氧化硫的测定 定电位电解法

 HJ/T 60—2000 水质 硫化物的测定 碘量法

 HJ/T 195—2005 水质 氨氮的测定 气相分子吸收光谱法

 HJ/T 199—2005 水质 总氮的测定 气相分子吸收光谱法

 HJ/T 200—2005 水质 硫化物的测定 气相分子吸收光谱法

 HJ/T 399—2007 水质 化学需氧量的测定 快速消解分光光度法

 HJ 478—2009 水质 多环芳烃的测定 液液萃取和固相萃取高效液相色谱法

 HJ 479—2009 环境空气 氮氧化物（一氧化氮和二氧化氮）的测定 盐酸萘乙二胺分光光度法

 HJ 482—2009 环境空气 二氧化硫的测定 甲醛吸收-副玫瑰苯胺分光光度法

 HJ 483—2009 环境空气 二氧化硫的测定 四氯汞盐吸收-副玫瑰苯胺分光光度法

 HJ 484—2009 水质 氰化物的测定 容量法和分光光度法

 HJ 502—2009 水质 挥发酚的测定 溴化容量法

HJ 503—2009　　水质　挥发酚的测定　4-氨基安替比林分光光度法

HJ 505—2009　　水质　五日生化需氧量（BOD₅）的测定　稀释与接种法

HJ 533—2009　　空气和废气　氨的测定　纳氏试剂分光光度法

HJ 534—2009　　环境空气　氨的测定　次氯酸钠-水杨酸分光光度法

HJ 535—2009　　水质　氨氮的测定　纳氏试剂分光光度法

HJ 536—2009　　水质　氨氮的测定　水杨酸分光光度法

HJ 537—2009　　水质　氨氮的测定　蒸馏-中和滴定法

HJ 583—2010　　环境空气　苯系物的测定　固体吸附/热脱附-气相色谱法

HJ 584—2010　　环境空气　苯系物的测定　活性炭吸附/二硫化碳解吸-气相色谱法

HJ 636—2012　　水质　总氮的测定　碱性过硫酸钾消解紫外分光光度法

《污染源自动监控管理办法》（国家环境保护总局令　第 28 号）

《环境监测管理办法》（国家环境保护总局令　第 39 号）

3　术语和定义

下列术语和定义适用于本标准。

3.1　炼焦化学工业　coke chemical industry

炼焦煤按生产工艺和产品要求配比后，装入隔绝空气的密闭炼焦炉内，经高、中、低温干馏转化化为焦炭、焦炉煤气和化学产品的工艺过程。炼焦炉型包括：常规机焦炉、热回收焦炉、半焦（兰炭）炭化炉三种。

3.2　常规机焦炉　machine-coke oven

炭化室、燃烧室分设，炼焦煤隔绝空气间接加热干馏成焦炭，并设有煤气净化、化学产品回收利用的生产装置。装煤方式分顶装和捣固侧装。本标准简称"机焦炉"。

3.3　热回收焦炉　thermal-recovery stamping mechanical coke oven

集焦炉炭化室微负压操作、机械化捣固、装煤、出焦、回收利用炼焦燃烧废气余热于一体的焦炭生产装置，其炉室分为卧式炉和立式炉，以生产铸造焦为主。

3.4　半焦（兰炭）炭化炉　semi-coke oven

以不粘煤、弱粘煤、长焰煤等为原料，在炭化温度 750℃ 以下进行中低温干馏，以生产半焦（兰炭）为主的生产装置。加热方式分为内热式和外热式，本标准简称为"半焦炉"。

3.5　标准状态　standard condition

温度为 273.15K，压力为 101 325Pa 时的状态。本标准规定的大气污染物排放浓度均以标准状态下的干气体为基准。

3.6　现有企业　existing facility

在本标准实施之日前，建成投产或环境影响评价文件已通过审批的炼焦化学工业企业或生产设施。

3.7　新建企业　new facility

指本标准实施之日起，环境影响评价文件通过审批的新建、改建和扩建的炼焦化学工业建设项目。

3.8　排水量　effluent volume

生产设施或企业向企业法定边界以外排放的废水的量，包括与生产有直接或间接关系的各种外排废水（如厂区生活污水、冷却废水、厂区锅炉和电站排水等）。

3.9　单位产品基准排水量　benchmark effluent volume per unit product

用于核定水污染物排放浓度而规定的生产单位产品的废水排放量上限值。

3.10　排气筒高度　stack height

自排气筒（或其主体建筑构造）所在地平面至排气筒出口计的高度，单位为 m。

3.11　企业边界　enterprise boundary

炼焦化学工业企业的法定边界。若无法定边界，则指企业的实际边界。

3.12　公共污水处理系统　public wastewater treatment system

通过纳污管道等方式收集废水，为两家以上排污单位提供废水处理服务并且排水能够达到相关排放标准要求的企业或机构，包括各种规模和类型的城镇污水处理厂、区域（包括各类工业园区、开发区、工业聚集地等）废水处理厂等，其废水处理程度应达到二级或二级以上。

3.13　直接排放　direct discharge

排污单位直接向环境排放水污染物的行为。

3.14　间接排放　indirect discharge

排污单位向公共污水处理系统排放水污染物的行为。

3.15　多环芳烃（PAHs）　polycycle aromatic hydrocarbons

含有一个苯环以上的芳香化合物。本标准多环芳烃是指特定的苯并[a]芘、荧蒽、苯并[b]荧蒽、苯并[k]荧蒽、茚并[1,2,3-c,d]芘、苯并[g,h,i]芘六种化合物。

4　污染物排放控制要求

4.1　水污染物排放控制要求（略）

4.2　大气污染物排放控制要求

4.2.1　自 2012 年 10 月 1 日至 2014 年 12 月 31 日止，现有企业执行表 4 规定的

大气污染物排放限值。

表 4　现有企业大气污染物排放浓度标准

单位：mg/m³

序号	污染物排放环节	颗粒物	二氧化硫	苯并[a]芘	氰化氢	苯③	酚类	非甲烷总烃	氮氧化物	氨	硫化氢	监控位置
1	精煤破碎、焦煤破碎、筛分及转运	50	—	—	—	—	—	—	—	—	—	车间或生产设施排气筒
2	装煤	100	150	0.3 μm/m³	—	—	—	—	—	—	—	
3	推煤	100	100	—	—	—	—	—	—	—	—	
4	焦炉烟囱	50	100① 200②	—	—	—	—	—	800① 240②	—	—	
5	干法熄焦	100	150	—	—	—	—	—	—	—	—	
6	粗苯管式炉、半焦烘干和氨分解炉等燃用焦炉煤气的设施	50	100	—	—	—	—	—	240	—	—	
7	冷鼓、库区焦油各类贮槽	—	—	0.3 μm/m³	1.0	—	100	120	—	60	10	
8	苯贮槽	—	—	—	—	6	—	120	—	—	—	
9	脱硫再生塔	—	—	—	—	—	—	—	—	60	10	
10	硫铵结晶干燥	100	—	—	—	—	—	—	—	60	—	

注：①机焦、半焦炉；②热回收焦炉；③待国家污染物监测方法标准发布后实施。

4.2.2　自 2015 年 1 月 1 日起，现有企业执行表 5 规定的大气污染物排放限值。

4.2.3　自 2012 年 10 月 1 日起，新建企业执行表 5 规定的大气污染物排放限值。

4.2.4　根据环境保护工作的要求，在国土开发密度已经较高、环境承载能力开始减弱，或大气环境容量较小、生态环境脆弱，容易发生严重大气环境污染问题而需要采取特别保护措施的地区，应严格控制企业的污染物排放行为，在上述地区的企业执行表 6 规定的大气污染物特别排放限值。

表5　新建企业大气污染物排放浓度限值

单位：mg/m³

序号	污染物排放环节	颗粒物	二氧化硫	苯并[a]芘	氰化氢	苯③	酚类	非甲烷总烃	氮氧化物	氨	硫化氢	监控位置
1	精煤破碎、焦煤破碎、筛分及转运	30	—	—	—	—	—	—	—	—	—	车间或生产设施排气筒
2	装煤	50	100	0.3 μm/m³	—	—	—	—	—	—	—	
3	推煤	50	50	—	—	—	—	—	—	—	—	
4	焦炉烟囱	30	50①100②	—	—	—	—	—	500①200②	—	—	
5	干法熄焦	50	100	—	—	—	—	—	—	—	—	
6	粗苯管式炉、半焦烘干和氨分解炉等燃用焦炉煤气的设施	30	50	—	—	—	—	200.	—	—	—	
7	冷鼓、库区焦油各类贮槽	—	—	0.3 μm/m³	1.0	—	80	80	—	30	3.0	
8	苯贮槽	—	—	—	—	6	—	80	—	—	—	
9	脱硫再生塔	—	—	—	—	—	—	—	—	30	3.0	
10	硫铵结晶干燥	80	—	—	—	—	—	—	—	30	—	

注：①机焦、半焦炉；②热回收焦炉；③待国家污染物监测方法标准发布后实施。

执行大气污染物特别排放限值的地域范围、时间，由国务院环境保护行政主管部门或省级人民政府规定。

4.2.5　企业边界任何1 h平均浓度执行表7规定的浓度限值。

4.2.6　在现有企业生产、建设项目竣工环保验收及其后的生产过程中，负责监管的环境保护主管部门应对周围居住、教学、医疗等用途的敏感区域环境质量进行监测。建设项目的具体监控范围为环境影响评价确定的周围敏感区域；未进行过环境影响评价的现有企业，监控范围由负责监管的环境保护主管部门，根据企业排污的特点和规律及当地的自然、气象条件等因素，参照相关环境影响评价技术导则确定。地方政府应对本辖区环境质量负责，采取措施确保环境状况符合环境质量标准要求。

表6　大气污染物特别排放限值

单位：mg/m³

序号	污染物排放环节	颗粒物	二氧化硫	苯并[a]芘	氰化氢	苯①	酚类	非甲烷总烃	氮氧化物	氨	硫化氢	监控位置
1	精煤破碎、焦煤破碎、筛分及转运	15	—	—	—	—	—	—	—	—	—	车间或生产设施排气筒
2	装煤	30	70	0.3 μm/m³	—	—	—	—	—	—	—	
3	推煤	30	30	—	—	—	—	—	—	—	—	
4	焦炉烟囱	15	30	—	—	—	—	—	150	—	—	
5	干法熄焦	30	80	—	—	—	—	—	—	—	—	
6	粗苯管式炉、半焦烘干和氨分解炉等燃用焦炉煤气的设施	15	30	—	—	—	—	—	150	—	—	
7	冷鼓、库区焦油各类贮槽	—	—	0.3 μm/m³	1.0	—	50	50	—	10	1	
8	苯贮槽	—	—	—	—	6	—	50	—	—	—	
9	脱硫再生塔	—	—	—	—	—	—	—	—	10	1	
10	硫铵结晶干燥	20	—	—	—	—	—	—	—	10	—	

注：①待国家污染物监测方法标准发布后实施。

表7　现有和新建炼焦炉炉顶及企业边界大气污染物浓度限值

单位：mg/m³

污染物项目	颗粒物	二氧化硫	苯并[a]芘	氰化氢	苯	酚类	硫化氢	氨	苯可溶物	氮氧化物	监控位置
浓度限值	2.5	—	2.5 μm/m³	—	—	—	0.1	2.0	0.6	—	焦炉炉顶
	1.0	0.50	0.01 μm/m³	0.024	0.4	0.02	0.01	0.2	—	0.25	厂界

4.2.7　产生大气污染物的生产工艺装置必须设立局部气体收集系统和集中净化处理装置，达标排放。所有排气筒高度应不低于 15 m（排含氰化氢废气的排气筒高度不得低于 25 m）。排气筒周围半径 200 m 范围内有建筑物时，排气筒高度还应高出最高建筑物 3 m 以上。现有和新建焦化企业需安装荒煤气自动点火放散装置。

4.2.8　在国家未规定生产设施单位产品基准排气量之前，以实测浓度作为判定大气污染物排放是否达标的依据。

5　污染物监测要求

5.1　污染物监测一般要求

5.1.1　对企业排放废水和废气的采样，应根据监测污染物的种类，在规定的污染物排放监控位置进行。有废水和废气处理设施的，应在该设施后监控。企业应按国家有关污染源监测技术规范的要求设置采样口，在污染物排放监控位置须设置永久性排污口标志。

5.1.2　新建企业和现有企业安装污染物排放自动监控设备的要求，按有关法律和《污染源自动监控管理办法》的规定执行。

5.1.3　对企业污染物排放情况进行监测的频次、采样时间等要求，按国家有关污染源监测技术规范的规定执行。

5.1.4　企业产品产量的核定，以法定报表为依据。

5.1.5　企业应按照有关法律和《环境监测管理办法》的规定，对排污状况进行监测，并保存原始监测记录。

5.2　水污染物监测要求（略）

5.3　大气污染物监测要求

5.3.1　采样点的设置于采样方法按 GB/T 16157 执行。

5.3.2　在有敏感建筑物方位、必要的情况下进行监控，具体要求按 HJ/T 55—2000 进行监测。

5.3.3　常规机焦炉和热回收焦炉炉顶无组织排放的采样点设在炉顶装煤塔与焦炉炉端机侧和焦侧两侧的 1/3 处、2/3 处各设一个测点；半焦炭化炉在单炉炉顶设置一个测点。应在正常工况下采样，颗粒物、苯并[a]芘和苯可溶物监测频次为每天采样 3 次，每次连续采样 4 h；H_2S、NH_3 监测频次为每天采样 3 次，每次连续采样 30 min。机焦炉和热回收焦炉的炉顶监测结果以所测点位中最高值计。

5.3.4　对企业排放大气污染物浓度的测定采用表 8 所列的方法标准。

表8　大气污染物浓度测定方法标准

序号	污染物项目	方法标准名称	方法标准编号
1	颗粒物	固定污染源排气中颗粒物测定与气态污染物采样方法	GB/T 16157—1996
		环境空气　总悬浮颗粒物的测定　重量法	GB/T 15432—1995
2	二氧化硫	固定污染源排气中二氧化硫的测定　定电位电解法	HJ/T 57—2000
		固定污染源排气中二氧化硫的测定　碘量法	HJ/T 56—2000
		环境空气　二氧化硫的测定　甲醛吸收-副玫瑰苯胺分光光度法	HJ 482—2009
		环境空气　二氧化硫的测定　四氯汞盐吸收-副玫瑰苯胺分光光度法	HJ 483—2009
3	苯并[a]芘	环境空气　苯并[a]芘的测定　高效液相色谱法	GB/T 15439—1995
		固定污染源排气中苯并[a]芘的测定　高效液相色谱法	HJ/T 40—1999
4	氯化氢	固定污染源排气中氯化氢的测定　异烟酸-吡唑啉酮光度法	HJ/T 28—1999
5	苯	环境空气　苯系物的测定　活性炭吸附/二硫化碳解吸-气相色谱法	HJ 584—2010
		环境空气　苯系物的测定　固体吸附/热脱附-气相色谱法	HJ 583—2010
6	酚类化合物	固定污染源排气中酚类化合物的测定　4-氨基安替比林分光光度法	HJ/T 32—1999
7	非甲烷总烃	固定污染源排气中非甲烷总烃的测定　气相色谱法	HJ/T 38—1999
8	氮氧化物	固定污染源排气中氮氧化物的测定　紫外分光光度法	HJ/T 42—1999
		固定污染源排气中氮氧化物的测定　盐酸萘乙二胺分光光度法	HJ/T 43—1999
		环境空气　氮氧化物（一氧化氮和二氧化氮）的测定　盐酸萘乙二胺分光光度法	HJ 479—2009
9	氨	空气质量　氨的测定　离子选择电极法	GB/T 14669—19936
		空气和废气　氨的测定　纳氏试剂分光光度法	HJ 533—2009
		环境空气　氨的测定　次氯酸钠-水杨酸分光光度法	HJ 534—2009
10	硫化氢	环境空气　硫化氢　甲硫醇　甲硫醚　二甲二硫的测定　气相色谱法	GB/T 14678—1993

6　实施监督

6.1　本标准由县级以上人民政府环境保护行政主管部门负责监督实施。

6.2　在任何情况下，企业均应遵守本标准的污染物排放控制要求，采取必要措施保证污染防治设施正常运行。各级环保部门在对企业进行监督性检查时，可以现场即时采样或监测的结果，作为判定排污行为是否符合排放标准以及实施相关环境保护管理措施的依据。在发现设施耗水或排水量有异常变化的情况下，应核定企业的实际产品产量、排水量，按本标准的规定，换算水污染物基准排水量排放浓度。

恶臭污染物排放标准

（GB 14554—93）

1　主题内容与适用范围

1.1　主题内容

本标准分年限规定了八种恶臭污染物的一次最大排放限值、复合恶臭物质的臭气浓度限值及无组织排放原的厂界浓度限值。

1.2　适用范围

本标准适用于全国所有向大气排放恶臭气体单位及垃圾堆放场的排放管理以及建设项目的环境影响评价、设计、竣工验收及其建成后的排放管理。

2　引用标准

GB 3095　大气环境质量标准

GB 12348　工业企业厂界噪声标准

GB/T 14675　空气质量　恶臭的测定　三点比较式臭袋法

GB/T 14676　空气质量　三甲胺的测定　气相色谱法

GB/T 14677　空气质量　甲苯、二甲苯、苯乙烯的测定气相色谱法

GB/T 14678　空气质量　硫化氢、甲硫醇、甲硫醚、二甲二硫的测定气相色谱法

GB/T 14679　空气质量　氨的测定　次氯酸钠-水杨酸分光光度法

GB/T 14680　空气质量　二硫化碳的测定二乙胺分光光度法

3　名词术语

3.1　恶臭污染物　odor pollutants

指一切刺激嗅觉器官引起人们不愉快及损坏生活环境的气体物质。

3.2　臭气浓度　odor concentration

指恶臭气体（包括异味）用无臭空气进行稀释，稀释到刚好无臭时，所需的稀释被数。

3.3　无组织排放源

指没有排气筒或排气筒高度低于 15 m 的排放源。

4　技术内容

4.1　标准分级

本标准恶臭污染物厂界标准值分三级。

4.1.1　排入 GB 3095 中一类区的执行一级标准，一类区中不得建新的排污单位。

4.1.2　排入 GB 3095 中二类区的执行二级标准。

4.1.3　排入 GB 3095 中三类区的执行三级标准。

4.2　标准值

4.2.1　恶臭污染物厂界标准值是对无组织排放源的限值，见表 1。

1994 年 6 月 1 日起立项的新、扩、改建设项目及其建成后投产的企业执行二级、三级标准中相应的标准值。

表 1　恶臭污染物厂界标准值

序号	控制项目	单位	一级	二级		三级	
				新扩改建	现有	新扩改建	现有
1	氨	mg/m^3	1.0	1.5	2.0	4.0	5.0
2	三甲胺	mg/m^3	0.05	0.08	0.15	0.45	0.80
3	硫化氢	mg/m^3	0.03	0.06	0.10	0.32	0.60
4	甲硫醇	mg/m^3	0.004	0.007	0.010	0.020	0.035
5	甲硫醚	mg/m^3	0.03	0.07	0.15	0.55	1.10
6	二甲二硫	mg/m^3	0.03	0.06	0.13	0.42	0.71
7	二硫化碳	mg/m^3	2.0	3.0	5.0	8.0	10
8	苯乙烯	mg/m^3	3.0	5.0	7.0	14	19
9	臭气浓度	无量纲	10	20	30	60	70

4.2.2　恶臭污染物排放标准值，见表 2。

表 2　恶臭污染物排放标准值

序　号	控制项目	排气筒高度/m	排放量/（kg/h）
1	硫化氢	15	0.33
		20	0.58
		25	0.90
		30	1.3
		35	1.8

序　号	控制项目	排气筒高度/m	排放量/（kg/h）
1	硫化氢	40	2.3
		60	5.2
		80	9.3
		100	14
		120	21
2	甲硫醇	15	0.04
		20	0.08
		25	0.12
		30	0.17
		35	0.24
		40	0.31
		60	0.69
3	甲硫醚	15	0.33
		20	0.58
		25	0.90
		30	1.3
		35	1.8
		40	2.3
		60	5.2
4	二甲二硫醚	15	0.43
		20	0.77
		25	1.2
		30	1.7
		35	2.4
		40	3.1
		60	7.0
5	二硫化碳	15	1.5
		20	2.7
		25	4.2
		30	6.1
		35	8.3
		40	11
		60	24
		80	43
		100	68
		120	97

序　号	控制项目	排气筒高度/m	排放量/（kg/h）
6	氨	15	4.9
		20	8.7
		25	14
		30	20
		35	27
		40	35
		60	75
7	三甲胺	15	0.54
		20	0.97
		25	1.5
		30	2.2
		35	3.0
		40	3.9
		60	8.7
		80	15
		100	24
		120	35
8	苯乙烯	15	6.5
		20	12
		25	18
		30	26
		35	35
		40	46
		60	104
		排气筒高度/m	标准值（无量纲）
9	臭气浓度	15	2 000
		25	6 000
		35	15 000
		40	20 000
		50	40 000
		≥60	60 000

5　标准的实施

5.1　排污单位排放（包括泄漏和无组织排放）的恶臭污染物，在排污单位边界上规定监测点（无其他干扰因素）的一次最大监督值（包括臭气浓度）都必须低于或等于恶臭污染物厂界标准值。

5.2 排污单位经烟、气排气筒（高度在 15 m 以上）排放的恶臭污染物的排放量和臭气浓度都必须低于或等于恶臭污染物排放标准。

5.3 排污单位经排水排出并散发的恶臭污染物和臭气浓度必须低于或等于恶臭污染物厂界标准值。

6　监测

6.1　有组织排放源监测

6.1.1 排气筒的最低高度不得低于 15 m。

6.1.2 凡在表 2 所列两种高度之间的排气筒，采用四舍五入方法计算其排气筒的高度。表 2 中所列的排气筒高度系指从地面（零地面）起至排气口的垂直高度。

6.1.3 采样点：有组织排放源的监测采样点应为臭气进入大气的排气口，也可以在水平排气道和排气筒下部采样监测，测得臭气浓度或进行换算求得实际排放量。经过治理的污染源监测点设在治理装置的排气口，并应设置永久性标志。

6.1.4 有组织排放源采样频率应按生产周期确定监测频率，生产周期在 8 h 以内的，每 2 h 采集一次，生产周期大于 8 h 的，每 4 h 采集一次，取其最低测定值。

6.2　无组织排放源监测

6.2.1 采样点

厂界的监测采样点，设置在工厂厂界的下风向侧，或有臭气方位的边界线上。

6.2.2 采样频率

连续排放源相隔 2 h 采一次，共采集 4 次，取其最大测定值。

间歇排放源选择在气味最大时间内采样，样品采集次数不少于 3 次，取其最大测定值。

6.3　水域监测

水域（包括海洋、河流、湖泊、排水沟、渠）的监测，应以岸边为厂界边界线，其采样点设置、采样频率与无组织排放源监测相同。

6.4　测定

标志中各单项恶臭污染物与臭气浓度的测定方法，见表 3。

表 3　恶臭污染物与臭气浓度测定方法

序　号	控制项目	测定方法
1	氨	GB/T 14679
2	三甲胺	GB/T 14676
3	硫化氢	GB/T 14678

序　号	控制项目	测定方法
4	甲硫醇	GB/T 14678
5	甲硫醚	GB/T 14678
6	二甲二硫醚	GB/T 14678
7	二硫化碳	GB/T 14680
8	苯乙烯	GB/T 14677
9	臭气浓度	GB/T 14675

储油库大气污染物排放标准

（GB 20950—2007）

1　范围

本标准规定了储油库在储存、收发汽油过程中油气排放限值、控制技术要求和检测方法。

本标准适用于现有储油库汽油油气排放管理，以及储油库新、改、扩建项目的环境影响评价、设计、竣工验收和建成后的汽油油气排放管理。

2　规范性引用文件

本标准内容引用了下列文件中的条款。凡是不注日期的引用文件，其有效版本适用于本标准。

GB 50074　石油库设计规范

GB/T 16157　固定污染源排气中颗粒物测定与气态污染物采样方法

HJ/T 38　固定污染源排气中非甲烷总烃的测定　气相色谱法

3　术语与定义

下列术语和定义适用于本标准。

3.1　储油库 bulk gasoline terminal

由储油罐组成并通过管道、船只或油罐车等方式收发汽油的场所（含炼油厂）。

3.2　油气 gasoline vapor

储油库储存、装卸汽油过程中产生的挥发性有机物气体（非甲烷总烃）。

3.3　油气排放浓度 vapor emission concentration

标准状态下（温度 273K，压力 101.3 kPa），排放每立方米干气中所含非甲烷总烃的质量，单位为 g/m^3。

3.4　发油 gasoline loading

从储油库把油品装入油罐车。

3.5　收油 gasoline receiving

向储油库储罐注油。

3.6　底部装油　bottom loading

从油罐汽车的罐底部将油发装入罐内。

3.7　浮顶罐　floating roof tank

顶盖漂浮在油面上的油罐，包括内浮顶罐和外浮顶罐。

3.8　油气回收处理装置　vapor recovery processing equipment

通过吸附、吸收、冷凝、膜分离等方法将发油过程产生的油气进行回收处理的装置。

3.9　油气收集系统泄漏点　vapor collection system leakage point

与发油设施配套的油气收集系统可能发生泄漏的部位，如油气回收密封式快速接头、铁路罐车顶装密封罩、阀门、法兰等。

3.10　烃类气体探测器　hydrocarbon gas detector

基于光离子化、红外等原理的可快速显示空气中油气浓度的便携式检测仪器。

4　发油油气排放控制和限值

4.1　储油库应采用底部装油方式，装油时产生的油气应进行密闭收集和回收处理。油气回收系统和回收处理装置应进行技术评估并出具报告，评估工作主要包括：调查分析技术资料；核实应具备的相关认证文件；检测至少连续 3 个月的运行情况；列出油气回收系统设备清单。完成技术评估的单位应具备相应的资质，所提供的技术评估报告应经由国家有关主管部门审核批准。

4.2　排放限值

4.2.1　油气密闭收集系统（以下简称油气收集系统）任何泄漏点排放的油气体积分数浓度不应超过 0.05%，每年至少检测 1 次，检测方法见附录 A（略）。

4.2.2　油气回收处理装置（以下简称处理装置）的油气排放浓度和处理效率应同时符合表 1 规定的限值，排放口距地平面高度应不低于 4 m，每年至少检测 1 次，检测方法见附录 B（略）。

表 1　处理装置油气排放限值

油气排放浓度/（g/m^3）	≤25
油气处理效率/%	≥95

4.2.3　底部装油结束并断开快接头时，汽油泄漏量不应超过 10 ml，泄漏检测限值为泄漏单元连续 3 次断开操作的平均值。

4.2.4　储油库油气收集系统应设置测压装置，收集系统在收集油罐车罐内的油气时对罐内不宜造成超过 4.5 kPa 的压力，在任何情况下都不应超过 6 kPa。

4.2.5　储油库防溢流控制系统应定期进行检测，检测方法按有关专业技术规范执行。

4.2.6　储油库给铁路罐车装油时应采用顶部浸没式或底部装油方式，顶部浸没式装油管出油口距罐底高度应小于 200 mm。

4.3　技术措施

4.3.1　底部装油和油气输送接口应采用 DN100 mm 的密封式快速接头。

4.3.2　应对进、出处理装置的气体流量进行监测，流量计应具备连续测量和数据至少存储 1 年的功能并符合安全要求。

4.3.3　应建立油气收集系统和处理装置的运行规程，每天记录气体流量、系统压力、发油量，记录防溢流控制系统定期检测结果，随时记录油气收集系统和处理装置的检修事项。编写年度运行报告并附带上述原始记录，作为储油库环保检测报告的组成部分。

5　汽油储存油气排放控制

5.1　储油库储存汽油应按 GB 50074 采用浮顶罐储油。

5.2　新、改、扩建的内浮顶罐，浮盘与罐壁之间应采用液体镶嵌式、机械式鞋形、双封式等高效密封方式；新、改、扩建的外浮顶罐，浮盘与罐壁之间应采用双封式密封，且初级密封采用液体镶嵌式、机械式鞋形等高效密封方式。

5.3　浮顶罐所有密封结构不应有造成漏气的破损和开口，浮盘上所有可开启设施在非需要开启时都应保持不漏气状态。

6　标准实施

6.1　储油库油气排放控制标准实施区域和时限见表 2。

表 2　储油库油气排放控制标准实施区域和时限

地区	实施日期
北京市、天津市、河北省设市城市及其他地区承担上述城市加油站汽油供应的储油库	2008 年 5 月 1 日
长江三角洲和珠江三角洲设市城市注及其他地区承担上述城市加油站汽油供应的储油库	2010 年 1 月 1 日
其他设市城市及承担相应城市加油站汽油供应的储油库	2012 年 1 月 1 日

注：长江三角洲地区包括：上海市、江苏省 8 个市、浙江省 7 个市，共 16 市。江苏省 8 个市，
包括：南京市、苏州市、无锡市、常州市、镇江市、扬州市、泰州市、南通市；浙江省 7 个市，
包括：杭州市、嘉兴市、湖州市、舟山市、绍兴市、宁波市、台州市。
珠江三角洲地区 9 个市，包括：广州市、深圳市、珠海市、东莞市、中山市、江门市、佛山市、
惠州市、肇庆市。

6.2　按表 2 实施日期，可有 2 年过渡期允许顶部装油和底部装油系统同时存在。

6.3　省级人民政府可根据本地对环境质量的要求和经济技术条件提前实施，并报国家环境保护行政主管部门备案。

6.4　本标准由各级人民政府环境保护行政主管部门监督实施。

加油站大气污染物排放标准

（GB 20952—2007）

1　范围

本标准规定了加油站汽油油气排放限值、控制技术要求和检测方法。

本标准适用于现有加油站汽油油气排放管理，以及新建、改建、扩建加油站项目的环境影响评价、设计、竣工验收及其建成后的汽油油气排放管理。

2　规范性引用文件

本标准内容引用了下列文件中的条款。凡是不注日期的引用文件，其有效版本适用于本标准。

GB 50156　汽车加油加气站设计与施工规范

GB/T 16157　固定污染源排气中颗粒物测定与气态污染物采样方法

HJ/T 38　固定污染源排气中非甲烷总烃的测定　气相色谱法

3　术语与定义

下列术语和定义适用于本标准。

3.1　加油站　gasoline filling station

为汽车油箱充装汽油的专门场所。

3.2　油气　gasoline vapor

加油站在加油、卸油和储存汽油过程中产生的挥发性有机物（非甲烷总烃）。

3.3　油气排放质量浓度　vapor emission concentration

标准状态下（温度 273 K，压力 101.3 kPa），排放每立方米干气中所含非甲烷总烃的质量，单位为 g/m^3。

3.4　加油站油气回收系统　vapor recovery system for gasoline filling station

加油站油气回收系统由卸油油气回收系统、汽油密闭储存、加油油气回收系统、在线监测系统和油气排放处理装置组成。该系统的作用是将加油站在卸油、储油和加油过程中产生的油气，通过密闭收集、储存和送入油罐汽车的罐内，运送到储油库集中回收变成汽油。

3.5　卸油油气回收系统　vapor recovery system for unloading gasoline
将油罐汽车卸汽油时产生的油气，通过密闭方式收集进入油罐汽车罐内的系统。

3.6　加油油气回收系统　vapor recovery system for filling gasoline
将给汽车油箱加汽油时产生的油气，通过密闭方式收集进入埋地油罐的系统。

3.7　溢油控制措施　overfill protection measurement
采用截流阀或浮筒阀或其他防溢流措施，控制卸油时可能发生的溢油。

3.8　埋地油罐　underground storage tank
完全埋设在地面以下的储油罐。

3.9　压力/真空阀　pressure/vacuum valve
又称P/V阀、通气阀、机械呼吸阀，可调节油罐内外压差，使油罐内外气体相通的阀门。

3.10　液阻　dynamic back pressure
凝析液体滞留在油气管线内或因其他原因造成气体通过管线时的阻力。

3.11　密闭性　vapor recovery system tightness
油气回收系统在一定气体压力状态下的密闭程度。

3.12　气液比　air to liquid volume ratio
加油时收集的油气体积与同时加入油箱内的汽油体积的比值。

3.13　真空辅助　vacuum-assist
加油油气回收系统中利用真空发生装置辅助回收加油过程中产生的油气。

3.14　在线监测系统　on-line monitoring system
在线监测加油油气回收过程中的气液比以及油气回收系统的密闭性和管线液阻是否正常的系统，当发现异常时可提醒操作人员采取相应的措施，并能记录、储存、处理和传输监测数据。

3.15　油气排放处理装置　vapor emission processing equipment
针对加油油气回收系统部分排放的油气，通过采用吸附、吸收、冷凝、膜分离等方法对这部分排放的油气进行回收处理的装置。

4　油气排放控制和限值

4.1　加油站在卸油、储油和加油时排放的油气，应采用以密闭收集为基础的油气回收方法进行控制。

4.2 技术评估

4.2.1 加油油气回收系统应进行技术评估并出具报告，评估工作主要包括：调查分析技术资料，核实应具备的相关认证文件，评估多个流量和多枪的气液比，检测至少连续 3 个月的运行情况，给出控制效率大于等于85%的气液比范围，列出油气回收系统设备清单。

4.2.2 油气排放处理装置（以下简称处理装置）和在线监测系统应进行技术评估并出具报告，评估工作主要包括：调查分析技术资料；核实应具备的相关认证文件；在国内或国外实际使用情况的资料证明；检测至少连续 3 个月的运行情况。

4.2.3 完成技术评估的单位应具备相应的资质，所提供的技术评估报告应经由国家有关主管部门审核批准。

4.3 排放限值

4.3.1 加油油气回收管线液阻检测值应小于表 1 规定的最大压力限值。液阻应每年检测 1 次，检测方法见附录 A（略）。

表 1 加油站油气回收管线液阻检测的最大压力限值

通入氮气流量/（L/min）	最大压力/Pa
18.0	40
28.0	90
38.0	155

4.3.2 加油站油气回收系统密闭性压力检测值应大于等于表 2 规定的最小剩余压力限值。密闭性应每年检测 1 次，检测方法见附录 B（略）。

表 2 加油站油气回收系统密闭性检测最小剩余压力限值　　　　单位：Pa

储罐油气空间/L	受影响的加油枪数[①]				
	1～6	7～12	13～18	19～24	>24
1 893	182	172	162	152	142
2 082	199	189	179	169	159
2 271	217	204	194	184	177
2 460	232	219	209	199	192
2 650	244	234	224	214	204
2 839	257	244	234	227	217
3 028	267	257	247	237	229
3 217	277	267	257	249	239

储罐油气空间/L	受影响的加油枪数[①]				
	1～6	7～12	13～18	19～24	>24
3 407	286	277	267	257	249
3 596	294	284	277	267	259
3 785	301	294	284	274	267
4 542	329	319	311	304	296
5 299	349	341	334	326	319
6 056	364	356	351	344	336
6 813	376	371	364	359	351
7 570	389	381	376	371	364
8 327	396	391	386	381	376
9 084	404	399	394	389	384
9 841	411	406	401	396	391
10 598	416	411	409	404	399
11 355	421	418	414	409	404
13 248	431	428	423	421	416
15 140	438	436	433	428	426
17 033	446	443	441	436	433
18 925	451	448	446	443	441
22 710	458	456	453	451	448
26 495	463	461	461	458	456
30 280	468	466	463	463	461
34 065	471	471	468	466	466
37 850	473	473	471	468	468
56 775	481	481	481	478	478
75 700	486	486	483	483	483
94 625	488	488	488	486	486

①如果各储罐油气管线连通，则受影响的加油枪数等于汽油加油枪总数。否则，仅统计通过油气管线与被检测储罐相连的加油枪数。

4.3.3　各种加油油气回收系统技术的气液比均应在大于等于 1.0 和小于等于 1.2 范围内，但对气液比进行检测时的检测值应符合技术评估报告给出的范围。依次检测每支加油枪的气液比，安装和未安装在线监测系统的加油站应分别按附录 C（略）规定的加油流量检测气液比。气液比应每年至少检测 1 次，检测方法见附录 C（略）。

4.3.4　处理装置的油气排放质量浓度应小于等于 25 g/m³，排放口距地平面高度应不低于 4 m。排放浓度应每年至少检测 1 次，检测方法见附录 D（略）。

4.3.5 不同类型的在线监测系统，应按照评估或认证文件的规定进行校准检测。在线监测系统应每年至少校准检测 1 次，检测方法见附录 E（略）。

5 技术措施

5.1 卸油油气排放控制

5.1.1 应采用浸没式卸油方式，卸油管出油口距罐底高度应小于 200 mm。

5.1.2 卸油和油气回收接口应安装 DN 100 mm 的截流阀、密封式快速接头和帽盖，现有加油站已采取卸油油气排放控制措施但接口尺寸不符的可采用变径连接。

5.1.3 连接软管应采用 DN 100 mm 的密封式快速接头与卸油车连接，卸油后连接软管内不能存留残油。

5.1.4 所有油气管线排放口应按 GB 50156 的要求设置压力/真空阀。

5.1.5 连接排气管的地下管线应坡向油罐，坡度不小于 1%，管线直径不小于 DN 50 mm。

5.1.6 未采取加油和储油油气回收技术措施的加油站，卸油时应将量油孔和其他可能造成气体泄漏的部位密封，保证卸油产生的油气密闭置换到油罐汽车罐内。

5.2 储油油气排放控制

5.2.1 所有影响储油油气密闭性的部件，包括油气管线和所连接的法兰、阀门、快速接头以及其他相关部件都应保证在小于 750 Pa 时不漏气。

5.2.2 埋地油罐应采用电子式液位计进行汽油密闭测量，宜选择具有测漏功能的电子式液位测量系统。

5.2.3 应采用符合相关规定的溢油控制措施。

5.3 加油油气排放控制

5.3.1 加油产生的油气应采用真空辅助方式密闭收集。

5.3.2 油气回收管线应坡向油罐，坡度不应小于 1%。

5.3.3 新建、改建、扩建的加油站在油气管线覆土、地面硬化施工之前，应向管线内注入 10 L 汽油并检测液阻。

5.3.4 加油软管应配备拉断截止阀，加油时应防止溢油和滴油。

5.3.5 油气回收系统供应商应向有关设计单位、管理单位和使用单位提供技术评估报告、操作规程和其他相关技术资料。

5.3.6 应严格按规程操作和管理油气回收设施，定期检查、维护并记录备查。

5.3.7 当汽车油箱油面达到自动停止加油高度时，不应再向油箱内加油。

5.4 在线监测系统和处理装置

5.4.1　在线监测系统应能够监测气液比和油气回收系统压力，能够储存 1 年以上数据、远距离传输，具备预警、警告功能，通过数据能够分析油气回收系统的密闭性、油气回收管线的液阻和处理装置的运行情况。

5.4.2　在线监测的气液比日均值超出 0.9 至 1.3 范围应预警，若连续 7 d 预警应警告。在线监测前 7 d 的压力数据中有超过 25%的数值大于 700 Pa 应预警，若连续 7 d 预警应警告。环保部门在接到警告信息或通过数据分析发现油气回收系统的密闭性、油气回收管线的液阻和处理装置的运行有异常情况并需要确定是否符合排放标准时，应按本标准的规定进行检测。

5.4.3　处理装置启动运行的压力感应值建议设定在+150 Pa，停止运行的压力感应值建议设定在－150 Pa。

5.4.4　处理装置应符合国家有关噪声标准。

5.5　设备匹配和标准化连接

5.5.1　油气回收系统、处理装置、在线监测系统应采用标准化连接。

5.5.2　在进行包括加油油气排放控制在内的油气回收设计和施工时，无论是否安装处理装置或在线监测系统，均应同时将各种需要埋设的管线事先埋设。

6　标准实施

6.1　卸油油气排放控制标准实施区域和时限见表 3。

表 3　卸油油气排放控制标准实施区域和时限

地　区	实施日期
北京市、天津市、河北省设市城市	2008 年 5 月 1 日
长江三角洲设市城市[1]和珠江三角洲设市城市[2]	2010 年 1 月 1 日
其他设市城市	2012 年 1 月 1 日

1. 上海市、江苏省 8 个市、浙江省 7 个市，共 16 市。江苏省包括：南京市、苏州市、无锡市、常州市、镇江市、扬州市、泰州市、南通市；浙江省包括：杭州市、嘉兴市、湖州市、舟山市、绍兴市、宁波市、台州市。
2. 广州市、深圳市、珠海市、东莞市、中山市、江门市、佛山市、惠州市、肇庆市。

6.2　储油、加油油气排放控制标准实施区域和时限见表 4。

表 4　储油、加油油气排放控制标准实施区域和时限

地　区	实施日期
北京、天津全市范围，河北省设市城市建成区	2008 年 5 月 1 日

地　区	实施日期
上海、广州全市范围，其他长江三角洲设市城市建成区和珠江三角洲设市城市建成区，臭氧浓度监测超标城市建成区	2010 年 1 月 1 日
其他设市城市建成区	2015 年 1 月 1 日
同表 3 注。	

6.3　按照表 4 中储油、加油油气排放控制标准的实施区域和时限，位于城市建成区的加油站应安装处理装置。

6.4　按照表 4 中储油、加油油气排放控制标准的实施区域和时限，符合下列条件之一的加油站应安装在线监测系统：

　　　a）年销售汽油量大于 8 000 t 的加油站；

　　　b）臭氧浓度超标城市年销售汽油量大于 5 000 t 的加油站；

　　　c）省级环境保护局确定的其他需要安装在线监测系统的加油站。

6.5　省级人民政府可根据本地对环境质量的要求和经济技术条件提前实施，并报国家环境保护行政主管部门备案。

6.6　本标准由各级人民政府环境保护行政主管部门监督实施。

汽油运输大气污染物排放标准

（GB 20951—2007）

1　范围

本标准规定了油罐车在汽油运输过程中的油气排放限值、控制技术要求和检测方法。

本标准适用于油罐车在汽油运输过程中的油气排放管理。

2　规范性引用文件

本标准内容引用了下列文件中的条款。凡是不注日期的引用文件，其有效版本适用于本标准。

GB 18564.1　道路运输液体危险货物罐式车辆　第1部分：金属常压罐体技术要求

QC/T 653　运油车、加油车技术条件

JT/T 198　汽车等级评定的标准

TB/T 2234　铁道罐车通用技术条件

3　术语与定义

下列术语和定义适用于本标准。

3.1　油罐车　tank truck
专门用于运输汽油的油罐汽车和铁路罐车。

3.2　密封式快速接头　quick connect fitting
快速、严密的管道连接部件，实现两个系统的油品交接。

3.3　油气回收系统　vapor collecting system
油气回收系统包括：油气回收快速接头、帽盖、无缝钢管气体管线、弯头、管路箱、压力/真空阀、防溢流探头、气动阀、连接胶管等。

3.4　底部装卸油系统　bottom loading system
由气动底阀、无缝钢管、阀门、过滤网、密封式快速接头、帽盖及其他相关

部件组成的从油罐汽车罐体底部装卸油的系统。

3.5　压力/真空阀 pressure/vacuum valve

又称 P/V 阀、通气阀、机械呼吸阀，可调节罐体内外压差，使罐体内外气体相通的阀门。

3.6　油仓 compartment

罐体内带有液体密封的分隔空间。

3.7　防溢流探头 over-fill prevention probe

防止在装油过程中溢油的装置。

3.8　气动底阀 pneumatic bottom valve

安装在油罐汽车底部的气动阀门，主要用于紧急情况防止油品泄漏。

4　排放控制和限值

4.1　排放控制

4.1.1　油罐汽车应具备油气回收系统。装油时能够将汽车油罐内排出的油气密闭输入储油库回收系统；往返运输过程中能够保证汽油和油气不泄漏；卸油时能够将产生的油气回收到汽车油罐内。任何情况下不应因操作、维修和管理等方面的原因发生汽油泄漏。

4.1.2　油罐车油气回收系统应进行技术评估并出具报告，评估工作主要包括：调查分析技术资料；核实应具备的相关认证文件；按照标准规定的检测方法检测每种型号的车辆；列出油气回收系统设备清单。完成技术评估的单位应具备相应的资质，所提供的技术评估报告应经由国家有关主管部门审核批准。

4.2　排放限值

4.2.1　油罐汽车油气回收系统密闭性检测压力变动值应小于等于表 1 规定的限值，多仓油罐车的每个油仓都应进行检测。油气回收系统密闭性检测应每年至少进行 1 次，检测方法见附录 A（略）。

表 1　油罐汽车油气回收系统密闭性检测压力变动限值

单仓罐或多仓罐单个油仓的容积/L	5 min 后压力变动限值/kPa
≥9 500	0.25
5 500～9 499	0.38
3 799～5 499	0.50
≤3 800	0.65

4.2.2　油罐汽车油气回收管线气动阀门密闭性检测压力变动值应小于等于表 2 规定的限值。油气回收管线气动阀门密闭性检测应每年至少进行 1 次，检测方法见附录 A（略）。

表 2　油罐汽车油气回收管线气动阀门密闭性检测压力变动限值

罐体或单个油仓的容积/L	5 min 后压力变动限值/kPa
任何容积	1.30

4.2.3　防溢流探头应按专业检测技术规范，采用国家有关部门认证的检测仪器进行检测，并同时检测探头安装高度，每年至少检测 1 次。

4.2.4　油罐汽车罐体及各种阀门和管路系统渗透检测应按 GB 18564.1 和 QC/T 653 执行。

5　技术措施

5.1.1　油罐汽车应具备底部装卸油系统。

5.1.2　油罐汽车油气回收系统应采用 DN100 mm 的密封式快速接头和相应的气动底阀、无缝钢管、阀门、过滤网、弯头、胶管和帽盖等。

5.1.3　油罐汽车油气进出口、底部装卸油口的密封式快速接头应集中放置在管路箱内，油管路和气管路应安装固定支架，以增加强度。多仓油罐汽车应将各仓油气回收管路在罐顶并联后进入管路箱。

5.1.4　油罐汽车应配备与仓数对应的油气回收管线气动阀门、压力/真空阀和防溢流探头。防溢流探头安装高度的计算方法：以探头触点为水平面上的一点，水平面至罐顶的空间容量为罐车额定容量的 3%加上 0.227 m^3，根据空间容量和油罐车准确的容积轮廓尺寸计算防溢流探头的安装高度。

5.1.5　油罐汽车应符合 GB 18564.1、JT/T 198 等相关标准的技术规定。

5.1.6　铁路罐车应符合 TB/T 2234 等相关技术规定，并采取相应措施减少运输过程中的油气排放。

6　标准实施

6.1　油罐汽车油气排放控制标准实施区域和时限见表 3。

表 3　　油罐汽车油气排放控制标准实施区域和时限

地区	实施日期
北京市、天津市、河北省设市城市及其他地区承担上述城市汽油的油罐汽车	2008 年 5 月 1 日
长江三角洲和珠江三角洲设市城市注及其他地区承担上述城市汽油运送的油罐汽车	2010 年 1 月 1 日
其他设市城市及承担设市城市汽油运送的油罐汽车	2012 年 1 月 1 日

注：长江三角洲地区包括：上海市、江苏省 8 个市、浙江省 7 个市，共 16 市。江苏省 8 个市，包括：南京市、苏州市、无锡市、常州市、镇江市、扬州市、泰州市、南通市；浙江省 7 个市，包括：杭州市、嘉兴市、湖州市、舟山市、绍兴市、宁波市、台州市

珠江三角洲地区 9 个市，包括：广州市、深圳市、珠海市、东莞市、中山市、江门市、佛山市、惠州市、肇庆市

6.2　省级人民政府可根据本地对环境质量的要求和经济技术条件提前实施，并报国家环境保护行政主管部门。

6.3　本标准由各级人民政府环境保护行政主管部门监督实施。

稀土工业污染物排放标准

（GB 26451—2011）

1 适用范围

本标准规定了稀土工业企业或生产设施水污染物和大气污染物排放限值、监测和监控要求，以及标准的实施与监督等相关规定。

本标准适用于现有稀土工业企业的水污染物和大气污染物排放管理，以及稀土工业企业建设项目的环境影响评价、环境保护设施设计、竣工环境保护验收及其投产后的水污染物和大气污染物排放管理。

本标准不适用于稀土材料加工企业（或车间、系统）及附属于稀土工业企业的非特征生产工艺和装置。

本标准适用于法律允许的污染物排放行为。新设立污染源的选址和特殊保护区域内现有污染源的管理，按照《中华人民共和国大气污染防治法》、《中华人民共和国水污染防治法》、《中华人民共和国海洋环境保护法》、《中华人民共和国固体废物污染环境防治法》、《中华人民共和国放射性污染防治法》、《中华人民共和国环境影响评价法》等法律、法规、规章的相关规定执行。

本标准规定的水污染物排放控制要求适用于企业直接或间接向其法定边界外排放水污染物的行为。

2 规范性引用文件

本标准内容引用了下列文件或其中的条款。

GB/T 6768　水中微量铀的分析方法

GB/T 6920—1986　水质　pH 值的测定　玻璃电极法

GB/T 7466—1987　水质　总铬的测定

GB/T 7467—1987　水质　六价铬的测定　二苯碳酰二肼分光光度法

GB/T 7475—1987　水质　铜、锌、铅、镉的测定　原子吸收分光光度法

GB/T 7484—1987　水质　氟化物的测定　离子选择电极法

GB/T 7485—1987　水质　总砷的测定　二乙基二硫代氨基甲酸银分光光度法

GB/T 11224   水中钍的分析方法

GB/T 11743   土壤中放射性核素的γ能谱分析方法

GB/T 11893—1989   水质   总磷的测定   钼酸铵分光光度法

GB/T 11894—1989   水质   总氮的测定   碱性过硫酸钾消解紫外分光光度法

GB/T 11901—1989   水质   悬浮物的测定   重量法

GB/T 15432—1995   环境空气   总悬浮颗粒物的测定   重量法

GB/T 16157—1996   固定污染源排气中颗粒物测定与气态污染物采样方法

GB/T 16488—1996   水质   石油类和动植物油的测定   红外光度法

GB/T 18871   电离辐射防护与辐射源安全基本标准

HJ/T 27—1999   固定污染源排气中氯化氢的测定   硫氰酸汞分光光度法

HJ/T 30—1999   固定污染源排气中氯气的测定   甲基橙分光光度法

HJ/T 42—1999   固定污染源排气中氮氧化物的测定   紫外分光光度法

HJ/T 43—1999   固定污染源排气中氮氧化物的测定   盐酸萘乙二胺分光光度法

HJ/T 55   大气污染物无组织排放监测技术导则

HJ/T 56—2000   固定污染源排气中二氧化硫的测定   碘量法

HJ/T 57—2000   固定污染源排气中二氧化硫的测定   定电位电解法

HJ/T 67—2001   大气固定污染源   氟化物的测定   离子选择电极法

HJ/T 70—2001   高氯废水   化学需氧量的测定   氯气校正法

HJ/T 75   固定污染源烟气排放连续监测技术规范（试行）

HJ/T 132—2003   高氯废水   化学需氧量的测定   碘化钾碱性高锰酸钾法

HJ/T 195—2005   水质   氨氮的测定   气相分子吸收光谱法

HJ/T 199—2005   水质   总氮的测定   气相分子吸收光谱法

HJ 479—2009   环境空气   氮氧化物（一氧化氮和二氧化氮）的测定   盐酸萘乙二胺分光光度法

HJ 480—2009   环境空气   氟化物的测定   滤膜采样氟离子选择电极法

HJ 481—2009   环境空气   氟化物的测定   石灰滤纸采样氟离子选择电极法

HJ 482—2009   环境空气   二氧化硫的测定   甲醛吸收-副玫瑰苯胺分光光度法

HJ 483—2009   环境空气   二氧化硫的测定   四氯汞盐吸收-副玫瑰苯胺分光光度法

HJ 487—2009   水质   氟化物的测定   茜素磺酸锆目视比色法

HJ 488—2009   水质   氟化物的测定   氟试剂分光光度法

HJ 535—2009　水质　氨氮的测定　纳氏试剂分光光度法

HJ 536—2009　水质　氨氮的测定　水杨酸分光光度法

HJ 537—2009　水质　氨氮的测定　蒸馏-中和滴定法

HJ 544—2009　固定污染源废气　硫酸雾的测定　离子色谱法（暂行）

HJ 547—2009　固定污染源废气　氯气的测定　碘量法（暂行）

HJ 548—2009　固定污染源废气　氯化氢的测定　硝酸银容量法（暂行）

HJ 549—2009　空气和废气　氯化氢的测定　离子色谱法（暂行）

《污染源自动监控管理办法》（国家环境保护总局令　第 28 号）

《环境监测管理办法》（国家环境保护总局令　第 39 号）

3　术语和定义

下列术语与定义适用于本标准。

3.1　稀土　rare earths

元素周期表中原子序数从 57 到 71 的镧系元素，即镧（La）、铈（Ce）、镨（Pr）、钕（Nd）、钷（Pm）、钐（Sm）、铕（Eu）、钆（Gd）、铽（Tb）、镝（Dy）、钬（Ho）、铒（Er）、铥（Tm）、镱（Yb）、镥（Lu）和原子序数为 21 的钪（Sc）、39 的钇（Y）共 17 个元素的总称，通常用符号 RE 表示，是化学性质相似的一组元素。

3.2　稀土工业企业　rare earths industry

指生产稀土精矿或稀土富集物、稀土化合物、稀土金属、稀土合金中任一种或数种产品的企业。

3.3　稀土采矿　rare earths mining

指以露天开采或地下开采方式从矿床中采出稀土原矿的过程。本标准不包括采用溶液浸矿方式直接从稀土矿床浸出或堆浸获得离子型稀土浸取液的过程。

3.4　稀土选矿　rare earths mineral processing

指根据稀土原矿中有用矿物和脉石的物理化学性质，对有用矿物与脉石或有害物质进行分离生产稀土精矿的过程，以及从溶液浸矿获得的稀土浸取液中通过化学方法生产稀土富集物的过程。

3.5　稀土冶炼　rare earths metallurgy

以稀土精矿或含稀土的物料为原料，含有分解提取、分组、分离、金属及合金制取工艺中至少一步生产稀土化合物、稀土金属或稀土合金的过程。

3.6　分解提取生产工艺　decomposition and extraction

以稀土精矿或含稀土的物料为原料，经过焙烧或酸、碱等分解手段生产混合稀土化合物的过程。

3.7　稀土分组、分离生产工艺　rare earths separation and purification

以混合稀土化合物为原料，通过溶剂萃取、离子交换、萃取色层、氧化还原、结晶沉淀等分离提纯手段生产单一稀土化合物或稀土富集物（包括稀土氯化物、稀土硝酸盐、稀土碳酸盐、稀土磷酸盐、稀土草酸盐、稀土氢氧化物、稀土氧化物等）的过程。本标准包括将不溶性稀土盐类化合物经洗涤、煅烧制备稀土氧化物或其他化合物的过程。

3.8　稀土金属及合金生产工艺　rare earths metal and its alloy preparation

以单一或混合稀土化合物为原料，采用电解法、金属热还原法或其他方法制得稀土金属及稀土合金的过程。

3.9　稀土氧化物　rare earths oxide

稀土元素和氧元素结合生成的化合物总称，通常用符号 REO 表示。

3.10　稀土硅铁合金　rare earths ferrosilicon alloy

由稀土元素与其他元素，如钙、锰、铝等组成的含硅的铁合金。

3.11　特征生产工艺和装置　typical processing and facility

指稀土的采矿、选矿、冶炼的生产工艺和装置以及与这些工艺相关的污染物治理工艺和装置。

3.12　现有企业　existing facility

指本标准实施之日前已建成投产或环境影响评价文件已通过审批的稀土工业企业及生产设施。

3.13　新建企业　new facility

指本标准实施之日起环境影响评价文件通过审批的新建、改建和扩建的稀土工业建设项目。

3.14　企业边界　enterprise boundary

指稀土工业企业的法定边界。若无法定边界，则指实际边界。

3.15　标准状态　standard condition

指温度为 273.15 K、压力为 101 325 Pa 时的状态。本标准规定的大气污染物排放浓度限值均以标准状态下的干气体为基准。

3.16　排水量　effluent volume

指稀土工业生产设施或企业向企业法定边界以外排放的废水的量，包括与生产有直接或间接关系的各种外排废水（如厂区生活污水、冷却废水、厂区锅炉和电站排水等）。

3.17　排气量　exhaust volume

指稀土工业生产工艺和装置排入环境空气的废气量，包括与生产工艺和装置有直接或间接关系的各种外排废气。

3.18 单位产品基准排水量 benchmark effluent volume per unit product
指用于核定水污染物排放浓度而规定的生产单位产品的废水排放量上限值。

3.19 单位产品基准排气量 banchmark exhaust volume per unit product
指用于核定大气污染物排放浓度而规定的生产单位产品的废气排放量上限值。

3.20 排气筒高度 stack height
指自排气筒（或其主体建筑构造）所在的地平面至排气筒出口计的高度。

3.21 含钍、铀粉尘 uranium and thorium dust
指天然钍、铀含量大于 1‰ 的粉尘。

3.22 直接排放 direct discharge
指排污单位直接向环境排放水污染物的行为。

3.23 间接排放 indirect discharge
指排污单位向公共污水处理系统排放水污染物的行为。

3.24 公共污水处理系统 public wastewater treatment system
指通过纳污管道等方式收集废水，为两家以上排污单位提供废水处理服务并且排水能够达到相关排放标准要求的企业或机构，包括各种规模和类型的城镇污水处理厂、区域（包括各类工业园区、开发区、工业聚集地等）废水处理厂等，其废水处理程度应达到二级或二级以上。

4 污染物排放控制要求

4.1 水污染物排放控制要求（略）

4.2 大气污染物排放控制要求

4.2.1 自 2012 年 1 月 1 日起至 2013 年 12 月 31 日止，现有企业执行表 4 规定的大气污染物排放限值。

表 4 现有企业大气污染物排放浓度限值　　　　单位：mg/m³

序号	污染物项目	生产工艺及设备	限值	污染物排放监控位置
1	二氧化硫	分解提取	500	车间或生产设施排气筒
2	硫酸雾	分解提取	45	
3	颗粒物	采选	80	
		分解提取	50	
		萃取分组、分离	50	
		金属及合金制取	60	
		稀土硅铁合金	60	

序号	污染物项目	生产工艺及设备	限值	污染物排放监控位置
4	氟化物	分解提取	9	车间或生产设施排气筒
		金属及合金制取	7	
		稀土硅铁合金	7	
5	氯气	分解提取	30	
		萃取分组、分离	30	
		金属及合金制取	50	
6	氯化氢	分解提取	60	
		萃取分组、分离	80	
7	氮氧化物	分解提取（焙烧）	240	
		萃取分组、分离（煅烧）	200	
8*	钍、铀总量	全部	0.10	
单位产品基准排气量	选矿（以原矿计）	m^3/t	300	排气量计量位置与污染物排放监控位置相同
	分解提取（以 REO 计）	m^3/t	25 000	
	萃取分组、分离（以 REO 计）	m^3/t	30 000	
	金属及合金制取	m^3/t	25 000	

* 排放含钍、铀粉尘废气的排气筒执行该项限值。

4.2.2　自 2014 年 1 月 1 日起，现有企业执行表 5 规定的大气污染物排放限值。

4.2.3　自 2011 年 10 月 1 日起，新建企业执行表 5 规定的大气污染物排放限值。

表 5　新建企业大气污染物排放浓度限值　　　　单位：mg/m^3

序号	污染物项目	生产工艺及设备	限值	污染物排放监控位置
1	二氧化硫	分解提取	300	车间或生产设施排气筒
2	硫酸雾	分解提取	35	
3	颗粒物	采选	50	
		分解提取	40	
		萃取分组、分离	40	
		金属及合金制取	50	
		稀土硅铁合金	50	
4	氟化物	分解提取	7	
		金属及合金制取	5	
		稀土硅铁合金	5	
5	氯气	分解提取	20	
		萃取分组、分离	20	
		金属及合金制取	30	

序号	污染物项目	生产工艺及设备	限值	污染物排放监控位置
6	氯化氢	分解提取	40	车间或生产设施排气筒
		萃取分组、分离	50	
7	氮氧化物	分解提取（焙烧）	200	
		萃取分组、分离（煅烧）	160	
8*	钍、铀总量	全部	0.10	
单位产品基准排气量	选矿（以原矿计）	m³/t	300	排气量计量位置与污染物排放监控位置相同
	分解提取（以 REO 计）	m³/t	25 000	
	萃取分组、分离（以 REO 计）	m³/t	30 000	
	金属及合金制取	m³/t	25 000	

* 排放含钍、铀粉尘废气的排气筒执行该项限值。

4.2.4　企业边界大气污染物任何 1 h 平均浓度执行表 6 规定的浓度限值。

表 6　现有企业和新建企业边界大气污染物浓度限值　　　　单位：mg/m³

序号	污染物项目	限值
1	二氧化硫	0.40
2	硫酸雾	1.2
3	颗粒物	1.0
4	氟化物	0.02
5	氯气	0.40
6	氯化氢	0.20
7	氮氧化物	0.12
8*	钍、铀总量	0.002 5

* 排放含钍、铀粉尘废气的企业执行该项限值。

4.2.5　在现有企业生产、建设项目竣工环保验收后的生产过程中，负责监管的环境保护主管部门应对周围居住、教学、医疗等用途的敏感区域环境质量进行监测。建设项目的具体监控范围为环境影响评价确定的周围敏感区域；未进行过环境影响评价的现有企业，监控范围由负责监管的环境保护主管部门，根据企业排污的特点和规律及当地的自然、气象条件等因素，参照相关环境影响评价技术导则确定。地方政府应对本辖区环境质量负责，采取措施确保环境状况符合环境质量标准要求。

4.2.6　大气污染物排放浓度限值适用于单位产品实际排气量不高于单位产品基准排气量的情况。若单位产品实际排气量超过单位产品基准排气量，须将实测大气污染物浓度换算为大气污染物基准气量排放浓度，并以大气污染物基准气量排放浓度作为判定排放是否达标的依据。大气污染物基准气量排放浓度的换算，可参照式（1）。排气量统计周期为一个工作日。

4.2.7 产生大气污染物的生产工艺和装置必须设立局部或整体气体收集系统和净化处理装置，达标排放。所有排气筒高度应不低于 15 m（排放含氯气、氯化氢废气的排气筒高度不得低于 25 m）。排气筒周围半径 200 m 范围内有建筑物时，排气筒高度还应高出最高建筑物 3 m 以上。

5 污染物监测要求

5.1 污染物监测的一般要求

5.1.1 对企业排放废水和废气的采样，应根据监测污染物的种类，在规定的污染物排放监控位置进行，有废水和废气处理设施的，应在处理设施后监控。在污染物排放监控位置须设置永久性排污口标志。

5.1.2 新建企业和现有企业安装污染物排放自动监控设备的要求，按有关法律和《污染源自动监控管理办法》的规定执行。

5.1.3 对企业污染物排放情况进行监测的频次、采样时间等要求，按国家有关污染源监测技术规范的规定执行。排放重金属污染物的企业应建立特征污染物的日监测制度。

5.1.4 企业产品产量的核定，以法定报表为依据。

5.1.5 企业须按照有关法律和《环境监测管理办法》的规定，对排污状况进行监测，并保存原始监测记录。

5.2 水污染物监测要求

5.3 大气污染物监测要求

5.3.1 采样点的设置与采样方法按 GB 16157—1996 和 HJ/T 75 的规定执行。

5.3.2 在有敏感建筑物方位、必要的情况下进行无组织排放监控，具体要求按 HJ/T 55—2000 进行监测。

5.3.3 对企业排放大气污染物浓度的测定采用表 7 所列的方法标准。

表 7 大气污染物浓度测定方法标准

序号	污染物项目	方法标准名称	方法标准编号
1	二氧化硫	固定污染源排气中二氧化硫的测定 碘量法	HJ/T 56—2000
		固定污染源排气中二氧化硫的测定 定电位电解法	HJ/T 57—2000
		环境空气 二氧化硫的测定 甲醛吸收-副玫瑰苯胺分光光度法	HJ 482—2009
		环境空气 二氧化硫的测定 四氯汞盐吸收-副玫瑰苯胺分光光度法	HJ 483—2009

序号	污染物项目	方法标准名称	方法标准编号
2	硫酸雾	固定污染源废气　硫酸雾的测定　离子色谱法（暂行）	HJ 544—2009
3	颗粒物	固定污染源排气中颗粒物测定与气态污染物采样方法	GB/T 16157—1996
		环境空气　总悬浮颗粒物的测定　重量法	GB/T 15432—1995
4	氟化物	大气固定污染源　氟化物的测定　离子选择电极法	HJ/T 67—2001
		环境空气　氟化物的测定　滤膜采样氟离子选择电极法	HJ 480—2009
		环境空气　氟化物的测定　石灰滤纸采样氟离子选择电极法	HJ 481—2009
5	氯气	固定污染源排气中氯气的测定　甲基橙分光光度法	HJ/T 30—1999
		固定污染源废气　氯气的测定　碘量法（暂行）	HJ 547—2009
6	氯化氢	固定污染源排气中氯化氢的测定　硫氰酸汞分光光度法	HJ/T 27—1999
		固定污染源废气　氯化氢的测定　硝酸银容量法（暂行）	HJ 548—2009
		空气和废气　氯化氢的测定　离子色谱法（暂行）	HJ 549—2009
7	氮氧化物	固定污染源排气中氮氧化物的测定　紫外分光光度法	HJ/T 42—1999
		固定污染源排气中氮氧化物的测定　盐酸萘乙二胺分光光度法	HJ/T 43—1999
		环境空气　氮氧化物（一氧化氮和二氧化氮）的测定　盐酸萘乙二胺分光光度法	HJ 479—2009
8	颗粒物中钍、铀	土壤中放射性核素的γ能谱分析方法	GB/T 11743

6　标准实施与监督

6.1　本标准由县级以上人民政府环境保护行政主管部门负责监督实施。

6.2　在任何情况下，企业均应遵守本标准的污染物排放控制要求，采取必要措施保证污染防治设施正常运行。各级环保部门在对设施进行监督性检查时，可以现场即时采样或监测的结果，作为判定排污行为是否符合排放标准以及实施相关环境保护管理措施的依据。在发现设施耗水或排水量、排气量有异常变化的情况下，应核定企业的实际产品产量、排水量和排气量，按本标准的规定，换算水污染物基准水量排放浓度和大气污染物基准气量排放浓度。

钒工业污染物排放标准

（GB 26452—2011）

1　适用范围

本标准规定了钒工业企业特征生产工艺和装置水污染物和大气污染物的排放限值、监测和监控要求，以及标准的实施与监督等相关规定。

本标准适用于现有钒工业企业水和大气污染物排放管理，以及钒工业企业建设项目的环境影响评价、环境保护设施设计、竣工环境保护验收及其投产后的水、大气污染物排放管理。

本标准适用于法律允许的污染物排放行为；新设立污染源的选址和特殊保护区域内现有污染源的管理，按照《中华人民共和国水污染防治法》、《中华人民共和国大气污染防治法》、《中华人民共和国海洋环境保护法》、《中华人民共和国固体废物污染环境防治法》、《中华人民共和国放射性污染防治法》、《中华人民共和国环境影响评价法》等法律、法规、规章的相关规定执行。

本标准规定的水污染物排放控制要求适用于企业直接或间接向其法定边界外排放水污染物的行为。

2　规范性引用文件

本标准内容引用了下列文件或其中的条款。

GB 6920—86　水质　pH 值的测定　玻璃电极法

GB 7466—87　水质　总铬的测定

GB 7467—87　水质　六价铬的测定　二苯碳酰二肼分光光度法

GB 7469—87　水质　总汞的测定　高锰酸钾-过硫酸钾消解法　双硫腙分光光度

GB 7470—87　水质　铅的测定　双硫腙分光光度法

GB 7471—87　水质　镉的测定　双硫腙分光光度法

GB 7472—87　水质　锌的测定　双硫腙分光光度法

GB 7475—87　水质　铜、锌、铅、镉的测定　原子吸收分光光度法

GB 7485—87　水质　总砷的测定　二乙基二硫代氨基钾酸银分光光度法

GB 11893—89　水质　总磷的测定　钼酸铵分光光度法

GB 11894—89　水质　总氮的测定　碱性过硫酸钾消解紫外分光光度法

GB 11896—89　水质　氯化物的测定　硝酸银滴定法

GB 11901—89　水质　悬浮物的测定　重量法

GB 11914—89　水质　化学需氧量的测定　重铬酸盐法

GB/T 14673—1995　水质　钒的测定　石墨炉原子吸收分光光度法

GB/T 15264—94　环境空气　铅的测定　火焰原子吸收分光光度法

GB/T 15432—1995　环境空气　总悬浮颗粒物的测定　重量法

GB/T 15503—1995　水质　钒的测定　钽试剂（BPHA）萃取分光光度法

GB/T 16157—1996　固定污染源排气中颗粒物测定与气态污染物采样方法

GB/T 16488—1996　水质　石油类和动植物油的测定　红外光度法

GB/T 16489—1996　水质　硫化物的测定　亚甲基蓝分光光度法

GB 18871—2002　电离辐射防护与辐射源安全基本标准

HJ/T 27—1999　固定污染源排气中氯化氢的测定　硫氰酸汞分光光度法

HJ/T 30—1999　固定污染源排气中氯气的测定　甲基橙分光光度法

HJ/T 55—2000　大气污染物无组织排放监测技术导则

HJ/T 56—2000　固定污染源排气中二氧化硫的测定　碘量法

HJ/T 57—2000　固定污染源排气中二氧化硫的测定　定电位电解法

HJ/T 60—2000　水质　硫化物的测定　碘量法

HJ/T 195—2005　水质　氨氮的测定　气相分子吸收光谱法

HJ/T 199—2005　水质　总氮的测定　气相分子吸收光谱法

HJ/T 200—2005　水质　硫化物的测定　气相分子吸收光谱法

HJ/T 343—2007　水质　氯化物的测定　硝酸汞滴定法

HJ/T 399—2007　水质　化学需氧量的测定　快速消解分光光度法

HJ 482—2009　环境空气　二氧化硫的测定　甲醛吸收-副玫瑰苯胺分光光度法

HJ 483—2009　环境空气　二氧化硫的测定　四氯汞盐吸收-副玫瑰苯胺分光光度法

HJ 485—2009　水质　铜的测定　二乙基二硫代氨基甲酸钠分光光度法

HJ 486—2009　水质　铜的测定　2,9-二甲基-1,10-菲啰啉分光光度法

HJ 535—2009　水质　氨氮的测定　纳氏试剂分光光度法

HJ 536—2009　水质　氨氮的测定　水杨酸分光光度法

HJ 537—2009　水质　氨氮的测定　蒸馏-中和滴定法

HJ 544—2009　固定污染源废气　硫酸雾的测定　离子色谱法（暂行）

HJ 547—2009　固定污染源废气　氯气的测定　碘量法（暂行）

HJ 548—2009　固定污染源废气　氯化氢的测定　硝酸银容量法（暂行）

HJ 549—2009　空气和废气　氯化氢的测定　离子色谱法（暂行）

HJ 538—2009　固定污染源废气　铅的测定　火焰原子吸收分光光度法（暂行）

HJ 539—2009　环境空气　铅的测定　石墨炉原子吸收分光光度法（暂行）

HJ 597—2011　水质　总汞的测定　冷原子吸收分光光度法

《污染源自动监控管理办法》（国家环境保护总局令　第 28 号）

《环境监测管理办法》（国家环境保护总局令　第 39 号）

3　术语和定义

下列术语和定义适用于本标准。

3.1　钒工业企业　vanadium industrial enterprise

指以钒渣、石煤、含钒固废或其他含钒二次资源为原料生产 V_2O_3、V_2O_5 等氧化钒的企业。

3.2　特征生产工艺和装置　typical processing and facility

指：（1）以焙烧、浸出、沉淀和熔化为主要工序的 V_2O_5 生产工艺与装置；

（2）以焙烧、浸出、沉淀和还原为主要工序的 V_2O_3 生产工艺与装置；

（3）与这些生产工艺有关的水和大气污染物治理与综合利用等装置。

3.3　现有企业　existing facility

指本标准实施之日前，已建成投产或环境影响评价文件已通过审批的钒工业生产企业或生产设施。

3.4　新建企业　new facility

指本标准实施之日起环境影响评价文件通过审批的新建、改建、扩建的钒工业建设项目。

3.5　公共污水处理系统　public wastewater treatment system

指通过纳污管道等方式收集废水，为两家以上排污单位提供废水处理服务并且排水能够达到相关排放标准要求的企业或机构，包括各种规模和类型的城镇污水处理厂、区域（包括各类工业园区、开发区、工业聚集地等）废水处理厂等，其废水处理程度应达到二级或二级以上。

3.6　直接排放　direct discharge

指排污单位直接向环境排放水污染物的行为。

3.7　间接排放　indirect discharge

指排污单位向公共污水处理系统排放水污染物的行为。

3.8　排水量　effluent volume

指生产设施或企业向企业边界以外排放的废水的量，包括与生产有直接或间接关系的各种外排废水（如厂区生活污水、冷却废水、厂区锅炉和电站排水等）。

3.9　单位产品基准排水量　benchmark effluent volume per unite product

指用于核定水污染物排放浓度而规定的生产单位氧化钒产品的排水量上限值。

3.10　排气筒高度　stack height

指自排气筒（或其主体建筑构造）所在的地平面至排气筒出口计的高度。

3.11　标准状态　standard condition

指温度为 273.15 K、压力为 101 325 Pa 时的状态。本标准规定的大气污染物排放浓度限值均以标准状态下的干气体为基准。

3.12　排气量　exhaust volume

指钒工业生产工艺和装置排入环境空气的废气量，包括与生产工艺和装置有直接或间接关系的各种外排废气（如环境集烟等）。

3.13　单位产品基准排气量　benchmark exhaust volume per unite product

指用于核定大气污染物排放浓度而规定的生产单位氧化钒产品的排气量上限值。

3.14　过量空气系数　excess air coefficient

指工业炉窑运行时实际空气量与理论空气需要量的比值。

3.15　企业边界　enterprise boundary

指钒工业企业的法定边界。若无法定边界，则指实际边界。

4　污染物排放控制要求

4.1　水污染物排放控制要求（略）

4.2　大气污染物排放控制要求

4.2.1　自 2012 年 1 月 1 日起至 2012 年 12 月 31 日止，现有企业执行表 4 规定的大气污染物排放限值。

表4   现有企业大气污染物排放浓度限值及单位产品基准排气量

单位：mg/m³

序号	生产过程	工艺或工序	污染物名称及排放限值						污染物排放监控位置
			二氧化硫	颗粒物	氯化氢	硫酸雾	氯气	铅及其化合物	
1	原料预处理	破碎、筛分、混配料、球磨、制球、原料输送等装置及料仓	—	100	—	—	—	0.7	
2	焙烧	焙烧炉/窑	700	100	100	—	65	1.5	
3	沉淀	沉淀池/罐	—	—	—	35	—	0.7	
4	熔化（制取V₂O₅）	熔化炉	700	100	100	—	65	1.5	车间或生产设施排气筒
5	干燥（制取V₂O₃）	干燥炉/窑	700	100	—	—	—	1.5	
6	还原（制取V₂O₃）	还原炉/窑	700	100	—	—	—	1.5	
7	熟料输送及储运	熟料仓、卸料点等	—	100	—	—	—	0.7	
8	其他	—	—	100	—	—	—	0.7	
单位产品（V₂O₅ 或 V₂O₃）基准排气量/（m³/t）			150 000						车间或生产设施排气筒

注：浸出过程产生的含碱蒸汽必须经过吸收净化，吸收液循环利用后进入废水处理系统。

4.2.2   现有企业自 2013 年 1 月 1 日起执行表 5 规定的大气污染物排放限值。

4.2.3   新建企业自 2011 年 10 月 1 日起执行表 5 规定的大气污染物排放限值。

表5   新建企业大气污染物排放浓度限值及单位产品基准排气量

单位：mg/m³

序号	生产过程	工艺或工序	污染物名称及排放限值						污染物排放监控位置
			二氧化硫	颗粒物	氯化氢	硫酸雾	氯气	铅及其化合物	
1	原料预处理	破碎、筛分、混配料、球磨、制球、原料输送等装置及料仓	—	50	—	—	—	0.5	车间或生产设施排气筒
2	焙烧	焙烧炉/窑	400	50	80	—	50	1.0	

序号	生产过程	工艺或工序	污染物名称及排放限值						污染物排放监控位置
			二氧化硫	颗粒物	氯化氢	硫酸雾	氯气	铅及其化合物	
3	沉淀	沉淀池/罐	—	—	—	20	—	0.5	车间或生产设施排气筒
4	熔化（制取 V_2O_5）	熔化炉	400	50	80	—	50	1.0	
5	干燥（制取 V_2O_3）	干燥炉/窑	400	50	—	—	—	1.0	
6	还原（制取 V_2O_3）	还原炉/窑	400	50	—	—	—	1.0	
7	熟料输送及储运	熟料仓、卸料点等	—	50	—	—	—	0.5	
8	其他		—	50	—	—	—	0.7	
单位产品（V_2O_5 或 V_2O_3）基准排气量/（m^3/t）			130 000						车间或生产设施排气筒

注：浸出过程产生的含碱蒸汽必须经过吸收净化，吸收液循环利用后进入废水处理系统。

4.2.4　企业边界大气污染物任何 1 h 平均浓度执行表 6 规定的限值。

表 6　现有和新建企业边界大气污染物浓度限值

单位：mg/m³

序号	污染物	最高浓度限值
1	二氧化硫	0.3
2	颗粒物	0.5
3	氯化氢	0.15
4	硫酸雾	0.3
5	氯气	0.02
6	铅及其化合物	0.006

4.2.5　在现有企业生产、建设项目竣工环保验收及其后的生产过程中，负责监管的环境保护行政主管部门，应对周围居住、教学、医疗等用途的敏感区域环境空气质量进行监测，并采取措施保证空气中污染物浓度符合环境质量标准的要求。建设项目的具体监控范围为环境影响评价确定的周围敏感区域；未进行过环境影响评价的现有企业，监控范围由负责监管的环境保护行政主管部门，根据企业排污的特点和规律及当地的自然、气象条件等因素，参照相关环境影响评价技术导

则，因地制宜地予以确定。

4.2.6 产生大气污染物的生产工艺和装置必须设立局部或整体气体收集系统和集中处理装置，达标排放。所有排气筒高度应不低于 30 m。排气筒周围半径 200 m 范围内有建筑物时，排气筒高度还应高出最高建筑物 3 m 以上。

4.2.7 炉窑基准过量空气系数为 1.6，实测炉窑的大气污染物排放浓度，应换算为基准过量空气系数排放浓度。生产设施应采取合理的通风措施，不得故意稀释排放，若单位产品实际排气量超过单位产品基准排气量，须将实测大气污染物浓度换算为大气污染物基准气量排放浓度，并以大气污染物基准气量排放浓度作为判定排放是否达标的依据。大气污染物基准气量排放浓度的换算，可参照采用水污染物基准水量排放浓度的计算公式。在国家未规定其他生产设施单位产品基准排气量之前，暂以实测浓度作为判定是否达标的依据。

5 污染物监测要求

5.1 污染物监测的一般要求

5.1.1 对企业排放废水和废气的采样，应根据监测污染物的种类、在规定的污染物排放监控位置进行，有废水和废气处理设施的，应在处理设施后监控。在污染物排放监控位置须设置永久性排污口标志。

5.1.2 新建企业和现有企业安装污染物排放自动监控设备的要求，按有关法律和《污染源自动监控管理办法》的规定执行。

5.1.3 对企业污染物排放情况进行监测的频次、采样时间等要求，按国家有关污染源监测技术规范的规定执行。

5.1.4 企业产品产量的核定，以法定报表为依据。

5.1.5 企业应按照有关法律和《环境监测管理办法》的规定，对排污状况进行监测，并保存原始监测记录。

5.2 水污染物监测要求（略）

5.3 大气污染物监测要求

5.3.1 采样点的设置与采样方法按 GB/T 16157—1996 执行。

5.3.2 在有敏感建筑物方位、必要的情况下进行监控，具体要求按 HJ/T 55—2000 进行监测。

5.3.3 对企业排放大气污染物浓度的测定采用表 8 所列的方法标准。

表 8　大气污染物浓度测定方法标准

序号	污染物项目	方法标准名称	方法标准编号
1	二氧化硫	固定污染源排气中二氧化硫的测定　碘量法	HJ/T 56—2000
		固定污染源排气中二氧化硫的测定　定电位电解法	HJ/T 57—2000
		环境空气　二氧化硫的测定　甲醛吸收-副玫瑰苯胺分光光度法	HJ 482—2009
		环境空气　二氧化硫的测定　四氯汞盐吸收-副玫瑰苯胺分光光度法	HJ 483—2009
2	颗粒物	固定污染源排气中颗粒物测定与气态污染物采样方法	GB/T 16157—1996
		环境空气　总悬浮颗粒物的测定　重量法	GB/T 15432—1995
3	氯化氢	固定污染源排气中氯化氢的测定　硫氰酸汞分光光度法	HJ/T 27—1999
		固定污染源废气　氯化氢的测定　硝酸银容量法（暂行）	HJ 548—2009
		空气和废气　氯化氢的测定　离子色谱法（暂行）	HJ 549—2009
4	硫酸雾	固定污染源废气　硫酸雾的测定　离子色谱法（暂行）	HJ 544—2009
5	氯气	固定污染源排气中氯气的测定　甲基橙分光光度法	HJ/T 30—1999
		固定污染源废气　氯气的测定　碘量法（暂行）	HJ 547—2009
6	铅及其化合物	环境空气　铅的测定　火焰原子吸收分光光度法	GB/T 15264—94
		固定污染源废气　铅的测定　火焰原子吸收分光光度法（暂行）	HJ 538—2009
		环境空气　铅的测定　石墨炉原子吸收分光光度法（暂行）	HJ 539—2009

6　标准实施与监督

6.1　本标准由县级以上人民政府环境保护行政主管部门负责监督实施。

6.2　在任何情况下，企业均应遵守本标准的污染物排放控制要求，采取必要措施保证污染防治设施正常运行。各级环保部门在对设施进行监督性检查时，可以现场即时采样或监测的结果，作为判定排污行为是否符合排放标准以及实施相关环境保护管理措施的依据。在发现设施耗水或排水量、排气量有异常变化的情况下，应核定企业的实际产品产量、排水量和排气量，按本标准的规定，换算水污染物基准排水量排放浓度和大气污染物基准气量排放浓度。

平板玻璃工业大气污染物排放标准

（GB 26453—2011）

1　适用范围

本标准规定了平板玻璃制造企业或生产设施的大气污染物排放限值、监测和监控要求，以及标准实施与监督等相关规定。

本标准适用于现有平板玻璃制造企业或生产设施的大气污染物排放管理。

本标准适用于对平板玻璃工业建设项目的环境影响评价、环境保护设施设计、竣工环境保护验收及其投产后的大气污染物排放管理。电子玻璃工业太阳能电池玻璃（薄膜太阳能电池用基板玻璃、晶体硅太阳能电池用封装玻璃等）生产中的大气污染物排放控制适用本标准。

本标准适用于法律允许的污染物排放行为。新设立污染源的选址和特殊保护区域内现有污染源的管理，按照《中华人民共和国大气污染防治法》、《中华人民共和国水污染防治法》、《中华人民共和国海洋环境保护法》、《中华人民共和国固体废物污染环境防治法》、《中华人民共和国环境影响评价法》等法律、法规、规章的相关规定执行。

2　规范性引用文件

本标准内容引用了下列文件或其中的条款。

GB/T 15432—1995　环境空气　总悬浮颗粒物的测定　重量法

GB/T 16157—1996　固定污染源排气中颗粒物测定与气态污染物采样方法

HJ/T 27—1999　固定污染源排气中氯化氢的测定　硫氰酸汞分光光度法

HJ/T 42—1999　固定污染源排气中氮氧化物的测定　紫外分光光度法

HJ/T 43—1999　固定污染源排气中氮氧化物的测定　盐酸萘乙二胺分光光度法

HJ/T 55—2000　大气污染物无组织排放监测技术导则

HJ/T 56—2000　固定污染源排气中二氧化硫的测定　碘量法

HJ/T 57—2000　固定污染源排气中二氧化硫的测定　定电位电解法

HJ/T 65—2001 大气固定污染源 锡的测定 石墨炉原子吸收分光光度法

HJ/T 67—2001 大气固定污染源 氟化物的测定 离子选择电极法

HJ/T 75—2007 固定污染源烟气排放连续监测技术规范（试行）

HJ/T 76—2007 固定污染源烟气排放连续监测系统技术要求及检测方法（试行）

HJ/T 397—2007 固定源废气监测技术规范

HJ/T 398—2007 固定污染源排放烟气黑度的测定 林格曼烟气黑度图法

HJ 548—2009 固定污染源废气 氯化氢的测定 硝酸银容量法（暂行）

HJ 549—2009 环境空气和废气 氯化氢的测定 离子色谱法（暂行）

《污染源自动监控管理办法》（国家环境保护总局令 第 28 号）

《环境监测管理办法》（国家环境保护总局令 第 39 号）

3 术语和定义

下列术语和定义适用于本标准。

3.1 平板玻璃 flat glass

板状的硅酸盐玻璃。

3.2 平板玻璃工业 flat glass industry

采用浮法、平拉（含格法）、压延等工艺制造平板玻璃的工业。

3.3 玻璃熔窑 glass furnace

熔制玻璃的热工设备，由钢结构和耐火材料砌筑而成。

3.4 冷修 cold repair

玻璃熔窑停火冷却后进行大修的过程。

3.5 纯氧燃烧 oxygen-fuel combustion

助燃气体含氧量大于等于 90%的燃烧方式。

3.6 大气污染物排放浓度 emission concentration of air pollutants

温度 273 K，压力 101.3 kPa 状态下，排气筒干燥排气中大气污染物任何 1 h 的质量浓度平均值，单位为 mg/m^3。

3.7 排气筒高度 stack height

自排气筒（或其主体建筑构造）所在的地平面至排气筒出口计的高度，单位为 m。

3.8 无组织排放 fugitive emission

大气污染物不经过排气筒的无规则排放，主要包括作业场所物料堆存、开放式输送扬尘，以及设备、管线含尘气体泄漏等。

3.9   无组织排放监控点浓度限值   concentration limit at fugitive emission reference point

温度 273 K，压力 101.3 kPa 状态下，监控点（根据 HJ/T 55 确定）的大气污染物质量浓度在任何 1 h 的平均值不得超过的值，单位为 mg/m^3。

3.10   现有企业   existing facility

本标准实施之日前已建成投产或环境影响评价文件已通过审批的平板玻璃制造企业或生产设施。

3.11   新建企业   new facility

自本标准实施之日起环境影响评价文件通过审批的新建、改建和扩建平板玻璃工业建设项目。

4   大气污染物排放控制要求

4.1   大气污染物排放限值

4.1.1   自 2011 年 10 月 1 日起至 2013 年 12 月 31 日止，现有企业执行表 1 规定的大气污染物排放限值。

表 1   现有企业大气污染物排放限值

单位：mg/m^3（烟气黑度除外）

序号	污染物项目	排放限值			污染物排放监控位置
		玻璃熔窑*	在线镀膜尾气处理系统	配料、碎玻璃等其他通风生产设备	
1	颗粒物	100	50	50	车间或生产设施排气筒
2	烟气黑度（林格曼，级）	1	—	—	
3	二氧化硫	600	—	—	
4	氯化氢	30	30	—	
5	氟化物（以总 F 计）	5	5	—	
6	锡及其化合物	—	8.5	—	

* 指干烟气中 O_2 含量 8%状态下（纯氧燃烧为基准排气量条件下）的排放浓度限值。

4.1.2   自 2014 年 1 月 1 日起，现有企业执行表 2 规定的大气污染物排放限值。

4.1.3   现有企业在 2014 年 1 月 1 日前对玻璃熔窑进行冷修重新投入运行的，自投入运行之日起执行表 2 规定的大气污染物排放限值。

4.1.4   自 2011 年 10 月 1 日起，新建企业执行表 2 规定的大气污染物排放限值。

表2　新建企业大气污染物排放限值

单位：mg/m³（烟气黑度除外）

序号	污染物项目	排放限值			污染物排放监控位置
		玻璃熔窑*	在线镀膜尾气处理系统	配料、碎玻璃等其他通风生产设备	
1	颗粒物	50	30	30	车间或生产设施排气筒
2	烟气黑度（林格曼，级）	1	—	—	
3	二氧化硫	400	—	—	
4	氯化氢	30	30	—	
5	氟化物（以总F计）	5	5	—	
6	锡及其化合物	—	5	—	
7	氮氧化物（以NO₂计）	700	—	—	

* 指干烟气中 O_2 含量8%状态下（纯氧燃烧为基准排气量条件下）的排放浓度限值。

4.1.5　对于玻璃熔窑排气（纯氧燃烧除外），应同时对排气中氧含量进行监测，实测排气筒中大气污染物排放浓度应按式（1）换算为含氧量8%状态下的基准排放浓度，并以此作为判定排放是否达标的依据。其他车间或生产设施排气按实测浓度计算，但不得人为稀释排放。

$$C_{基} = \frac{21-8}{21-O_{实}} \cdot C_{实} \tag{1}$$

式中：$C_{基}$——大气污染物基准排放浓度，mg/m³；

$\quad\quad C_{实}$——实测排气筒中大气污染物排放浓度，mg/m³；

$\quad\quad O_{实}$——玻璃熔窑干烟气中含氧量百分率实测值。

4.1.6　纯氧燃烧玻璃熔窑应监测排气筒中大气污染物排放浓度、排气量及相应时间内的玻璃出料量，按式（2）计算基准排气量[3 000 m³/t（玻璃液）]条件下的基准排放浓度，并以此作为判定排放是否达标的依据。大气污染物排放浓度、排气量、产品产量的监测、统计周期为1 h，可连续采样或等时间间隔采样获得大气污染物排放浓度和排气量数据，玻璃出料量数据以企业统计报表为依据。

$$C_{基} = \frac{Q_{实}}{3\,000 \cdot M} \cdot C_{实} \tag{2}$$

式中：$C_{基}$——大气污染物基准排放浓度，mg/m³；

$\quad\quad C_{实}$——实测排气筒中大气污染物排放浓度，mg/m³；

$Q_{实}$——实测玻璃熔窑小时排气量，m^3/h；

M——与监测时段相对应的小时玻璃出料量，t/h。

4.2　无组织排放控制要求

4.2.1　平板玻璃制造企业在原料破碎、筛分、储存、称量、混合、输送、投料等阶段应封闭操作，防止无组织排放。

4.2.2　自本标准实施之日起，平板玻璃制造企业大气污染物无组织排放监控点浓度限值应符合表 3 规定。

表 3　大气污染物无组织排放限值　　　　　　　　　　单位：mg/m^3

序号	污染物项目	排放限值	限值含义	无组织排放监控位置
1	颗粒物	1.0	监控点与参照点总悬浮颗粒物（TSP）1 h 浓度值的差值	执行 HJ/T 55 的规定，上风向设参照点，下风向设监控点

4.2.3　在现有企业生产、建设项目竣工环保验收后的生产过程中，负责监管的环境保护行政主管部门应对周围居住、教学、医疗等用途的敏感区域环境质量进行监测。建设项目的具体监控范围为环境影响评价确定的周围敏感区域；未进行过环境影响评价的现有企业，监控范围由负责监管的环境保护行政主管部门，根据企业排污的特点和规律及当地的自然、气象条件等因素，参照相关环境影响评价技术导则确定。地方政府应对本辖区环境质量负责，采取措施确保环境状况符合环境质量标准要求。

4.3　废气收集与排放

4.3.1　产生大气污染物的生产工艺和装置需设立局部或整体气体收集系统和净化处理装置，达标排放。

4.3.2　所有排气筒高度应不低于 15 m。排气筒周围半径 200 m 范围内有建筑物时，排气筒高度还应高出最高建筑物 3 m 以上。

5　大气污染物监测要求

5.1　对企业排放废气的采样应根据监测污染物的种类，在规定的污染物排放监控位置进行，有废气处理设施的，应在该设施后监控。在污染物排放监控位置需设置永久性排污口标志。

5.2　新建企业和现有企业安装污染物排放自动监控设备的要求，按有关法律和《污染源自动监控管理办法》的规定执行。

5.3　对企业大气污染物排放状况进行监测的频次、采样时间等要求，按国家有关污染源监测技术规范的规定执行。

5.4 排气筒中大气污染物的监测采样按 GB/T 16157—1996、HJ/T 397—2007 或 HJ/T 75—2007 规定执行；大气污染物无组织排放的监测按 HJ/T 55—2000 规定执行。

5.5 对大气污染物排放浓度的测定采用表 4 所列的方法标准。

表 4　大气污染物浓度测定方法标准

序号	污染物项目	方法标准名称	方法标准编号
1	颗粒物	固定污染源排气中颗粒物测定与气态污染物采样方法	GB/T 16157—1996
		固定污染源烟气排放连续监测系统技术要求及检测方法	HJ/T 76—2007
		环境空气　总悬浮颗粒物的测定　重量法	GB/T 15432—1995
2	烟气黑度	固定污染源排放烟气黑度的测定　林格曼烟气黑度图法	HJ/T 398—2007
3	二氧化硫	固定污染源排气中二氧化硫的测定　碘量法	HJ/T 56—2000
		固定污染源排气中二氧化硫的测定　定电位电解法	HJ/T 57—2000
		固定污染源烟气排放连续监测系统技术要求及检测方法	HJ/T 76—2007
4	氯化氢	固定污染源排气中氯化氢的测定　硫氰酸汞分光光度法	HJ/T 27—1999
		固定污染源废气　氯化氢的测定　硝酸银容量法（暂行）	HJ 548—2009
		环境空气和废气　氯化氢的测定　离子色谱法（暂行）	HJ 549—2009
5	氟化物	大气固定污染源　氟化物的测定　离子选择电极法	HJ/T 67—2001
6	锡及其化合物	大气固定污染源　锡的测定　石墨炉原子吸收分光光度法	HJ/T 65—2001
7	氮氧化物	固定污染源排气中氮氧化物的测定　紫外分光光度法	HJ/T 42—1999
		固定污染源排气中氮氧化物的测定　盐酸萘乙二胺分光光度法	HJ/T 43—1999
		固定污染源烟气排放连续监测系统技术要求及检测方法	HJ/T 76—2007

5.6 企业应按照有关法律和《环境监测管理办法》的规定，对排污状况进行监测，并保存原始监测记录。

6　实施与监督

6.1 本标准由县级以上人民政府环境保护行政主管部门负责监督实施。

6.2 在任何情况下，平板玻璃制造企业均应遵守本标准规定的大气污染物排放控制要求，采取必要措施保证污染防治设施正常运行。各级环保部门在对企业进行监督性检查时，可以现场即时采样或监测的结果，作为判定排污行为是否符合排放标准以及实施相关环境保护管理措施的依据。

陶瓷工业污染物排放标准

（GB 25464—2010）

1 适用范围

本标准规定了陶瓷工业企业水污染物和大气污染物排放限值、监测和监控要求，以及标准的实施与监督等相关规定。

本标准适用于陶瓷工业企业的水污染物和大气污染物排放管理，以及陶瓷工业企业建设项目的环境影响评价、环境保护设施设计、竣工环境保护验收及其投产后的水污染物和大气污染物排放管理。

本标准不适用于陶瓷原辅材料的开采及初加工过程的水污染物和大气污染物排放管理。

本标准适用于法律允许的污染物排放行为；新设立污染源的选址和特殊保护区域内现有污染源的管理，按照《中华人民共和国大气污染防治法》、《中华人民共和国水污染防治法》、《中华人民共和国海洋环境保护法》、《中华人民共和国固体废物污染环境防治法》、《中华人民共和国环境影响评价法》等法律、法规、规章的相关规定执行。

本标准规定的水污染物排放控制要求适用于企业直接或间接向其法定边界外排放水污染物的行为。

2 规范性引用文件

本标准内容引用了下列文件或其中的条款。

GB/T 6920—1986 水质 pH 值的测定 玻璃电极法

GB/T 7466—1987 水质 总铬的测定 高锰酸钾氧化-二苯碳酰二肼分光光度法

GB/T 7470—1987 水质 铅的测定 双硫腙分光光度法

GB/T 7475—1987 水质 铜、锌、铅、镉的测定 原子吸收分光光度法

GB/T 7484—1987 水质 氟化物的测定 离子选择电极法

GB/T 11893—1989 水质 总磷的测定 钼酸铵分光光度法

GB/T 11894—1989　水质　总氮的测定　碱性过硫酸钾消解紫外分光光度法

GB/T 11901—1989　水质　悬浮物的测定　重量法

GB/T 11912—1989　水质　镍的测定　火焰原子吸收分光光度法

GB/T 11914—1989　水质　化学需氧量的测定　重铬酸盐法

GB/T 13896—1992　水质　铅的测定　示波极谱法

GB/T 14671—93　水质　钡的测定　电位滴定法

GB/T 15432—1995　环境空气　总悬浮颗粒物的测定　重量法

GB/T 15959—1995　水质　可吸附有机卤素（AOX）的测定　微库仑法

GB/T 16157—1996　固定污染源排气中颗粒物测定与气态污染物采样方法

GB/T 16488—1996　水质　石油类和动植物油的测定　红外光度法

GB/T 16489—1996　水质　硫化物的测定　亚甲蓝分光光度法

HJ/T 27—1999　固定污染源排气中氯化氢的测定　硫氰酸汞分光光度法

HJ/T 42—1999　固定污染源排气中氮氧化物的测定　紫外分光光度法

HJ/T 43—1999　固定污染源排气中氮氧化物的测定　盐酸萘乙二胺分光光度法

HJ/T 55—2000　大气污染物无组织排放监测技术导则

HJ/T 56—2000　固定污染源排气中二氧化硫的测定　碘量法

HJ/T 57—2000　固定污染源排气中二氧化硫的测定　定电位电解法

HJ/T 58—2000　水质　铍的测定　铬菁 R 分光光度法

HJ/T 59—2000　水质　铍的测定　石墨炉原子吸收分光光度法

HJ/T 60—2000　水质　硫化物的测定　碘量法

HJ/T 63.1—2001　大气固定污染源　镍的测定　火焰原子吸收分光光度法

HJ/T 63.2—2001　大气固定污染源　镍的测定　石墨炉原子吸收分光光度法

HJ/T 63.3—2001　大气固定污染源　镍的测定　丁二酮肟-正丁醇萃取分光光度法

HJ/T 64.1—2001　大气固定污染源　镉的测定　火焰原子吸收分光光度法

HJ/T 64.2—2001　大气固定污染源　镉的测定　石墨炉原子吸收分光光度法

HJ/T 64.3—2001　大气固定污染源　镉的测定　对-偶氮苯重氮氨基偶氮苯磺酸吸收分光光度法

HJ/T 67—2001　大气固定污染源　氟化物的测定　离子选择电极法

HJ/T 76—2007　固定污染源排放烟气连续监测系统技术要求及检测方法

HJ/T 83—2001　水质　可吸附有机卤素（AOX）的测定　离子色谱法

HJ/T 195—2005　水质　氨氮的测定　气相分子吸收光谱法

HJ/T 199—2005　水质　总氮的测定　气相分子吸收光谱法

HJ/T 355—2007　水污染源在线监测系统运行与考核技术规范

HJ/T 397—2007　固定源废气监测技术规范

HJ/T 398—2007　固定污染源排放烟气黑度的测定　林格曼烟气黑度图法

HJ/T 399—2007　水质　化学需氧量的测定　快速消解分光光度法

HJ 485—2009　水质　铜的测定　二乙基二硫代氨基甲酸钠分光光光度法

HJ 487—2009　水质　氟化物的测定　茜素磺酸锆目视比色法

HJ 488—2009　水质　氟化物的测定　氟试剂分光光度法

HJ 505—2009　水质　五日生化需氧量（BOD_5）的测定　稀释与接种法

HJ 535—2009　水质　氨氮的测定　纳氏试剂分光光度法

HJ 536—2009　水质　氨氮的测定　水杨酸分光光度法

HJ 537—2009　水质　氨氮的测定　蒸馏-中和滴定法

HJ 538—2009　固定污染源废气　铅的测定　火焰原子吸收分光光度法（暂行）

HJ 550—2009　水质　总钴的测定　5-氯-2-（吡啶偶氮）-1,3-二氨基苯分光光度法（暂行）

《污染源自动监控管理办法》（国家环境保护总局令　第 28 号）

《环境监测管理办法》（国家环境保护总局令　第 39 号）

3　术语和定义

下列术语与定义适用于本标准。

3.1　陶瓷工业　ceramics industry

指用黏土类及其他矿物原料经过粉碎加工、成型、煅烧等过程而制成各种陶瓷制品的工业，主要包括日用瓷及陈设艺术瓷、建筑陶瓷、卫生陶瓷和特种陶瓷等的生产。

3.2　日用及陈设艺术瓷　daily-use and artistic porcelain

指供日常生活使用或具艺术欣赏和珍藏价值的各类陶瓷制品，主要品种有餐具、茶具、咖啡具、酒具、文具、容具、耐热烹饪具等日用制品及绘画、雕塑、雕刻等集工艺美术技能与陶瓷制造技术于一体的艺术陈设制品等。

3.3　建筑陶瓷　building ceramics

指用于建筑物饰面或作为建筑物构件的陶瓷制品，主要指陶瓷墙地砖，不包括建筑琉璃制品、黏土砖和烧结瓦等。

3.4　卫生陶瓷　sanitary ceramics

指用于卫生设施的陶瓷制品，主要包括卫生间用具、厨房用具和小件卫生陶瓷等。

3.5　特种陶瓷（精细陶瓷）　special ceramics

指通过在陶瓷坯料中加入特别配方的无机材料，经过高温烧结成型，从而获得稳定可靠的特殊性质和功能，如高强度、高硬度、耐腐蚀、导电、绝缘以及在磁、电、光、声、生物工程各方面的应用，而成为一种新型特种陶瓷。主要有氧化物瓷、氮化物瓷、压电陶瓷、磁性瓷和金属陶瓷等。

3.6　标准状态　standard condition

指温度 273.15 K，压力为 101 325 Pa 时的状态。本标准规定的大气污染物排放浓度限值均以标准状态下的干气体为基准。

3.7　排气筒高度　stack height

指自排气筒（或其主体建筑构造）所在的地平面至排气筒出口计的高度。

3.8　现有企业　existing facility

指本标准实施之日前，已建成投产或环境影响评价文件已通过审批的陶瓷工业企业或生产设施。

3.9　新建企业　new facility

指本标准实施之日起环境影响评价文件通过审批的新建、改建和扩建陶瓷工业设施建设项目。

3.10　排水量　effluent volume

指生产设施或企业向企业法定边界以外排放的废水的量，包括与生产有直接或间接关系的各种外排废水（如厂区生活污水、冷却废水、厂区锅炉和电站排水等）。

3.11　单位产品基准排水量　benchmark effluent volume per unit product

指用于核定水污染物排放浓度而规定的生产单位陶瓷产品的废水排放量上限值。

3.12　过量空气系数　excess air coefficien

指工业炉窑运行时实际空气量与理论空气需要量的比值。

3.13　企业边界　enterprise boundary

指陶瓷工业企业的法定边界。若无法定边界，则指实际边界。

3.14　公共污水处理系统　public wastewater treatment system

指通过纳污管道等方式收集废水，为两家以上排污单位提供废水处理服务并且排水能够达到相关排放标准要求的企业或机构，包括各种规模和类型的城镇污水处理厂、区域（包括各类工业园区、开发区、工业聚集地等）废水处理厂等，其废水处理程度应达到二级或二级以上。

3.15 直接排放 direct discharge

指排污单位直接向环境水体排放污染物的行为。

3.16 间接排放 indirect discharge

指排污单位向公共污水处理系统排放污染物的行为。

4 污染物排放控制要求

4.1 水污染物排放控制要求（略）

4.2 大气污染物排放控制要求

4.2.1 自 2011 年 1 月 1 日起至 2011 年 12 月 31 日止，现有企业执行表 4 规定的大气污染物排放限值。

表4 现有企业大气污染物排放浓度限值

单位：mg/m³

生产工序	原料制备、干燥		烧成、烤花		监控位置
生产设备	喷雾干燥塔		辊道窑、隧道窑、梭式窑		
燃料类型	水煤浆	油、气	水煤浆	油、气	
颗粒物	100	50	100	50	
二氧化硫	500	300	500	300	
氮氧化物（以 NO_2 计）	240	240	650	400	车间或生产设施排气筒
烟气黑度（林格曼黑度，级）	1				
铅及其化合物	—		0.5		
镉及其化合物	—		0.5		
镍及其化合物	—		0.5		
氟化物	—		5.0		
氯化物（以 HCl 计）	—		50		

4.2.2 自 2012 年 1 月 1 日起，现有企业执行表 5 规定的大气污染物排放限值。

4.2.3 自 2010 年 10 月 1 日起，新建企业执行表 5 规定的大气污染物排放限值。

表5　新建企业大气污染物排放浓度限值

单位：mg/m³

生产工序	原料制备、干燥		烧成、烤花		监控位置
生产设备	喷雾干燥塔		辊道窑、隧道窑、梭式窑		
燃料类型	水煤浆	油、气	水煤浆	油、气	
颗粒物	50	30	50	30	
二氧化硫	300	100	300	100	
氮氧化物（以 NO_2 计）	240	240	450	300	车间或生产设施排气筒
烟气黑度（林格曼黑度，级）	1				
铅及其化合物	—		0.1		
镉及其化合物	—		0.1		
镍及其化合物	—		0.2		
氟化物	—		3.0		
氯化物（以 HCl 计）	—		25		

4.2.4　企业边界大气污染物任何 1 h 平均浓度执行表6规定的限值。

表6　现有企业和新建企业厂界无组织排放限值

单位：mg/m³

序号	污染物项目	最高浓度限值
1	颗粒物	1.0

4.2.5　在现有企业生产、建设项目竣工环保验收后的生产过程中，负责监管的环境保护主管部门应对周围居住、教学、医疗等用途的敏感区域环境质量进行监测。建设项目的具体监控范围为环境影响评价确定的周围敏感区域；未进行过环境影响评价的现有企业，监控范围由负责监管的环境保护主管部门，根据企业排污的特点和规律及当地的自然、气象条件等因素，参照相关环境影响评价技术导则确定。地方政府应对本辖区环境质量负责，采取措施确保环境状况符合环境质量标准要求。

4.2.6　产生大气污染物的生产工艺和装置必须设立局部或整体气体收集系统和集中净化处理装置。所有排气筒高度应不低于 15 m（排放氯化氢的排气筒高度不得低于 25 m）。排气筒周围半径 200 m 范围内有建筑物时，排气筒高度还应高出最高建筑物 3 m 以上。

4.2.7　喷雾干燥塔、炉窑基准过量空气系数为 1.7，实测的喷雾干燥塔、炉窑的污染物排放浓度，应换算为基准过量空气系数排放浓度，并作为判定排放是否达标的依据。

5　污染物监测要求

5.1　污染物监测的一般要求

5.1.1　对企业废水和废气采样应根据监测污染物的种类，在规定的污染物排放监控位置进行。在污染物排放监控位置须设置永久性排污口标志。

5.1.2　新建企业和现有企业安装污染物排放自动监控设备的要求，按有关法律和《污染源自动监控管理办法》的规定执行。

5.1.3　对企业污染物排放情况进行监测的频次、采样时间等要求，按国家有关污染源监测技术规范的规定执行。

5.1.4　企业产品产量的核定，以法定报表为依据。

5.1.5　企业须按照有关法律和《环境监测管理办法》的规定，对排污状况进行监测，并保存原始监测记录。

5.2　水污染物监测要求（略）

5.3　大气污染物监测要求

5.3.1　采样点的设置与采样方法按 GB/T 16157—1996 执行。

5.3.2　在有敏感建筑物方位、必要的情况下进行无组织排放监控，具体要求按 HJ/T 55—2000 进行监测。

5.3.3　对企业排放大气污染物浓度的测定采用表 8 所列的方法标准。

表 8　大气污染物浓度测定方法标准

序号	污染物项目	方法标准名称	标准编号
1	颗粒物	固定污染源排气中颗粒物测定与气态污染物采样方法	GB/T 16157—1996
		环境空气　总悬浮颗粒物的测定　重量法	GB/T 15432—1995
2	二氧化硫	固定污染源排气中二氧化硫的测定　碘量法	HJ/T 56—2000
		固定污染源排气中二氧化硫的测定　定电位电解法	HJ/T 57—2000
		固定污染源排放烟气连续监测系统技术要求及检测方法	HJ/T 76—2007
3	氮氧化物	固定污染源排气中氮氧化物的测定　紫外分光光度法	HJ/T 42—1999
		固定污染源排气中氮氧化物的测定　盐酸萘乙二胺分光光度法	HJ/T 43—1999
		固定污染源排放烟气连续监测系统技术要求及检测方法	HJ/T 76—2007

序号	污染物项目	方法标准名称	标准编号
4	烟气黑度	固定污染源排放烟气黑度的测定　林格曼烟气黑度图法	HJ/T 398—2007
5	铅及其化合物	固定污染源废气　铅的测定　火焰原子吸收分光光度法（暂行）	HJ 538—2009
6	镉及其化合物	大气固定污染源　镉的测定　火焰原子吸收分光光度法	HJ/T 64.1—2001
		大气固定污染源　镉的测定　石墨炉原子吸收分光光度法	HJ/T 64.2—2001
		大气固定污染源　镉的测定　对-偶氮苯重氮氨基偶氮苯磺酸分光光度法	HJ/T 64.3—2001
7	镍及其化合物	大气固定污染源　镍的测定　丁二酮肟-正丁醇萃取分光光度法	HJ/T 63.3—2001
		大气固定污染源　镍的测定　石墨炉原子吸收分光光度法	HJ/T 63.2—2001
		大气固定污染源　镍的测定　火焰原子吸收分光光度法	HJ/T 63.1—2001
8	氟化物	大气固定污染源　氟化物的测定　离子选择电极法	HJ/T 67—2001
9	氯化物（以 HCl 计）	固定污染源排气中氯化氢的测定　硫氰酸汞分光光度法	HJ/T 27—1999

6　实施与监督

6.1　本标准由县级以上人民政府环境保护行政主管部门负责监督实施。

6.2　在任何情况下，企业均应遵守本标准规定的污染物排放控制要求，采取必要措施保证污染防治设施正常运行。各级环保部门在对企业进行监督性检查时，可以现场即时采样或监测的结果，作为判定排污行为是否符合排放标准以及实施相关环境保护管理措施的依据。在发现企业耗水或排水量有异常变化的情况下，应核定企业的实际产品产量和排水量，按本标准的规定，换算水污染物基准排水量排放浓度。

铝工业污染物排放标准

（GB 25465—2010）

1　适用范围

本标准规定了铝工业企业水污染物和大气污染物排放限值、监测和监控要求，以及标准的实施与监督等相关规定。

本标准适用于铝工业企业的水污染物和大气污染物排放管理，以及对铝工业企业建设项目的环境影响评价、环境保护设施设计、竣工环境保护验收及其投产后的水污染物和大气污染物排放管理。

本标准不适用于再生铝和铝材压延加工企业（或生产系统）；也不适用于附属于铝工业企业的非特征生产工艺和装置。

本标准适用于法律允许的污染物排放行为；新设立污染源的选址和特殊保护区域内现有污染源的管理，按照《中华人民共和国大气污染防治法》、《中华人民共和国水污染防治法》、《中华人民共和国海洋环境保护法》、《中华人民共和国固体废物污染环境防治法》、《中华人民共和国环境影响评价法》等法律、法规、规章的相关规定执行。

本标准规定的水污染物排放控制要求适用于企业直接或间接向其法定边界外排放水污染物的行为。

2　规范性引用文件

本标准内容引用了下列文件或其中的条款。

GB/T 6920—1986　水质　pH值的测定　玻璃电极法

GB/T 7484—1987　水质　氟化物的测定　离子选择电极法

GB/T 11893—1989　水质　总磷的测定　钼酸铵分光光度法

GB/T 11894—1989　水质　总氮的测定　碱性过硫酸钾消解紫外分光光度法

GB/T 11901—1989　水质　悬浮物的测定　重量法

GB/T 11914—1989　水质　化学需氧量的测定　重铬酸盐法

GB/T 15432—1995　环境空气　总悬浮颗粒物的测定　重量法

GB/T 15439—1995　环境空气　苯并[a]芘测定　高效液相色谱法

GB/T 16157—1996　固定污染源排气中颗粒物测定与气态污染物采样方法

GB/T 16488—1996　水质　石油类和动植物油的测定　红外光度法

GB/T 16489—1996　水质　硫化物的测定　亚甲基蓝分光光度法

GB/T 17133—1997　水质　硫化物的测定　直接显色分光光度法

HJ/T 45—1999　固定污染源排气中沥青烟的测定　重量法

HJ/T 55—2000　大气污染物无组织排放监测技术导则

HJ/T 56—2000　固定污染源排气中二氧化硫的测定　碘量法

HJ/T 57—2000　固定污染源排气中二氧化硫的测定　定电位电解法

HJ/T 60—2000　水质　硫化物的测定　碘量法

HJ/T 67—2001　固定污染源排气　氟化物的测定　离子选择电极法

HJ/T 195—2005　水质　氨氮的测定　气相分子吸收光谱法

HJ/T 199—2005　水质　总氮的测定　气相分子吸收光谱法

HJ/T 399—2007　水质　化学需氧量的测定　快速消解分光光度法

HJ 480—2009　环境空气　氟化物的测定　滤膜采样氟离子选择电极法

HJ 481—2009　环境空气　氟化物的测定　石灰滤纸采样氟离子选择电极法

HJ 482—2009　环境空气　二氧化硫的测定　甲醛吸收-副玫瑰苯胺分光光度法

HJ 483—2009　环境空气　二氧化硫的测定　四氯汞盐吸收-副玫瑰苯胺分光光度法

HJ 484—2009　水质　氰化物的测定　容量法和分光光度法

HJ 487—2009　水质　氟化物的测定　茜素磺酸锆目视比色法

HJ 488—2009　水质　氟化物的测定　氟试剂分光光度法

HJ 502—2009　水质　挥发酚的测定　溴化容量法

HJ 503—2009　水质　挥发酚的测定　4-氨基安替比林分光光度法

HJ 535—2009　水质　氨氮的测定　纳氏试剂分光光度法

HJ 536—2009　水质　氨氮的测定　水杨酸分光光度法

HJ 537—2009　水质　氨氮的测定　蒸馏-中和滴定法

《污染源自动监控管理办法》（国家环境保护总局令　第 28 号）

《环境监测管理办法》（国家环境保护总局令　第 39 号）

3　术语和定义

下列术语和定义适用于本标准。

3.1　铝工业企业　aluminum industry

　　指铝土矿山、氧化铝厂、电解铝厂和铝用炭素生产企业或生产设施。

3.2　现有企业　existing facility

　　指本标准实施之日前已建成投产或环境影响评价文件已通过审批的铝生产企业或生产设施。

3.3　新建企业　new facility

　　指本标准实施之日起环境影响评价文件通过审批的新建、改建和扩建的铝生产设施建设项目。

3.4　排水量　effluent volume

　　指生产设施或企业向企业法定边界以外排放的废水的量，包括与生产有直接或间接关系的各种外排废水（如厂区生活污水、冷却废水、厂区锅炉和电站排水等）。

3.5　单位产品基准排水量　benchmark effluent volume per unit product

　　指用于核定水污染物排放浓度而规定的生产单位铝产品的废水排放量上限值。

3.6　排气筒高度　stack height

　　指自排气筒（或其主体建筑构造）所在的地平面至排气筒出口计的高度。

3.7　标准状态　standard condition

　　指温度为 273.15 K、压力为 101 325 Pa 时的状态。本标准规定的大气污染物排放浓度限值均以标准状态下的干气体为基准。

3.8　企业边界　enterprise boundary

　　指铝工业企业的法定边界。若无法定边界，则指实际边界。

3.9　公共污水处理系统　public wastewater treatment system

　　指通过纳污管道等方式收集废水，为两家以上排污单位提供废水处理服务并且排水能够达到相关排放标准要求的企业或机构，包括各种规模和类型的城镇污水处理厂、区域（包括各类工业园区、开发区、工业聚集地等）废水处理厂等，其废水处理程度应达到二级或二级以上。

3.10　直接排放　direct discharge

　　指排污单位直接向环境排放水污染物的行为。

3.11　间接排放　indirect discharge

　　指排污单位向公共污水处理系统排放水污染物的行为。

4　污染物排放控制要求

4.1　水污染物排放控制要求（略）

4.2 大气污染物排放控制要求

4.2.1 自 2011 年 1 月 1 日起至 2011 年 12 月 31 日止，现有企业执行表 4 规定的大气污染物排放限值。

表 4 现有企业大气污染物排放浓度限值

单位：mg/m³

生产系统及设备		限 值				污染物排放监控位置
		颗粒物	二氧化硫	氟化物（以 F 计）	沥青烟	
矿山	破碎、筛分、转运	120	—	—	—	车间或生产设施排气筒
氧化铝厂	熟料烧成窑	200	850	—	—	
	氢氧化铝焙烧炉、石灰炉（窑）	100	850	—	—	
	原料加工、运输	120	—	—	—	
	氧化铝贮运	100	—	—	—	
	其他	120	850	—	—	
电解铝厂	电解槽烟气净化	30	200	4.0	—	
	氧化铝、氟化盐贮运	50	—	—	—	
	电解质破碎	100	—	—	—	
	其他	100	850	—	—	
铝用炭素厂	阳极焙烧炉	100	850	6.0	40	
	阴极焙烧炉	—	850	—	50	
	石油焦煅烧炉（窑）	200	850	—	—	
	沥青熔化	—	—	—	40	
	生阳极制造	120	—	—	40[1]	
	阳极组装及残极破碎	120	—	—	—	
	其他	120	850	—	—	

注：1）混捏成型系统加测项目。

4.2.2 自 2012 年 1 月 1 日起，现有企业执行表 5 规定的大气污染物排放浓度限值。

4.2.3 自 2010 年 10 月 1 日起，新建企业执行表 5 规定的大气污染物排放浓度限值。

表 5　新建企业大气污染物排放浓度限值

单位：mg/m³

生产系统及设备		限　值				污染物排放监控位置
		颗粒物	二氧化硫	氟化物（以 F 计）	沥青烟	
矿山	破碎、筛分、转运	50	—	—	—	车间或生产设施排气筒
氧化铝厂	熟料烧成窑	100	400	—	—	
	氢氧化铝焙烧炉、石灰炉（窑）	50	400	—	—	
	原料加工、运输	50	—	—	—	
	氧化铝贮运	30	—	—	—	
	其他	50	400	—	—	
电解铝厂	电解槽烟气净化	20	200	3.0	—	
	氧化铝、氟化盐贮运	30	—	—	—	
	电解质破碎	30	—	—	—	
	其他	50	400	—	—	
铝用炭素厂	阳极焙烧炉	30	400	3.0	20	
	阴极焙烧炉	—	400	—	30	
	石油焦煅烧炉（窑）	100	400	—	—	
	沥青熔化	—	—	—	30	
	生阳极制造	50	—	—	20[1]	
	阳极组装及残极破碎	50	—	—	—	
	其他	50	400	—	—	

注：1）混捏成型系统加测项目。

4.2.4　企业边界大气污染物任何 1 h 平均浓度执行表 6 规定的限值。

表 6　现有和新建企业边界大气污染物浓度限值

单位：mg/m³

序号	污染物项目	限值
1	二氧化硫	0.5
2	颗粒物	1.0
3	氟化物	0.02
4	苯并[a]芘	0.000 01

4.2.5　在现有企业生产、建设项目竣工环保验收后的生产过程中，负责监管的环境保护主管部门应对周围居住、教学、医疗等用途的敏感区域环境质量进行监测。建设项目的具体监控范围为环境影响评价确定的周围敏感区域；未进行过环境影响评价的现有企业，监控范围由负责监管的环境保护主管部门，根据企业排污的特点和规律及当地的自然、气象条件等因素，参照相关环境影响评价技术导则确定。地方政府应对本辖区环境质量负责，采取措施确保环境状况符合环境质量标准要求。

4.2.6　所有排气筒高度应不低于 15 m。排气筒周围半径 200 m 范围内有建筑物时，排气筒高度还应高出最高建筑物 3 m 以上。

4.2.7　在国家未规定生产设施单位产品基准排气量之前，以实测浓度作为判定大气污染物排放是否达标的依据。

5　污染物监测要求

5.1　污染物监测的一般要求

5.1.1　对企业排放废水和废气的采样，应根据监测污染物的种类，在规定的污染物排放监控位置进行，有废水和废气处理设施的，应在处理设施后监控。在污染物排放监控位置须设置永久性排污口标志。

5.1.2　新建企业和现有企业安装污染物排放自动监控设备的要求，按有关法律和《污染源自动监控管理办法》的规定执行。

5.1.3　对企业污染物排放情况进行监测的频次、采样时间等要求，按国家有关污染源监测技术规范的规定执行。

5.1.4　企业产品产量的核定，以法定报表为依据。

5.1.5　企业须按照有关法律和《环境监测管理办法》的规定，对排污状况进行监测，并保存原始监测记录。

5.2　水污染物监测要求（略）

5.3　大气污染物监测要求

5.3.1　采样点的设置与采样方法按 GB/T 16157—1996 执行。

5.3.2　在有敏感建筑物方位、必要的情况下进行监控，具体要求按 HJ/T 55—2000 进行监测。

5.3.3　对企业排放大气污染物浓度的测定采用表 8 所列的方法标准。

表8 大气污染物浓度测定方法标准

序号	污染物项目	方法标准名称	方法标准编号
1	颗粒物	固定污染源排气中颗粒物测定与气态污染物采样方法	GB/T 16157—1996
		环境空气 总悬浮颗粒物的测定 重量法	GB/T 15432—1995
2	沥青烟	固定污染源排气中沥青烟的测定 重量法	HJ/T 45—1999
3	二氧化硫	固定污染源排气中二氧化硫的测定 碘量法	HJ/T 56—2000
		固定污染源排气中二氧化硫的测定 定电位电解法	HJ/T 57—2000
		环境空气 二氧化硫的测定 甲醛吸收-副玫瑰苯胺分光光度法	HJ 482—2009
		环境空气 二氧化硫的测定 四氯汞盐吸收-副玫瑰苯胺分光光度法	HJ 483—2009
4	氟化物	固定污染源排气 氟化物的测定 离子选择电极法	HJ/T 67—2001
		环境空气 氟化物的测定 滤膜采样氟离子选择电极法	HJ 480—2009
		环境空气 氟化物的测定 石灰滤纸采样氟离子选择电极法	HJ 481—2009
5	苯并[a]芘	环境空气 苯并[a]芘的测定 高效液相色谱法	GB/T 15439—1995

6 实施与监督

6.1 本标准由县级以上人民政府环境保护行政主管部门负责监督实施。

6.2 在任何情况下，企业均应遵守本标准规定的污染物排放控制要求，采取必要措施保证污染防治设施正常运行。各级环保部门在对设施进行监督性检查时，可以现场即时采样或监测的结果，作为判定排污行为是否符合排放标准以及实施相关环境保护管理措施的依据。在发现设施耗水或排水量有异常变化的情况下，应核定企业的实际产品产量和排水量，按本标准的规定，换算水污染物基准水量排放浓度。

铅、锌工业污染物排放标准

（GB 25466—2010）

1　适用范围

本标准规定了铅、锌工业企业水污染物和大气污染物排放限值、监测和监控要求，以及标准的实施与监督等相关规定。

本标准适用于铅、锌工业企业的水污染物和大气污染物排放管理，以及铅、锌工业企业建设项目的环境影响评价、环境保护设施设计、竣工环境保护验收及其投产后的水污染物和大气污染物排放管理。

本标准不适用于再生铅、锌及铅、锌材压延加工等工业，也不适用于附属于铅、锌工业企业的非特征生产工艺和装置。

本标准适用于法律允许的污染物排放行为；新设立存在的污染源的选址和特殊保护区域内现有污染源的管理，除执行本标准外，还应符合《中华人民共和国大气污染防治法》、《中华人民共和国水污染防治法》、《中华人民共和国海洋环境保护法》、《中华人民共和国固体废物污染环境防治法》、《中华人民共和国环境影响评价法》等法律、法规、规章的相关规定。

本标准规定的水污染物排放控制要求适用于企业直接或间接向其法定边界外排放水污染物的行为。

2　规范性引用文件

本标准内容引用了下列文件或其中的条款。

GB/T 6920—1986　水质　pH 值的测定　玻璃电极法

GB/T 7466—1987　水质　总铬的测定

GB/T 7468—1987　水质　汞的测定　冷原子吸收分光光度法

GB/T 7475—1987　水质　铜、锌、铅、镉的测定　原子吸收分光光度法

GB/T 7484—1987　水质　氟化物的测定　离子选择电极法

GB/T 7485—1987　水质　总砷的测定　二乙基二硫代氨基甲酸银分光光度法

GB/T 11893—1989　水质　总磷的测定　钼酸铵分光光度法

GB/T 11894—1989　水质　总氮的测定　碱性过硫酸钾消解紫外分光光度法

GB/T 11901—1989　水质　悬浮物的测定　重量法

GB/T 11912—1989　水质　镍的测定　火焰原子吸收分光光度法

GB/T 11914—1989　水质　化学需氧量的测定　重铬酸盐法

GB/T 15432—1995　环境空气　总悬浮颗粒物的测定　重量法

GB/T 16157—1996　固定污染源排气中颗粒物的测定与气态污染物采样方法

GB/T 16489—1996　水质　硫化物的测定　亚甲基蓝分光光度法

HJ/T 55—2000　大气污染物无组织排放监测技术导则

HJ/T 56—2000　固定污染源排气中二氧化硫的测定　碘量法

HJ/T 57—2000　固定污染源排气中二氧化硫的测定　定电位电解法

HJ/T 195—2005　水质　氨氮的测定　气相分子吸收光谱法

HJ/T 199—2005　水质　总氮的测定　气相分子吸收光谱法

HJ/T 399—2007　水质　化学需氧量的测定　快速消解分光光度法

HJ 482—2009　环境空气　二氧化硫的测定　甲醛吸收-副玫瑰苯胺分光光度法

HJ 483—2009　环境空气　二氧化硫的测定　四氯汞盐吸收-副玫瑰苯胺分光光度法

HJ 487—2009　水质　氟化物的测定　茜素磺酸锆目视比色法

HJ 488—2009　水质　氟化物的测定　氟试剂分光光度法

HJ 535—2009　水质　氨氮的测定　纳氏试剂分光光度法

HJ 536—2009　水质　氨氮的测定　水杨酸分光光度法

HJ 537—2009　水质　氨氮的测定　蒸馏-中和滴定法

HJ 538—2009　固定污染源废气　铅的测定　火焰原子吸收分光光度法（暂行）

HJ 539—2009　环境空气　铅的测定　石墨炉原子吸收分光光度法（暂行）

HJ 542—2009　环境空气　汞的测定　巯基棉富集-冷原子荧光分光光度法（暂行）

HJ 543—2009　固定污染源废气　汞的测定　冷原子吸收分光光度法（暂行）

HJ 544—2009　固定污染源废气　硫酸雾的测定　离子色谱法（暂行）

《污染源自动监控管理办法》（国家环境保护总局令　第 28 号）

《环境监测管理办法》（国家环境保护总局令　第 39 号）

3　术语和定义

下列术语和定义适用于本标准。

3.1　铅、锌工业　lead and zinc industry

指生产铅、锌金属矿产品和生产铅、锌金属产品（不包括生产再生铅、再生锌及铅、锌材压延加工产品）的工业。

3.2　特征生产工艺和装置　typical processing and facility

指为生产原铅、原锌金属而进行的采矿、选矿、冶炼的生产工艺及与这些工艺相关的装置。

3.3　现有企业　existing facility

指在本标准实施之日前已建成投产或环境影响评价文件通过审批的铅、锌工业企业或生产设施。

3.4　新建企业　new facility

指本标准实施之日起环境影响评价文件通过审批的新建、改建和扩建的铅、锌生产设施建设项目。

3.5　排水量　effluent volume

指生产设施或企业向企业法定边界以外排放的废水的量，包括与生产有直接或间接关系的各种外排废水（如厂区生活污水、冷却废水、厂区锅炉和电站排水等）。

3.6　单位产品基准排水量　benchmark effluent volume per unit product

指用于核定水污染物排放浓度而规定的生产单位铅、锌产品的废水排放量上限值。

3.7　排气筒高度　stack height

指自排气筒（或其主体建筑构造）所在的地平面至排气筒出口计的高度。

3.8　标准状态　standard condition

指温度为 273.15 K、压力为 101 325 Pa 时的状态。本标准规定的大气污染物排放浓度限值均以标准状态下的干气体为基准。

3.9　过量空气系数　excess air coefficien

指工业炉窑运行时实际空气量与理论空气需要量的比值。

3.10　企业边界　enterprise boundary

指铅、锌工业企业的法定边界。若无法定边界，则指实际边界。

3.11　公共污水处理系统　public wastewater treatment system

指通过纳污管道等方式收集废水，为两家以上排污单位提供废水处理服务并且排水能够达到相关排放标准要求的企业或机构，包括各种规模和类型的城镇污水处理厂、区域（包括各类工业园区、开发区、工业聚集地等）废水处理厂等，其废水处理程度应达到二级或二级以上。

3.12　直接排放　direct discharge

　　指排污单位直接向环境排放水污染物的行为。

3.13　间接排放　indirect discharge

　　指排污单位向公共污水处理系统排放水污染物的行为。

4　污染物排放控制要求

4.1　水污染物排放控制要求（略）

4.2　大气污染物排放控制要求

4.2.1　自 2011 年 1 月 1 日起至 2011 年 12 月 31 日止，现有企业执行表 4 规定的大气污染物排放限值。

表 4　现有企业大气污染物排放浓度限值

单位：mg/m^3

序号	污染物	适用范围	排放浓度限值	污染物排放监控位置
1	颗粒物	干燥	200	车间或生产设施排气筒
		其他	100	
2	二氧化硫	所有	960	
3	硫酸雾	制酸	35	
4	铅及其化合物	熔炼	10	
5	汞及其化合物	烧结、熔炼	1.0	

4.2.2　自 2012 年 1 月 1 日起，现有企业执行表 5 规定的大气污染物排放限值。

4.2.3　自 2010 年 10 月 1 日起，新建企业执行表 5 规定的大气污染物排放限值。

表 5　新建企业大气污染物排放浓度限值

单位：mg/m^3

序号	污染物	适用范围	排放浓度限值	污染物排放监控位置
1	颗粒物	所有	80	
2	二氧化硫	所有	400	
3	硫酸雾	制酸	20	车间或生产设施排气筒
4	铅及其化合物	熔炼	8	
5	汞及其化合物	烧结、熔炼	0.05	

4.2.4　企业边界大气污染物任何 1 h 平均浓度执行表 6 规定的限值。

表6 现有和新建企业边界大气污染物浓度限值

单位：mg/m³

序号	污染物项目	最高浓度限值
1	二氧化硫	0.5
2	颗粒物	1.0
3	硫酸雾	0.3
4	铅及其化合物	0.006
5	汞及其化合物	0.000 3

4.2.5 在现有企业生产、建设项目竣工环保验收后的生产过程中，负责监管的环境保护主管部门应对周围居住、教学、医疗等用途的敏感区域环境质量进行监测。建设项目的具体监控范围为环境影响评价确定的周围敏感区域；未进行过环境影响评价的现有企业，监控范围由负责监管的环境保护主管部门，根据企业排污的特点和规律及当地的自然、气象条件等因素，参照相关环境影响评价技术导则确定。地方政府应对本辖区环境质量负责，采取措施确保环境状况符合环境质量标准要求。

4.2.6 产生大气污染物的生产工艺和装置必须设立局部或整体气体收集系统和集中净化处理装置。所有排气筒高度应不低于 15 m。排气筒周围半径 200 m 范围内有建筑物时，排气筒高度还应高出最高建筑物 3 m 以上。

4.2.7 铅、锌冶炼炉窑规定过量空气系数为 1.7。实测的铅、锌冶炼炉窑的污染物排放浓度，应换算为基准过量空气系数排放浓度。生产设施应采取合理的通风措施，不得故意稀释排放。在国家未规定其他生产设施单位产品基准排气量之前，暂以实测浓度作为判定是否达标的依据。

5 污染物监测要求

5.1 污染物监测的一般要求

5.1.1 对企业排放废水和废气的采样，应根据监测污染物的种类，在规定的污染物排放监控位置进行，有废水和废气处理设施的，应在处理设施后监控。在污染物排放监控位置须设置永久性排污口标志。

5.1.2 新建企业和现有企业安装污染物排放自动监控设备的要求，按有关法律和《污染源自动监控管理办法》的规定执行。

5.1.3 对企业污染物排放情况进行监测的频次、采样时间等要求，按国家有关污染源监测技术规范的规定执行。

5.1.4 企业产品产量的核定，以法定报表为依据。

5.1.5 企业须按照有关法律和《环境监测管理办法》的规定，对排污状况进行监测，并保存原始监测记录。

5.2 水污染物监测要求（略）

5.3 大气污染物监测要求

5.3.1 采样点的设置与采样方法按 GB/T 16157—1996 执行。

5.3.2 在有敏感建筑物方位、必要的情况下进行无组织排放监控，具体要求按 HJ/T 55—2000 进行监测。

5.3.3 对企业排放大气污染物浓度的测定采用表 8 所列的方法标准。

表 8　大气污染物浓度测定方法标准

序号	污染物项目	方法标准名称	标准编号
1	颗粒物	固定污染源排气中颗粒物的测定与气态污染物采样方法	GB/T 16157—1996
		环境空气　总悬浮颗粒物的测定　重量法	GB/T 15432—1995
2	二氧化硫	固定污染源排气中二氧化硫的测定　碘量法	HJ/T 56—2000
		固定污染源排气中二氧化硫的测定　定电位电解法	HJ/T 57—2000
		环境空气　二氧化硫的测定　甲醛吸收-副玫瑰苯胺分光光度法	HJ 482—2009
		环境空气　二氧化硫的测定　四氯汞盐吸收-副玫瑰苯胺分光光度法	HJ 483—2009
3	硫酸雾	固定污染源废气　硫酸雾的测定　离子色谱法（暂行）	HJ 544—2009
		硫酸浓缩尾气　硫酸雾的测定　铬酸钡比色法	GB/T 4920—1985
4	铅及其化合物	固定污染源废气　铅的测定　火焰原子吸收分光光度法（暂行）	HJ 538—2009
		环境空气　铅的测定　石墨炉原子吸收分光光度法（暂行）	HJ 539—2009
5	汞及其化合物	环境空气　汞的测定　巯基棉富集-冷原子荧光分光光度法（暂行）	HJ 542—2009
		固定污染源废气　汞的测定　冷原子吸收分光光度法（暂行）	HJ 543—2009

6　实施与监督

6.1 本标准由县级以上人民政府环境保护行政主管部门负责监督实施。

6.2 在任何情况下，企业均应遵守本标准规定的污染物排放控制要求，采取必要措施保证污染防治设施正常运行。各级环保部门在对设施进行监督性检查时，可以现场即时采样或监测的结果，作为判定排污行为是否符合排放标准以及实施相关环境保护管理措施的依据。在发现设施耗水或排水量有异常变化的情况下，应核定企业的实际产品产量和排水量，按本标准的规定，换算水污染物基准水量排放浓度。

铜、钴、镍工业污染物排放标准

（GB 25467—2010）

1　适用范围

本标准规定了铜、镍、钴工业企业水污染物和大气污染物排放限值、监测和监控要求，以及标准的实施与监督等相关规定。

本标准适用于铜、镍、钴工业企业的水污染物和大气污染物排放管理，以及铜、镍、钴工业企业建设项目的环境影响评价、环境保护设施设计、竣工环境保护验收及其投产后的水污染物和大气污染物排放管理。

本标准不适用于铜、镍、钴再生及压延加工等工业；也不适用于附属于铜、镍、钴工业的非特征生产工艺和装置。

本标准适用于法律允许的污染物排放行为；新设立污染源的选址和特殊保护区域内现有污染源的管理，按照《中华人民共和国大气污染防治法》、《中华人民共和国水污染防治法》、《中华人民共和国海洋环境保护法》、《中华人民共和国固体废物污染环境防治法》、《中华人民共和国放射性污染防治法》、《中华人民共和国环境影响评价法》等法律、法规、规章的相关规定执行。

本标准规定的水污染物排放控制要求适用于企业直接或间接向其法定边界外排放水污染物的行为。

2　规范性引用文件

本标准内容引用了下列文件或其中的条款。

GB/T 6920—1986　水质　pH 值的测定　玻璃电极法

GB/T 7468—1987　水质．总汞的测定　冷原子吸收分光光度法

GB/T 7475—1987　水质　铜、锌、铅、镉的测定　原子吸收分光光度法

GB/T 7484—1987　水质　氟化物的测定　离子选择电极法

GB/T 7485—1987　水质　总砷的测定　二乙基二硫代氨基甲酸银分光光度法

GB/T 11893—1989　水质　总磷的测定　钼酸铵分光光度法

GB/T 11894—1989　水质　总氮的测定　碱性过硫酸钾消解紫外分光光度法

GB/T 11901—1989　水质　悬浮物的测定　重量法

GB/T 11912—1989　水质　镍的测定　火焰原子吸收分光光度法

GB/T 11914—1989　水质　化学需氧量的测定　重铬酸盐法

GB/T 15432—1995　环境空气　总悬浮颗粒物的测定　重量法

GB/T 16157—1996　固定污染源排气中颗粒物测定与气态污染物采样方法

GB/T 16488—1996　水质　石油类和动植物油的测定　红外光度法

GB/T 16489—1996　水质　硫化物的测定　亚甲基蓝分光光度法

HJ/T 27—1999　固定污染源排气中氯化氢的测定　硫氰酸汞分光光度法

HJ/T 30—1999　固定污染源排气中氯气的测定　甲基橙分光光度法

HJ/T 55—2000　大气污染物无组织排放监测技术导则

HJ/T 56—2000　固定污染源排气中二氧化硫的测定　碘量法

HJ/T 57—2000　固定污染源排气中二氧化硫的测定　定电位电解法

HJ/T 60—2000　水质　硫化物的测定　碘量法

HJ/T 63.1—2001　大气固定污染源　镍的测定　火焰原子吸收分光光度法

HJ/T 63.2—2001　大气固定污染源　镍的测定　石墨炉原子吸收分光光度法

HJ/T 67—2001　大气固定污染源　氟化物的测定　离子选择电极法

HJ/T 195—2005　水质　氨氮的测定　气相分子吸收光谱法

HJ/T 199—2005　水质　总氮的测定　气相分子吸收光谱法

HJ/T 399—2007　水质　化学需氧量的测定　快速消解分光光度法

HJ 480—2009　环境空气　氟化物的测定　滤膜采样氟离子选择电极法

HJ 481—2009　环境空气　氟化物的测定　石灰滤纸采样氟离子选择电极法

HJ 482—2009　环境空气　二氧化硫的测定　甲醛吸收-副玫瑰苯胺分光光度法

HJ 483—2009　环境空气　二氧化硫的测定　四氯汞盐吸收-副玫瑰苯胺分光光度法

HJ 487—2009　水质　氟化物的测定　茜素磺酸锆目视比色法

HJ 488—2009　水质　氟化物的测定　氟试剂分光光度法

HJ 535—2009　水质　氨氮的测定　纳氏试剂分光光度法

HJ 536—2009　水质　氨氮的测定　水杨酸分光光度法

HJ 537—2009　水质　氨氮的测定　蒸馏-中和滴定法

HJ 538—2009　固定污染源废气　铅的测定　火焰原子吸收分光光度法（暂行）

HJ 539—2009　环境空气　铅的测定　石墨炉原子吸收分光光度法（暂行）

HJ 540—2009　空气和废气　砷的测定　二乙基二硫代氨基甲酸银分光光度

法（暂行）

　　HJ 542—2009　环境空气　汞的测定　巯基棉富集-冷原子荧光分光光度法（暂行）

　　HJ 543—2009　固定污染源废气　汞的测定　冷原子吸收分光光度法（暂行）

　　HJ 544—2009　固定污染源废气　硫酸雾的测定　离子色谱法（暂行）

　　HJ 547—2009　固定污染源废气　氯气的测定　碘量法（暂行）

　　HJ 548—2009　固定污染源废气　氯化氢的测定　硝酸银容量法（暂行）

　　HJ 549—2009　空气和废气　氯化氢的测定　离子色谱法（暂行）

　　HJ 550—2009　水质　总钴的测定　5-氯-2-（吡啶偶氮）-1,3-二氨基苯分光光度法（暂行）

　　《污染源自动监控管理办法》（国家环境保护总局令　第 28 号）

　　《环境监测管理办法》（国家环境保护总局令　第 39 号）

3　术语和定义

　　下列术语和定义适用于本标准。

3.1　铜、镍、钴工业　copper，nickel and cobalt industry

　　指生产铜、镍、钴金属的采矿、选矿、冶炼工业企业，不包括以废旧铜、镍、钴物料为原料的再生冶炼工业。

3.2　特征生产工艺和装置　typical processing and facility

　　指铜、镍、钴金属的采矿、选矿、冶炼的生产工艺及与这些工艺相关的装置。

3.3　现有企业　existing facility

　　指在本标准实施之日前已建成投产或环境影响评价文件已通过审批的铜、镍、钴工业企业或生产设施。

3.4　新建企业　new facility

　　指本标准实施之日起环境影响评价文件通过审批的新建、改建和扩建的铜、镍、钴生产设施建设项目。

3.5　排水量　effluent volume

　　指生产设施或企业向企业法定边界以外排放的废水的量，包括与生产有直接或间接关系的各种外排废水（如厂区生活污水、冷却废水、厂区锅炉和电站排水等）。

3.6　单位产品基准排水量　benchmark effluent volume per unit product

　　指用于核定水污染物排放浓度而规定的生产单位铜、镍、钴产品的废水排放量上限值。

3.7 排气筒高度 stack height

  指自排气筒（或其主体建筑构造）所在的地平面至排气筒出口计的高度。

3.8 标准状态 standard condition

  指温度为 273.15 K、压力为 101 325 Pa 时的状态。本标准规定的大气污染物排放浓度限值均以标准状态下的干气体为基准。

3.9 过量空气系数 excess air coefficient

  指工业炉窑运行时实际空气量与理论空气需要量的比值。

3.10 排气量 exhaust volume

  指铜、镍、钴工业生产工艺和装置排入环境空气的废气量，包括与生产工艺和装置有直接或间接关系的各种外排废气（如环境集烟等）。

3.11 单位产品基准排气量 benchmark exhaust volume per unit product

  指用于核定大气污染物排放浓度而规定的生产单位铜、镍、钴产品的排气量上限值。

3.12 企业边界 enterprise boundary

  指铜、镍、钴工业企业的法定边界。若无法定边界，则指实际边界。

3.13 公共污水处理系统 public wastewater treatment system

  指通过纳污管道等方式收集废水，为两家以上排污单位提供废水处理服务并且排水能够达到相关排放标准要求的企业或机构，包括各种规模和类型的城镇污水处理厂、区域（包括各类工业园区、开发区、工业聚集地等）废水处理厂等，其废水处理程度应达到二级或二级以上。

3.14 直接排放 direct discharge

  指排污单位直接向环境排放水污染物的行为。

3.15 间接排放 indirect discharge

  指排污单位向公共污水处理系统排放水污染物的行为。

4 污染物排放控制要求

4.1 水污染物排放控制要求（略）

4.2 大气污染物排放控制要求

4.2.1 自 2011 年 1 月 1 日起至 2011 年 12 月 31 日止，现有企业执行表 4 规定的大气污染物排放限值。

4.2.2 自 2012 年 1 月 1 日起，现有企业执行表 5 规定的大气污染物排放限值。

4.2.3 自 2010 年 10 月 1 日起，新建企业执行表 5 规定的大气污染物排放限值。

表 4　现有企业大气污染物排放浓度限值

单位：mg/m³

序号	生产类别	工艺或工序	限值 二氧化硫	颗粒物	砷及其化合物	硫酸雾	氯气	氯化氢	镍及其化合物	铅及其化合物	氟化物	汞及其化合物	污染物排放监控位置
1	采选	破碎、筛分	—	150	—	—	—	—	—	—	—	—	车间或生产设施排气筒
		其他	800	100		45	70	120	—	—	—	—	
2	铜冶炼	物料干燥	800	100	0.5	45	—	—	—	0.7	9.0	0.012	车间或生产设施排气筒
		环境集烟	960										
		其他	900										
3	镍、钴冶炼	全部	960	100	0.5	45	70	120	4.3	0.7	9.0	0.012	车间或生产设施排气筒
4	烟气制酸	一转一吸	960	50	0.5	45				0.7	9.0	0.012	
		两转两吸	860										
单位产品基准排气量		铜冶炼/（m³/t）	24 000										
		镍冶炼/（m³/t）	40 000										

表 5　新建企业大气污染物排放浓度限值

单位：mg/m³

序号	生产类别	工艺或工序	限值 二氧化硫	颗粒物	砷及其化合物	硫酸雾	氯气	氯化氢	镍及其化合物	铅及其化合物	氟化物	汞及其化合物	污染物排放监控位置
1	采选	破碎、筛分	—	100	—	—	—	—	—	—	—	—	车间或生产设施排气筒
		其他	400	80	—	40	60	80	—	—	—	—	
2	铜冶炼	全部	400	80	0.4	40	—	—	—	0.7	3.0	0.012	
3	镍、钴冶炼	全部	400	80	0.4	40	60	80	4.3	0.7	3.0	0.012	
4	烟气制酸	全部	400	50	0.4	40				0.7	3.0	0.012	
单位产品基准排气量		铜冶炼/（m³/t）	21 000										
		镍冶炼/（m³/t）	36 000										

4.2.4 企业边界大气污染物任何 1 h 平均浓度执行表 6 规定的限值。

表 6 现有和新建企业边界大气污染物浓度限值

单位：mg/m³

序号	污染物	限值
1	二氧化硫	0.5
2	颗粒物	1.0
3	硫酸雾	0.3
4	氯气	0.02
5	氯化氢	0.15
6	砷及其化合物	0.01
7	镍及其化合物[1]	0.04
8	铅及其化合物	0.006
9	氟化物	0.02
10	汞及其化合物	0.0012

注：1）镍、钴冶炼企业监控。

4.2.5 在现有企业生产、建设项目竣工环保验收后的生产过程中，负责监管的环境保护主管部门应对周围居住、教学、医疗等用途的敏感区域环境质量进行监测。建设项目的具体监控范围为环境影响评价确定的周围敏感区域；未进行过环境影响评价的现有企业，监控范围由负责监管的环境保护主管部门，根据企业排污的特点和规律及当地的自然、气象条件等因素，参照相关环境影响评价技术导则确定。地方政府应对本辖区环境质量负责，采取措施确保环境状况符合环境质量标准要求。

4.2.6 产生大气污染物的生产工艺和装置必须设立局部或整体气体收集系统和集中净化处理装置，净化后的气体由排气筒排放，所有排气筒高度应不低于 15 m（排放氯气的排气筒高度不得低于 25 m）。排气筒周围半径 200 m 范围内有建筑物时，排气筒高度还应高出最高建筑物 3 m 以上。

4.2.7 炉窑基准过量空气系数为 1.7，实测炉窑的大气污染物排放浓度，应换算为基准过量空气系数排放浓度。生产设施应采取合理的通风措施，不得故意稀释排放，若单位产品实际排气量超过单位产品基准排气量，须将实测大气污染物浓度换算为大气污染物基准排气量排放浓度，并以大气污染物基准排气量排放浓度作为判定排放是否达标的依据。大气污染物基准排气量排放浓度的换算，可参照采用水污染物基准排水量排放浓度的计算公式。在国家未规定其他生产设施单位产品基准排气量之前，暂以实测浓度作为判定是否达标的依据。

5　污染物监测要求

5.1　污染物监测的一般要求

5.1.1　对企业排放废水和废气的采样，应根据监测污染物的种类，在规定的污染物排放监控位置进行，有废水和废气处理设施的，应在处理设施后监控。在污染物排放监控位置须设置永久性排污口标志。

5.1.2　新建企业和现有企业安装污染物排放自动监控设备的要求，按有关法律和《污染源自动监控管理办法》的规定执行。

5.1.3　对企业污染物排放情况进行监测的频次、采样时间等要求，按国家有关污染源监测技术规范的规定执行。

5.1.4　企业产品产量的核定，以法定报表为依据。

5.1.5　企业须按照有关法律和《环境监测管理办法》的规定，对排污状况进行监测，并保存原始监测记录。

5.2　水污染物监测要求（略）

5.3　大气污染物监测要求

5.3.1　采样点的设置与采样方法按 GB/T 16157—1996 执行。

5.3.2　在有敏感建筑物方位、必要的情况下进行监控，具体要求按 HJ/T 55—2000 进行监测。

5.3.3　对企业排放大气污染物浓度的测定采用表 8 所列的方法标准。

表 8　大气污染物浓度测定方法标准

序号	污染物项目	方法标准名称	标准编号
1	颗粒物	固定污染源排气中颗粒物测定与气态污染物采样方法	GB/T 16157—1996
		环境空气　总悬浮颗粒物的测定　重量法	GB/T 15432—1995
2	二氧化硫	固定污染源排气中二氧化硫的测定　碘量法	HJ/T 56—2000
		固定污染源排气中二氧化硫的测定　定电位电解法	HJ/T 57—2000
		环境空气　二氧化硫的测定　甲醛吸收-副玫瑰苯胺分光光度法	HJ 482—2009
		环境空气　二氧化硫的测定　四氯汞盐吸收-副玫瑰苯胺分光光度法	HJ 483—2009
3	硫酸雾	固定污染源废气　硫酸雾的测定　离子色谱法（暂行）	HJ 544—2009

序号	污染物项目	方法标准名称	标准编号
4	氯气	固定污染源排气中氯气的测定　甲基橙分光光度法	HJ/T 30—1999
		固定污染源废气　氯气的测定　碘量法（暂行）	HJ 547—2009
5	氯化氢	固定污染源排气中氯化氢的测定　硫氰酸汞分光光度法	HJ/T 27—1999
		固定污染源废气　氯化氢的测定　硝酸银容量法（暂行）	HJ 548—2009
		空气和废气　氯化氢的测定　离子色谱法（暂行）	HJ 549—2009
6	镍及其化合物	大气固定污染源　镍的测定火焰原子吸收分光光度法	HJ/T 63.1—2001
		大气固定污染源　镍的测定石墨炉原子吸收分光光度法	HJ/T 63.2—2001
7	砷及其化合物	空气和废气　砷的测定　二乙基二硫代氨基甲酸银分光光度法（暂行）	HJ 540—2009
8	氟化物	大气固定污染源　氟化物的测定　离子选择电极法	HJ/T 67—2001
		环境空气　氟化物的测定　滤膜采样氟离子选择电极法	HJ 480—2009
		环境空气　氟化物的测定　石灰滤纸采样氟离子选择电极法	HJ 481—2009
9	汞及其化合物	环境空气　汞的测定　巯基棉富集-冷原子荧光分光光度法（暂行）	HJ 542—2009
		固定污染源废气　汞的测定　冷原子吸收分光光度法（暂行）	HJ 543—2009
10	铅及其化合物	固定污染源废气　铅的测定　火焰原子吸收分光光度法（暂行）	HJ 538—2009
		环境空气　铅的测定　石墨炉原子吸收分光光度法（暂行）	HJ 539—2009

6　实施与监督

6.1　本标准由县级以上人民政府环境保护行政主管部门负责监督实施。

6.2　在任何情况下，企业均应遵守本标准规定的污染物排放控制要求，采取必要措施保证污染防治设施正常运行。各级环保部门在对设施进行监督性检查时，可以现场即时采样或监测的结果，作为判定排污行为是否符合排放标准以及实施相关环境保护管理措施的依据。在发现设施耗水或排水量、排气量有异常变化的情况下，应核定企业的实际产品产量、排水量和排气量，按本标准的规定，换算水污染物基准排水量排放浓度和大气污染物基准排气量排放浓度。

镁、钛工业污染物排放标准

（GB 25468—2010）

1 适用范围

本标准规定了镁、钛工业企业水污染物和大气污染物排放限值、监测和监控要求，以及标准的实施与监督等相关规定。

本标准适用于镁、钛工业企业的水污染物和大气污染物排放管理，以及镁、钛工业企业建设项目的环境影响评价、环境保护设施设计、竣工环境保护验收及其投产后的水污染物和大气污染物排放管理。

本标准不适用于镁、钛再生及压延加工等工业，也不适用于附属于镁、钛企业的非特征生产工艺和装置。

本标准适用于法律允许的污染物排放行为；新设立污染源的选址和特殊保护区域内现有污染源的管理，按照《中华人民共和国大气污染防治法》、《中华人民共和国水污染防治法》、《中华人民共和国海洋环境保护法》、《中华人民共和国固体废物污染环境防治法》、《中华人民共和国环境影响评价法》等法律、法规、规章的相关规定执行。

本标准规定的水污染物排放控制要求适用于企业直接或间接向其法定边界外排放水污染物的行为。

2 规范性引用文件

本标准内容引用了下列文件或其中的条款。

GB/T 6920—1986　水质　pH 值的测定　玻璃电极法

GB/T 7466—1987　水质　总铬的测定

GB/T 7467—1987　水质　六价铬的测定　二苯碳酰二肼分光光度法

GB/T 7475—1987　水质　铜、锌、铅、镉的测定　原子吸收分光光度法

GB/T 11893—1989　水质　总磷的测定　钼酸铵分光光度法

GB/T 11894—1989　水质　总氮的测定　碱性过硫酸钾消解紫外分光光度法

GB/T 11901—1989　水质　悬浮物的测定　重量法

GB/T 11914—1989　水质　化学需氧量的测定　重铬酸盐法

GB/T 15432—1995　环境空气　总悬浮颗粒物的测定　重量法

GB/T 16157—1996　固定污染源排气中颗粒物测定与气态污染物采样方法

GB/T 16488—1996　水质　石油类和动植物油的测定　红外光度法

HJ/T 27—1999　固定污染源排气中氯化氢的测定　硫氰酸汞分光光度法

HJ/T 30—1999　固定污染源排气中氯气的测定　甲基橙分光光度法

HJ/T 55—2000　大气污染物无组织排放监测技术导则

HJ/T 56—2000　固定污染源排气中二氧化硫的测定　碘量法

HJ/T 57—2000　固定污染源排气中二氧化硫的测定　定电位电解法

HJ/T 195—2005　水质　氨氮的测定　气相分子吸收光谱法

HJ/T 199—2005　水质　总氮的测定　气相分子吸收光谱法

HJ/T 399—2007　水质　化学需氧量的测定　快速消解分光光度法

HJ 482—2009　环境空气　二氧化硫的测定　甲醛吸收-副玫瑰苯胺分光光度

HJ 483—2009　环境空气　二氧化硫的测定　四氯汞盐吸收-副玫瑰苯胺分光光度法

HJ 535—2009　水质　氨氮的测定　纳氏试剂分光光度法

HJ 536—2009　水质　氨氮的测定　水杨酸分光光度法

HJ 537—2009　水质　氨氮的测定　蒸馏-中和滴定法

HJ 547—2009　固定污染源废气　氯气的测定　碘量法（暂行）

HJ 548—2009　固定污染源废气　氯化氢的测定　硝酸银容量法（暂行）

HJ 549—2009　空气和废气　氯化氢的测定　离子色谱法（暂行）

《污染源自动监控管理办法》（国家环境保护总局令　第 28 号）

《环境监测管理办法》（国家环境保护总局令　第 39 号）

3　术语和定义

下列术语和定义适用于本标准。

3.1　镁、钛工业企业 magnesium and titanium industry

镁工业企业是指以白云石为原料生产金属镁的硅热法镁冶炼企业及其白云石矿山；钛工业企业是指以钛精矿或高钛渣或四氯化钛为原料生产海绵钛的企业及其矿山，包括以高钛渣、四氯化钛、海绵钛等为最终产品的生产企业。

3.2　特征生产工艺和装置 typical processing and facility

指镁、钛金属的采矿、选矿、冶炼的生产工艺及与这些工艺相关的装置。

3.3 现有企业 existing facility

指在本标准实施之日前已建成投产或环境影响评价文件通过审批的镁、钛工业企业或生产设施。

3.4 新建企业 new facility

指本标准实施之日起环境影响评价文件通过审批的新建、改建和扩建的镁、钛生产设施建设项目。

3.5 排水量 effluent volume

指生产设施或企业向企业法定边界以外排放的废水的量，包括与生产有直接或间接关系的各种外排废水（如厂区生活污水、冷却废水、厂区锅炉和电站排水等）。

3.6 单位产品基准排水量 benchmark effluent volume per unit product

指用于核定水污染物排放浓度而规定的生产单位镁、钛产品的废水排放量上限值。

3.7 排气筒高度 stack height

指自排气筒（或其主体建筑构造）所在的地平面至排气筒出口计的高度。

3.8 标准状态 standard condition

指温度为 273.15 K、压力为 101 325 Pa 时的状态。本标准规定的大气污染物排放浓度限值均以标准状态下的干气体为基准。

3.9 过量空气系数 excess air coefficient

指工业炉窑运行时实际空气量与理论空气需要量的比值。

3.10 企业边界 enterprise boundary

指镁、钛工业企业的法定边界。若无法定边界，则指实际边界。

3.11 公共污水处理系统 public wastewater treatment system

指通过纳污管道等方式收集废水，为两家以上排污单位提供废水处理服务并且排水能够达到相关排放标准要求的企业或机构，包括各种规模和类型的城镇污水处理厂、区域（包括各类工业园区、开发区、工业聚集地等）废水处理厂等，其废水处理程度应达到二级或二级以上。

3.12 直接排放 direct discharge

指排污单位直接向环境排放水污染物的行为。

3.13 间接排放 indirect discharge

指排污单位向公共污水处理系统排放水污染物的行为。

4 污染物排放控制要求

4.1 水污染物排放控制要求（略）

4.2　大气污染物排放控制要求

4.2.1　自 2011 年 1 月 1 日起至 2011 年 12 月 31 日止，现有企业执行表 4 规定的大气污染物排放限值。

表 4　现有企业大气污染物排放浓度限值

单位：mg/m³

生产系统及设备		限　值				污染物排放监控位置
		颗粒物	二氧化硫	氯气	氯化氢	
矿山	破碎、筛分、转运等	100	—	—	—	车间或生产设施排气筒
镁冶炼	原料制备	100	—	—	—	
	煅烧炉	200	800	—	—	
	还原炉	100	800	—	—	
	精炼	100	800	—	—	
	其他	100	800	—	—	
钛冶炼	原料制备	100	—	—	—	
	高钛渣电炉	120	300	—	—	
	氯化系统	—	—	70	120	
	精制系统	—	—	70	120	
	镁电解槽	—	—	70	120	
	镁精炼	100	800	—	—	
	其他	100	800	70	120	

4.2.2　自 2012 年 1 月 1 日起，现有企业执行表 5 规定的大气污染物排放限值。

4.2.3　自 2010 年 10 月 1 日起，新建企业执行表 5 规定的大气污染物排放限值。

表 5　新建企业大气污染物排放浓度限值

单位：mg/m³

生产系统及设备		限　值				污染物排放监控位置
		颗粒物	二氧化硫	氯气	氯化氢	
矿山	破碎、筛分、转运等	50	—	—	—	车间或生产设施排气筒
镁冶炼	原料制备	50	—	—	—	
	煅烧炉	150	400			
	还原炉	50	400			
	精炼	50	400			
	其他	50	400			

生产系统及设备		限 值				污染物排放监控位置
		颗粒物	二氧化硫	氯气	氯化氢	
钛冶炼	原料制备	50	—	—	—	车间或生产设施排气筒
	高钛渣电炉	70	400	—	—	
	氯化系统	—	—	60	80	
	精制系统	—	—	60	80	
	镁电解槽	—	—	60	80	
	镁精炼	50	400	—	—	
	其他	50	400	60	80	

4.2.4 企业边界大气污染物任何 1 h 平均浓度执行表 6 规定的限值。

表 6 现有和新建企业边界大气污染物浓度限值

单位：mg/m³

序号	污染物	限值
1	二氧化硫	0.5
2	颗粒物	1.0
3	氯气	0.02
4	氯化氢	0.15

4.2.5 在现有企业生产、建设项目竣工环保验收后的生产过程中，负责监管的环境保护主管部门应对周围居住、教学、医疗等用途的敏感区域环境质量进行监测。建设项目的具体监控范围为环境影响评价确定的周围敏感区域；未进行过环境影响评价的现有企业，监控范围由负责监管的环境保护主管部门，根据企业排污的特点和规律及当地的自然、气象条件等因素，参照相关环境影响评价技术导则确定。地方政府应对本辖区环境质量负责，采取措施确保环境状况符合环境质量标准要求。

4.2.6 产生大气污染物的生产工艺和装置必须设立局部或整体气体收集系统和集中净化处理装置，并通过符合要求的排气筒排放。所有排气筒高度应不低于 15 m（排放氯气的排气筒高度不得低于 25 m）。排气筒周围半径 200 m 范围内有建筑物时，排气筒高度还应高出最高建筑物 3 m 以上。

4.2.7 炉窑基准过量空气系数为 1.7，实测炉窑的大气污染物排放浓度，应换算为基准过量空气系数排放浓度。生产设施应采取合理的通风措施，不得故意稀释排放。在国家未规定其他生产设施单位产品基准排气量之前，暂以实测浓度作为判定是否达标的依据。

5　污染物监测要求

5.1　污染物监测的一般要求

5.1.1　对企业排放废水和废气的采样，应根据监测污染物的种类，在规定的污染物排放监控位置进行，有废水和废气处理设施的，应在处理设施后监控。在污染物排放监控位置须设置永久性排污口标志。

5.1.2　新建企业和现有企业安装污染物排放自动监控设备的要求，按有关法律和《污染源自动监控管理办法》的规定执行。

5.1.3　对企业污染物排放情况进行监测的频次、采样时间等要求，按国家有关污染源监测技术规范的规定执行。

5.1.4　企业产品产量的核定，以法定报表为依据。

5.1.5　企业须按照有关法律和《环境监测管理办法》的规定，对排污状况进行监测，并保存原始监测记录。

5.2　水污染物监测要求（略）

5.3　大气污染物监测要求

5.3.1　采样点的设置与采样方法按 GB/T 16157—1996 执行。

5.3.2　在有敏感建筑物方位、必要的情况下进行监控，具体要求按 HJ/T 55—2000 进行监测。

5.3.3　对企业排放大气污染物浓度的测定采用表 8 所列的方法标准。

表 8　大气污染物浓度测定方法标准

序号	污染物项目	方法标准名称	方法标准编号
1	二氧化硫	固定污染源排气中二氧化硫的测定　碘量法	HJ/T 56—2000
		固定污染源排气中二氧化硫的测定　定电位电解法	HJ/T 57—2000
		环境空气　二氧化硫的测定　甲醛吸收-副玫瑰苯胺分光光度法	HJ 482—2009
		环境空气　二氧化硫的测定　四氯汞盐吸收-副玫瑰苯胺分光光度法	HJ 483—2009
2	颗粒物	固定污染源排气中颗粒物测定与气态污染物采样方法	GB/T 16157—1996
		环境空气　总悬浮颗粒物的测定　重量法	GB/T 15432—1995
3	氯气	固定污染源排气中氯气的测定　甲基橙分光光度法	HJ/T 30—1999
		固定污染源废气　氯气的测定　碘量法（暂行）	HJ 547—2009
4	氯化氢	固定污染源排气中氯化氢的测定　硫氰酸汞分光光度法	HJ/T 27—1999
		固定污染源废气　氯化氢的测定　硝酸银容量法（暂行）	HJ 548—2009
		空气和废气　氯化氢的测定　离子色谱法（暂行）	HJ 549—2009

6   实施与监督

6.1   本标准由县级以上人民政府环境保护行政主管部门负责监督实施。

6.2   在任何情况下，企业均应遵守本标准规定的污染物排放控制要求，采取必要措施保证污染防治设施正常运行。各级环保部门在对设施进行监督性检查时，可以现场即时采样或监测的结果，作为判定排污行为是否符合排放标准以及实施相关环境保护管理措施的依据。在发现设施耗水或排水量有异常变化的情况下，应核定企业的实际产品产量、排水量，按本标准的规定，换算水污染物基准排水量排放浓度。

硝酸工业污染物排放标准

（GB 26131—2010）

1　适用范围

本标准规定了硝酸工业企业或生产设施水和大气污染物的排放限值、监测和监控要求，以及标准的实施与监督等相关规定。

本标准适用于现有硝酸工业企业水和大气污染物排放管理。

本标准适用于对硝酸工业企业建设项目的环境影响评价、环境保护设施设计、竣工环境保护验收及其投产后的水、大气污染物排放管理。

本标准适用于以氨和空气（或纯氧）为原料采用氨氧化法生产硝酸和硝酸盐的企业。本标准不适用于以硝酸为原料生产硝酸盐和其他产品的生产企业。

本标准适用于法律允许的污染物排放行为。新设立污染源的选址和特殊保护区域内现有污染源的管理，按照《中华人民共和国水污染防治法》、《中华人民共和国大气污染防治法》、《中华人民共和国海洋环境保护法》、《中华人民共和国固体废物污染环境防治法》、《中华人民共和国放射性污染防治法》、《中华人民共和国环境影响评价法》等法律、法规、规章的相关规定执行。

本标准规定的水污染物排放控制要求适用于企业直接或间接向其法定边界外排放水污染物的行为。

2　规范性引用文件

本标准内容引用了下列文件或其中的条款。凡是不注明日期的引用文件，其有效版本适用于本标准。

GB/T 6920—1986　水质　pH 值的测定　玻璃电极法

GB/T 11893—1989　水质　总磷的测定　钼酸铵分光光度法

GB/T 11894—1989　水质　总氮的测定　碱性过硫酸钾消解紫外分光光度法

GB/T 11901—1989　水质　悬浮物的测定　重量法

GB/T 11914—1989　水质　化学需氧量的测定　重铬酸盐法

GB/T 16488—1996　水质　石油类和动植物油的测定　红外光度法

GB/T 16157　固定污染源排气中颗粒物测定与气态污染物采样方法

HJ/T 42—1999　固定污染源排气中氮氧化物的测定　紫外分光光度法

HJ/T 55　大气污染物无组织排放监测技术导则

HJ/T 76　固定污染源排放烟气连续监测系统技术要求及检测方法

HJ/T 91　地表水和污水监测技术规范

HJ/T 195—2005　水质　氨氮的测定　气相分子吸收光谱法

HJ/T 199—2005　水质　总氮的测定　气相分子吸收光谱法

HJ/T 397　固定源废气监测技术规范

HJ/T 399—2007　水质　化学需氧量的测定　快速消解分光光度法

HJ 479—2009　环境空气　氮氧化物（一氧化氮和二氧化氮）的测定　盐酸萘乙二胺分光光度法

HJ 535—2009　水质　氨氮的测定　纳氏试剂分光光度法

HJ 536—2009　水质　氨氮的测定　水杨酸分光光度法

HJ 537—2009　水质　氨氮的测定　蒸馏-中和滴定法

《污染源自动监控管理办法》（国家环境保护总局令　第 28 号）

《环境监测管理办法》（国家环境保护总局令　第 39 号）

3　术语和定义

下列术语和定义适用于本标准。

3.1　硝酸工业　nitric acid industry

指由氨和空气（或纯氧）在催化剂作用下制备成氧化氮气体，经水吸收制成硝酸或经碱液吸收生成硝酸盐产品的工业企业或生产设施。硝酸包括稀硝酸和浓硝酸，硝酸盐指硝酸钠、亚硝酸钠以及其他以氨和空气（或纯氧）为原料采用氨氧化法生产的硝酸盐。

3.2　现有企业　existing facility

指本标准实施之日前，已建成投产或环境影响评价文件已通过审批的硝酸工业企业或生产设施。

3.3　新建企业　new facility

指本标准实施之日起，环境影响评价文件通过审批的新建、改建和扩建硝酸工业建设项目。

3.4　公共污水处理系统　public wastewater treatment system

指通过纳污管道等方式收集废水，为两家以上排污单位提供废水处理服务并且排水能够达到相关排放标准要求的企业或机构，包括各种规模和类型的城镇污水处理厂、区域（包括各类工业园区、开发区、工业聚集地等）废水处理厂等，其废水处理程度应达到二级或二级以上。

3.5 直接排放 direct discharge

指排污单位直接向环境排放水污染物的行为。

3.6 间接排放 indirect discharge

指排污单位向公共污水处理系统排放水污染物的行为。

3.7 排水量 effluent volume

指生产设施或企业向企业法定边界以外排放的废水的量，包括与生产有直接或间接关系的各种外排废水（含厂区生活污水、冷却废水、厂区锅炉和电站排污水等）。

3.8 单位产品基准排水量 benchmark effluent volume per unit product

指用于核定水污染物排放浓度而规定的生产单位硝酸（100%）或硝酸盐产品的排水量上限值。

3.9 硝酸工业尾气 nitric acid plant tail gas

指吸收塔顶部或经进一步脱硝后由排气筒连续排放的尾气，其主要污染物是氮氧化物（NO_x），此处氮氧化物指一氧化氮（NO）和二氧化氮（NO_2），本标准以 NO_2 计。

3.10 标准状态 standard condition

指温度为 273.15 K，压力为 101 325 Pa 时的状态，简称"标态"。本标准规定的大气污染物排放浓度限值均以标准状态下的干气体为基准。

3.11 排气量 exhaust volume

指生产设施或企业通过排气筒向环境排放的工艺废气的量。

3.12 单位产品基准排气量 benchmark exhaust volume per unit product

指用于核定废气污染物排放浓度而规定的生产单位硝酸（100%）或硝酸盐产品的排气量上限值。

3.13 企业边界 enterprise boundary

指硝酸工业企业的法定边界。若无法定边界，则指企业的实际边界。

4 污染物排放控制要求

4.1 水污染物排放控制要求（略）

4.2 大气污染物排放控制要求

4.2.1 自 2011 年 10 月 1 日起至 2013 年 3 月 31 日止，现有企业执行表 4 规定的大气污染物排放限值。

表 4 现有企业大气污染物排放浓度限值

单位：mg/m³

项目	排放限值	污染物排放监控位置
氮氧化物	500	车间或生产设施排气筒
单位产品基准排气量/（m³/t）	3 400	硝酸工业尾气排放口（排气量计量位置与污染物排放监控位置相同）

4.2.2 自 2013 年 4 月 1 日起，现有企业执行表 5 规定的大气污染物排放限值。

4.2.3 自 2011 年 3 月 1 日起，新建企业执行表 5 规定的大气污染物排放限值。

表 5 新建企业大气污染物排放浓度限值

单位：mg/m³

项目	排放限值	污染物排放监控位置
氮氧化物	300	车间或生产设施排气筒
单位产品基准排气量/（m³/t）	3 400	硝酸工业尾气排放口（排气量计量位置与污染物排放监控位置相同）

4.2.4 根据环境保护工作的要求，在国土开发密度已经较高、环境承载能力开始减弱，或大气环境容量较小、生态环境脆弱，容易发生严重大气环境污染问题而需要采取特别保护措施的地区，应严格控制企业的污染排放行为，在上述地区的企业执行表 6 规定的大气污染物特别排放限值。

执行大气污染物特别排放限值的地域范围、时间，由国务院环境保护行政主管部门或省级人民政府规定。

表 6 大气污染物特别排放限值

单位：mg/m³

项目	排放限值	污染物排放监控位置
氮氧化物	200	车间或生产设施排气筒
单位产品基准排气量/（m³/t）	3 400	硝酸工业尾气排放口（排气量计量位置与污染物排放监控位置相同）

4.2.5 企业边界大气污染物任何 1 h 平均浓度执行表 7 规定的限值。

表7　企业边界大气污染物无组织排放限值

单位：mg/m³

污染物项目	浓度限值	监控位置
氮氧化物	0.24	企业边界

4.2.6　在现有企业生产、建设项目竣工环保验收后的生产过程中，负责监管的环境保护主管部门应对周围居住、教学、医疗等用途的敏感区域环境质量进行监测。建设项目的具体监控范围为环境影响评价确定的周围敏感区域；未进行过环境影响评价的现有企业，监控范围由负责监管的环境保护主管部门，根据企业排污的特点和规律及当地的自然、气象条件等因素，参照相关环境影响评价技术导则确定。地方政府应对本辖区环境质量负责，采取措施确保环境状况符合环境质量标准要求。

4.2.7　产生大气污染物的生产工艺和装置必须设立局部或整体气体收集系统和集中净化处理装置。所有排气筒高度应不低于15 m。排气筒周围半径200 m范围内有建筑物时，排气筒高度还应高出最高建筑物3 m以上。

4.2.8　大气污染物排放浓度限值适用于单位产品实际排气量不高于单位产品基准排气量的情况。若单位产品实际排气量超过单位产品基准排气量，须将实测大气污染物浓度换算为大气污染物基准气量排放浓度，并以大气污染物基准气量排放浓度作为判定排放是否达标的依据。大气污染物基准气量排放浓度的换算，可参照采用水污染物基准水量排放浓度的计算公式。排气量统计周期为一个工作日。

5　污染物监测要求

5.1　污染物监测的一般要求

5.1.1　对企业排放废水和废气的采样，应根据监测污染物的种类，在规定的污染物排放监控位置进行。有废水、废气处理设施的，应在该设施后监控。在污染物排放监控位置应设置永久性排污口标志。

5.1.2　新建企业和现有企业安装污染物排放自动监控设备的要求，按有关法律和《污染源自动监控管理办法》的规定执行。

5.1.3　对企业污染物排放情况进行监测的频次、采样时间等要求，按国家有关污染源监测技术规范的规定执行。

5.1.4　企业产品产量的核定，以法定报表为依据。

5.1.5　企业必须按照有关法律和《环境监测管理办法》的规定，对排污状况进行监测，并保存原始监测记录。

5.2 水污染物监测要求（略）

5.3 大气污染物监测要求

5.3.1 采样点的设置与采样方法按 GB/T 16157 和 HJ/T 76、HJ/T 397、HJ/T 55 的规定执行。

5.3.2 对企业排放大气污染物浓度的测定采用表9所列的方法标准。

表9　大气污染物浓度测定方法标准

污染物项目	方法标准名称	方法标准编号
氮氧化物	环境空气　氮氧化物（一氧化氮和二氧化氮）的测定　盐酸萘乙二胺分光光度法	HJ 479—2009
	固定污染源排气中氮氧化物的测定　紫外分光光度法	HJ/T 42—1999

6　实施与监督

6.1 本标准由县级以上人民政府环境保护行政主管部门负责监督实施。

6.2 在任何情况下，企业均应遵守本标准的污染物排放控制要求，采取必要措施保证污染防治设施正常运行。各级环保部门在对企业进行监督性检查时，可以现场即时采样或监测的结果，作为判定排污行为是否符合排放标准以及实施相关环境保护管理措施的依据。在发现设施耗水或排水量、排气量有异常变化的情况下，应核定企业的实际产品产量、排水量和排气量，按本标准的规定，换算水污染物基准水量排放浓度和大气污染物基准气量排放浓度。

硫酸工业污染物排放标准

（GB 26132—2010）

1　适用范围

本标准规定了硫酸工业企业或生产设施水和大气污染物的排放限值、监测和监控要求，以及标准的实施与监督等相关规定。

本标准适用于现有硫酸工业企业水和大气污染物排放管理。

本标准适用于对硫酸工业企业建设项目的环境影响评价、环境保护设施设计、竣工环境保护验收及其投产后的水、大气污染物排放管理。

本标准不适用于冶炼尾气制酸和硫化氢制酸工业企业的水和大气污染物排放管理。

本标准适用于法律允许的污染物排放行为。新设立污染源的选址和特殊保护区域内现有污染源的管理，按照《中华人民共和国水污染防治法》、《中华人民共和国大气污染防治法》、《中华人民共和国海洋环境保护法》、《中华人民共和国固体废物污染环境防治法》、《中华人民共和国放射性污染防治法》、《中华人民共和国环境影响评价法》等法律、法规、规章的相关规定执行。

本标准规定的水污染物排放控制要求适用于企业直接或间接向其法定边界外排放水污染物的行为。

2　规范性引用文件

本标准内容引用了下列文件或其中的条款。凡是不注明日期的引用文件，其有效版本适用于本标准。

GB/T 6920—1986　水质　pH 值的测定　玻璃电极法

GB/T 7470—1987　水质　铅的测定　双硫腙分光光度法

GB/T 7475—1987　水质　铜、锌、铅、镉的测定　原子吸收分光光度法

GB/T 7484—1987　水质　氟化物的测定　离子选择电极法

GB/T 7485—1987　水质　总砷的测定　二乙基二硫代氨基甲酸银分光光度法

GB/T 11893—1989　水质　总磷的测定　钼酸铵分光光度法

GB/T 11894—1989　水质　总氮的测定　碱性过硫酸钾消解紫外分光光度法

GB/T 11901—1989　水质　悬浮物的测定　重量法

GB/T 11914—1989　水质　化学需氧量的测定　重铬酸盐法

GB/T 15432—1995　环境空气　总悬浮颗粒物的测定　重量法

GB/T 16157　固定污染源排气中颗粒物测定与气态污染物采样方法

GB/T 16488—1996　水质　石油类和动植物油的测定　红外光度法

GB/T 16489—1996　水质　硫化物的测定　亚甲基蓝分光光度法

HJ/T 55　大气污染物无组织排放监测技术导则

HJ/T 56—2000　固定污染源排气中二氧化硫的测定　碘量法

HJ/T 57—2000　固定污染源排气中二氧化硫的测定　定电位电解法

HJ/T 60—2000　水质　硫化物的测定　碘量法

HJ/T 76　固定污染源排放烟气连续监测系统技术要求及检测方法

HJ/T 84—2001　水质　无机阴离子的测定　离子色谱法

HJ/T 91　地表水和污水监测技术规范

HJ/T 195—2005　水质　氨氮的测定　气相分子吸收光谱法

HJ/T 199—2005　水质　总氮的测定　气相分子吸收光谱法

HJ/T 373　固定污染源监测质量保证与质量控制技术规范（试行）

HJ/T 397　固定源废气监测技术规范

HJ/T 399—2007　水质　化学需氧量的测定　快速消解分光光度法

HJ 482—2009　环境空气　二氧化硫的测定　甲醛吸收-副玫瑰苯胺分光光度法

HJ 487—2009　水质　氟化物的测定　茜素磺酸锆目视比色法

HJ 488—2009　水质　氟化物的测定　氟试剂分光光度法

HJ 535—2009　水质　氨氮的测定　纳氏试剂分光光度法

HJ 536—2009　水质　氨氮的测定　水杨酸分光光度法

HJ 537—2009　水质　氨氮的测定　蒸馏-中和滴定法

HJ 544—2009　固定污染源废气　硫酸雾的测定　离子色谱法（暂行）

《污染源自动监控管理办法》（国家环境保护总局令　第 28 号）

《环境监测管理办法》（国家环境保护总局令　第 39 号）

3　术语和定义

下列术语和定义适用于本标准。

3.1　硫酸工业　sulfuric acid industry

指以硫黄、硫铁矿和石膏为原料制取二氧化硫炉气，经二氧化硫转化和三氧化硫吸收制得硫酸产品的工业企业或生产设施。

3.2　现有企业　existing facility

指本标准实施之日前，已建成投产或环境影响评价文件已通过审批的硫酸工业企业或生产设施。

3.3　新建企业　new facility

指本标准实施之日起，环境影响评价文件通过审批的新建、改建和扩建硫酸工业建设项目。

3.4　公共污水处理系统　public wastewater treatment system

指通过纳污管道等方式收集废水，为两家以上排污单位提供废水处理服务并且排水能够达到相关排放标准要求的企业或机构，包括各种规模和类型的城镇污水处理厂、区域（包括各类工业园区、开发区、工业聚集地等）废水处理厂等，其废水处理程度应达到二级或二级以上。

3.5　直接排放　direct discharge

指排污单位直接向环境排放水污染物的行为。

3.6　间接排放　indirect discharge

指排污单位向公共污水处理系统排放水污染物的行为。

3.7　排水量　effluent volume

指生产设施或企业向企业法定边界以外排放的废水的量，包括与生产有直接或间接关系的各种外排废水（如厂区生活污水、冷却废水、厂区锅炉和电站排水等）。

3.8　单位产品基准排水量　benchmark effluent volume per unit product

指用于核定水污染物排放浓度而规定的生产单位硫酸（100%）产品的排水量上限值。

3.9　硫酸工业尾气　sulfuric acid plant tail gas

指吸收塔顶部或经进一步脱硫后由排气筒连续排放的尾气，主要含有二氧化硫和硫酸雾。

3.10　标准状态　standard condition

指温度为 273.15 K，压力为 101 325 Pa 时的状态，简称"标态"。本标准规定的大气污染物排放浓度限值和基准排气量均以标准状态下的干气体为基准。

3.11　排气量　exhaust volume

指生产设施或企业通过排气筒向环境排放的工艺废气的量（干标状态）。

3.12　单位产品基准排气量　benchmark exhaust volume per unit product

指用于核定废气污染物排放浓度而规定的生产单位硫酸（100%）产品的排气量上限值。

3.13　企业边界　enterprise boundary

指硫酸工业企业的法定边界。若无法定边界，则指企业的实际边界。

4　污染物排放控制要求

4.1　水污染物排放控制要求（略）

4.2　大气污染物排放控制要求

4.2.1　自 2011 年 10 月 1 日起至 2013 年 9 月 30 日止，现有企业执行表 4 规定的大气污染物排放限值。

表 4　现有企业大气污染物排放浓度限值

单位：mg/m³

序号	污染物项目	排放限值	污染物排放监控位置
1	二氧化硫	860	硫酸工业尾气排放口
2	硫酸雾	45	
3	颗粒物	50	破碎、干燥及排渣等工序排放口

4.2.2　自 2013 年 10 月 1 日起，现有企业执行表 5 规定的大气污染物排放限值。

4.2.3　自 2011 年 3 月 1 日起，新建企业执行表 5 规定的大气污染物排放限值。

表 5　新建企业大气污染物排放浓度限值

单位：mg/m³

序号	污染物项目	排放限值	污染物排放监控位置
1	二氧化硫	400	硫酸工业尾气排放口
2	硫酸雾	30	
3	颗粒物	50	破碎、干燥及排渣等工序排放口

4.2.4　根据环境保护工作的要求，在国土开发密度已经较高、环境承载能力开始减弱，或大气环境容量较小、生态环境脆弱，容易发生严重大气环境污染问题而需要采取特别保护措施的地区，应严格控制企业的污染排放行为，在上述地区的企业执行表 6 规定的大气污染物特别排放限值。执行大气污染物特别排放限值的地域范围、时间，由国务院环境保护行政主管部门或省级人民政府规定。

表6 大气污染物特别排放限值

单位：mg/m^3

序号	污染物项目	排放限值	污染物排放监控位置
1	二氧化硫	200	硫酸工业尾气排放口
2	硫酸雾	5	
3	颗粒物	30	破碎、干燥及排渣等工序排放口

4.2.5 现有企业和新建企业单位产品基准排气量执行表7规定的限值。

表7 单位产品基准排气量

单位：m^3/t

序号	生产工艺	单位产品基准排气量	污染物排放监控位置
1	硫黄制酸	2 300	硫酸工业尾气排放口（排气量计量位置与污染物排放监控位置相同）
2	硫铁矿制酸	2 800	
3	石膏制酸	4 300	

4.2.6 企业边界大气污染物任何1 h平均浓度执行表8规定的限值。

表8 企业边界大气污染物无组织排放限值

单位：mg/m^3

序号	污染物项目	最高浓度限值	监控点
1	二氧化硫	0.5	企业边界
2	硫酸雾	0.3	
3	颗粒物	0.9	

4.2.7 在现有企业生产、建设项目竣工环保验收后的生产过程中，负责监管的环境保护主管部门应对周围居住、教学、医疗等用途的敏感区域环境质量进行监测。建设项目的具体监控范围为环境影响评价确定的周围敏感区域；未进行过环境影响评价的现有企业，监控范围由负责监管的环境保护主管部门，根据企业排污的特点和规律及当地的自然、气象条件等因素，参照相关环境影响评价技术导则确定。地方政府应对本辖区环境质量负责，采取措施确保环境状况符合环境质量标准要求。

4.2.8 产生大气污染物的生产工艺和装置必须设立局部或整体气体收集系统和

集中净化处理装置。所有排气筒高度应不低于 15 m。排气筒周围半径 200 m 范围内有建筑物时，排气筒高度还应高出最高建筑物 3 m 以上。

4.2.9 大气污染物排放浓度限值适用于单位产品实际排气量不高于单位产品基准排气量的情况。若单位产品实际排气量超过单位产品基准排气量，须将实测大气污染物浓度换算为大气污染物基准气量排放浓度，并以大气污染物基准气量排放浓度作为判定排放是否达标的依据。大气污染物基准气量排放浓度的换算，可参照采用水污染物基准水量排放浓度的计算公式。

产品产量和排气量统计周期为一个工作日。

5　污染物监测要求

5.1　污染物监测的一般要求

5.1.1　对企业排放的废水和废气的采样，应根据监测污染物的种类，在规定的污染物排放监控位置进行。有废水、废气处理设施的，应在该设施后监控。在污染物排放监控位置须设置永久性排污口标志。

5.1.2　新建企业和现有企业安装污染物排放自动监控设备的要求，按有关法律和《污染源自动监控管理办法》的规定执行。

5.1.3　对企业污染物排放情况进行监测的频次、采样时间、质量保证与质量控制等要求，按国家有关污染源监测技术规范的规定执行。

5.1.4　企业产品产量的核定，以法定报表为依据。

5.1.5　企业必须按照有关法律和《环境监测管理办法》的规定，对排污状况进行监测，并保存原始监测记录。

5.2　水污染物监测要求（略）

5.3　大气污染物监测要求

5.3.1　采样点的设置与采样方法按 GB/T 16157 和 HJ/T 76、HJ/T 397、HJ/T 55 的规定执行。

5.3.2　对企业排放大气污染物浓度的测定采用表 10 所列的方法标准。

表 10　大气污染物浓度测定方法标准

序号	污染物项目	方法标准名称	方法标准编号
1	二氧化硫	环境空气　二氧化硫的测定　甲醛吸收-副玫瑰苯胺分光光度法	HJ 482—2009
		固定污染源排气中二氧化硫的测定　碘量法	HJ/T 56—2000
		固定污染源排气中二氧化硫的测定　定电位电解法	HJ/T 57—2000

序号	污染物项目	方法标准名称	方法标准编号
2	硫酸雾	固定污染源废气　硫酸雾的测定　离子色谱法（暂行）	HJ 544—2009
3	颗粒物	环境空气　总悬浮颗粒物的测定　重量法	GB/T 15432—1995
		固定污染源排气中颗粒物测定与气态污染物采样方法	GB/T 16157—1996

注：企业边界硫酸雾的测定方法采用 HJ 544—2009。

6　实施与监督

6.1　本标准由县级以上人民政府环境保护行政主管部门负责监督实施。

6.2　在任何情况下，企业均应遵守本标准的污染物排放控制要求，采取必要措施保证污染防治设施正常运行。各级环保部门在对企业进行监督性检查时，可以现场即时采样或监测的结果，作为判定排污行为是否符合排放标准以及实施相关环境保护管理措施的依据。在发现设施耗水或排水量、排气量有异常变化的情况下，应核定设施的实际产品产量、排水量和排气量，按本标准的规定，换算水污染物基准水量排放浓度和大气污染物基准气量排放浓度。

煤层气（煤矿瓦斯）排放标准（暂行）

（GB 21522—2008）

1　适用范围

本标准规定了煤矿瓦斯排放限值以及煤层气地面开发系统煤层气排放限值。

本标准适用现有矿井、煤层气地面开发系统瓦斯排放控制管理以及新建、改建、扩建矿井以及煤层气地面开发系统项目的环境影响评价、设计、竣工验收及其建成后的瓦斯排放控制管理。

本标准适用于法律允许的污染物排放行为，新建矿井或煤层气地面开发系统的选址和特殊保护区域内现有矿井或煤层气地面开发系统的管理，按《中华人民共和国大气污染防治法》第十六条的相关规定执行。

2　规范性引用文件

本标准内容引用了下列文件中的条款。凡不注明日期的引用文件，其有效版本适用于本标准。

AQ 1026　煤矿瓦斯抽采基本指标

AQ 1027　煤矿瓦斯抽放规范

AQ 6201　煤矿安全监控系统通用技术要求

AQ 6204　瓦斯抽放用热导式高浓度甲烷传感器

《污染源自动监控管理办法》（国家环境保护总局令第 28 号）

《环境监测管理办法》（国家环境保护总局令第 39 号）

3　术语和定义

下列术语与定义适用于本标准。

3.1　煤层气　coalbed methane

煤层气指赋存在煤层中以甲烷为主要成分，以吸附在煤基质颗粒表面为主、部分游离于煤孔隙中或溶解于煤层水中的烃类气体的总称。

3.2　煤矿瓦斯　mine gas

煤矿瓦斯简称瓦斯，指煤炭矿井开采过程中从煤层及其围岩涌入矿井巷道和工作面的天然气体，主要由甲烷构成。有时单独指甲烷。

3.3　瓦斯抽放　gas drainage

采用专用设备和管路把煤层、岩层或采空区瓦斯抽出的措施。

3.4　瓦斯抽放系统　gas drainage works

采用专用设备和管路把煤层、岩层和采空区中的瓦斯抽出或排出的系统工程。

3.5　高浓度瓦斯　high concentration mine gas

指甲烷体积浓度大于或等于30%经煤矿瓦斯抽放系统抽出或排出的瓦斯。

3.6　低浓度瓦斯　low concentration mine gas

指甲烷体积浓度小于30%经煤矿瓦斯抽放系统抽出或排出的瓦斯。

3.7　风排瓦斯　windblown mine gas

指煤矿采用通风方法并由风井排出的瓦斯。

3.8　标准状态　normal state

指温度273K，压力101 325Pa时的状态，本标准规定的煤层气、煤矿瓦斯排放浓度均指标准状态下干空气数值。

3.9　绝对瓦斯涌出量　absolute gas emission rate

单位时间内从煤层和岩层以及采落的煤（岩）体所涌出的瓦斯量，单位采用m^3/min。

3.10　煤（岩）与瓦斯突出　coal/rock and gas outburst

在地应力和瓦斯的共同作用下，破碎的煤、岩和瓦斯由煤体或岩体内突然向采掘空间抛出的异常的动力现象。

3.11　煤（岩）与瓦斯突出矿井　coal/rock and gas outburst mine

在采掘过程中，发生过煤（岩）与瓦斯突出并经鉴定的矿井。

3.12　排放　emission

指抽出的煤层气或煤矿瓦斯向大气排空。

3.13　现有矿井及煤层气地面开发系统、新建矿井及煤层气地面开发系统　existing source，new source

现有矿井及煤层气地面开发系统指本标准实施之日前已建成投产或环境影响评价文件已通过批准的井工煤矿和煤层气地面开发系统。

新（扩、改）建矿井及煤层气地面开发系统是指本标准实施之日起环境影响评价文件通过批准的新、改、扩建井工煤矿和煤层气地面开发系统。

4 技术要求

4.1 煤矿瓦斯抽放要求

4.1.1 有下列情况之一的矿井，必须建立地面永久抽放瓦斯系统或井下移动泵站抽放系统：

a）一个采煤工作面的瓦斯涌出量大于 5 m^3/min 或一个掘进工作面瓦斯涌出量大于 3 m^3/min，用通风方法解决瓦斯问题不合理时；

b）矿井绝对涌出量达到以下条件的：

——大于或等于 40 m^3/min；

——年产量 1.0～1.5 Mt 的矿井，大于 30 m^3/min；

——年产量 0.6～1.0 Mt 的矿井，大于 25 m^3/min；

——年产量 0.4～0.6 Mt 的矿井，大于 20 m^3/min；

——年产量等于或小于 0.4 Mt，大于 15 m^3/min。

c）开采有煤与瓦斯突出危险煤层。

4.1.2 凡符合 4.1.1 条件，并同时具备以下两个条件的矿井，应建立地面永久瓦斯抽放系统：

a）瓦斯抽放系统的抽放量可稳定在 2 m^3/min 以上；

b）瓦斯资源可靠、储量丰富，预计瓦斯抽放服务年限在五年以上。

4.1.3 煤矿瓦斯抽放基本指标按 AQ 1026 执行。

4.1.4 矿井瓦斯抽放系统工程设计要求、瓦斯抽放方法以及瓦斯抽放管理按 AQ 1027 执行。

4.1.5 具备地面煤层气开发条件的矿井，应利用地面煤层气开发技术，实现"先采气、后采煤"。

4.2 煤层气（煤矿瓦斯）排放控制要求

4.2.1 煤层气（煤矿瓦斯）排放限值

自 2008 年 7 月 1 日起，新建矿井及煤层气地面开发系统的煤层气（煤矿瓦斯）排放执行表 1 规定排放限值。

自 2010 年 1 月 1 日起，现有矿井及煤层气地面开发系统的煤层气（煤矿瓦斯）排放执行表 1 规定的排放限值。

4.2.2 对可直接利用的高浓度瓦斯，应建立瓦斯储气罐，配套建设瓦斯利用设施，可采取民用、发电、化工等方式加以利用。

4.2.3 对目前无法直接利用的高浓度瓦斯，可采取压缩、液化等方式进行异地利用。

4.2.4 对目前无法利用的高浓度瓦斯，可采取焚烧等方式处理。

表 1　煤层气（煤矿瓦斯）排放限值

受控设施	控制项目	排放限值
煤层气地面开发系统	煤层气	禁止排放
煤矿瓦斯抽放系统	高浓度瓦斯（甲烷浓度≥30%）	禁止排放
	低浓度瓦斯（甲烷浓度<30%）	—
煤矿回风井	风排瓦斯	—

5 监测要求

5.1 矿井瓦斯抽放泵站输入管路、瓦斯储气罐输出管路应设置甲烷传感器、流量传感器、压力传感器及温度传感器，对管道内的甲烷浓度、流量、压力、温度等参数进行监测。抽放泵站应设甲烷传感器防止瓦斯泄漏。

5.2 新（扩、改）建矿井瓦斯抽放系统和煤层气地面开发系统应按照《污染源自动监控管理办法》的规定，安装污染物排放自动监控设备，并与环保部门的监控中心联网，并保证设备正常运行。

5.3 甲烷传感器应达到 AQ 6204 规定的技术指标，并符合 AQ 6201 煤矿安全监控系统通用技术要求。

5.4 企业应按照有关法律和《环境监测管理办法》的规定，对排污状况进行监测，并保存原始监测记录。

6 实施与监督

本标准由县级以上人民政府环境保护行政主管部门负责监督实施。

电镀污染物排放标准

（GB 21900—2008）

1 适用范围

本标准规定了电镀企业和拥有电镀设施的企业的电镀水污染物和大气污染物的排放限值等内容。

本标准适用于现有电镀企业的水污染物排放管理、大气污染物排放管理。

本标准适用于对电镀企业建设项目的环境影响评价、环境保护设施设计、竣工环境保护验收及其投产后的水、大气污染物排放管理。

本标准也适用于阳极氧化表面处理工艺设施。

本标准适用于法律允许的污染物排放行为；新设立污染源的选址和特殊保护区域内现有污染源的管理，按照《中华人民共和国大气污染防治法》、《中华人民共和国水污染防治法》、《中华人民共和国海洋环境保护法》、《中华人民共和国固体废物污染环境防治法》、《中华人民共和国放射性污染防治法》、《中华人民共和国环境影响评价法》等法律、法规、规章的相关规定执行。

本标准规定的水污染物排放控制要求适用于企业向环境水体的排放行为。

企业向设置污水处理厂的城镇排水系统排放废水时，有毒污染物总铬、六价铬、总镍、总镉、总银、总铅、总汞在本标准规定的监控位置执行相应的排放限值；其他污染物的排放控制要求由企业与城镇污水处理厂根据其污水处理能力商定或执行相关标准，并报当地环境保护主管部门备案；城镇污水处理厂应保证排放污染物达到相关排放标准要求。

建设项目拟向设置污水处理厂的城镇排水系统排放废水时，由建设单位和城镇污水处理厂按前款的规定执行。

2 规范性引用文件

本标准内容引用了下列文件或其中的条款。

GB/T 6920—1986 水质 pH 值的测定 玻璃电极法

GB/T 7466—1987 水质 总铬的测定 高锰酸钾氧化-二苯碳酰二肼分光光

度法

　　GB/T 7467—1987　水质　六价铬的测定　二苯碳酰二肼分光光度法

　　GB/T 7468—1987　水质　汞的测定　冷原子吸收分光光度法

　　GB/T 7469—1987　水质　汞的测定　双硫腙分光光度法

　　GB/T 7470—1987　水质　铅的测定　双硫腙分光光度法

　　GB/T 7471—1987　水质　镉的测定　双硫腙分光光度法

　　GB/T 7472—1987　水质　锌的测定　双硫腙分光光度法

　　GB/T 7473—1987　水质　铜的测定　2,9-二甲基-1,10 菲啰分光光度法

　　GB/T 7474—1987　水质　铜的测定　二乙基二硫氨基甲酸钠分光光度法

　　GB/T 7475—1987　水质　铜、锌、铅、镉的测定　原子吸收分光光度法

　　GB/T 7478—1987　水质　铵的测定　蒸馏和滴定法

　　GB/T 7479—1987　水质　铵的测定　纳氏试剂比色法

　　HJ/T 7481—1987　水质　铵的测定　水杨酸分光光度法

　　GB/T 7483—1987　水质　氟化物的测定　氟试剂分光光度法

　　GB/T 7484—1987　水质　氟化物的测定　离子选择电极法

　　GB/T 7486—1987　水质　氰化物的测定　硝酸银滴定法

　　GB/T 7487—1987　水质　氰化物的测定　异烟酸-吡唑啉酮比色法

　　GB/T 11893—1989　水质　总磷的测定　钼酸铵分光光度法

　　GB/T 11894—1989　水质　总氮的测定　碱性过硫酸钾消解紫外分光光度法

　　GB/T 11901—1989　水质　悬浮物的测定　重量法

　　GB/T 11907—1989　水质　银的测定　火焰原子吸收分光光度法

　　GB/T 11908—1989　水质　银的测定　镉试剂 2B 分光光度法

　　GB/T 11910—1989　水质　镍的测定　丁二酮肟分光光度法

　　GB/T 11911—1989　水质　铁的测定　火焰原子吸收分光光度法

　　GB/T 11912—1989　水质　镍的测定　火焰原子吸收分光光度法

　　GB/T 11914—1989　水质　化学需氧量的测定　重铬酸钾法

　　GB/T 16157—1996　固定污染源排气中颗粒物的测定与气态污染物采样方法

　　GB/T 16488—1996　水质　石油类的测定　红外光度法

　　GB 18871—2002　电离辐射防护与辐射源安全基本标准

　　HJ/T 27—1999　固定污染源排气中氯化氢的测定　硫氰酸汞分光光度法

　　HJ/T 28—1999　固定污染源排气中氰化氢的测定　异烟酸-吡唑啉酮分光光度法

　　HJ/T 29—1999　固定污染源排气中铬酸雾的测定　二苯基碳酰二肼分光光

度法

HJ/T 42—1999   固定污染源排气中氮氧化物的测定   紫外分光光度法

HJ/T 43—1999   固定污染源排气中氮氧化物的测定   盐酸萘乙二胺分光光度法

HJ/T 67—2001   固定污染源排气氟化物的测定   离子选择电极法

HJ/T 84—2001   水质   氟化物的测定   离子色谱法

HJ/T 195—2005   水质   氨氮的测定   气相分子吸收光谱法

HJ/T 199—2005   水质   总氮的测定   气相分子吸收光谱法

HJ/T 345—2007   水质   总铁的测定   邻菲啰啉分光光度法（试行）

《污染源自动监控管理办法》（国家环境保护总局令第 28 号）

《环境监测管理办法》（国家环境保护总局令第 39 号）

3   术语和定义

下列术语和定义适用于本标准。

3.1   电镀

指利用电解方法在零件表面沉积均匀、致密、结合良好的金属或合金层的过程。包括镀前处理（去油、去锈）、镀上金属层和镀后处理（钝化、去氢）。

3.2   现有企业

指本标准实施之日前，已建成投产或环境影响评价文件已通过审批的电镀企业、电镀设施。

3.3   新建企业

指本标准实施之日起环境影响文件通过审批的新建、改建和扩建电镀设施建设项目。

3.4   镀锌

指将零件浸在镀锌溶液中作为阴极，以锌板作为阳极，接通直流电源后，在零件表面沉积金属锌镀层的过程。

3.5   镀铬

指将零件浸在镀铬溶液中作为阴极，以铅合金作为阳极，接通直流电源后，在零件表面沉积金属铬镀层的过程。

3.6   镀镍

指将零件浸在金属镍盐溶液中作为阴极，以金属镍板作为阳极，接通直流电源后，在零件表面沉积金属镍镀层的过程。

3.7　镀铜

指将零件浸在金属铜盐溶液中作为阴极，以电解铜作为阳极，接通直流电源后，在零件表面沉积金属铜镀层的过程。

3.8　阳极氧化

指将金属或合金的零件作为阳极，采用电解的方法使其表面形成氧化膜的过程。对钢铁零件表面进行阳极氧化处理的过程，称为发蓝。

3.9　单层镀

指通过一次电镀，在零件表面形成单金属镀层或合金镀层的过程。

3.10　多层镀

指进行二次以上的电镀，在零件表面形成复合镀层的过程。如钢铁零件镀防护-装饰性铬镀层，需先镀中间镀层（镀铜、镀镍、镀低锡青铜等）后再镀铬。

3.11　排水量

指生产设施或企业向企业法定边界以外排放的废水的量，包括与生产有直接或间接关系的各种外排废水（如厂区生活污水、冷却废水、厂区锅炉和电站排水等）。

3.12　单位产品基准排水量

指用于核定水污染物排放浓度而规定的生成单位面积镀件镀层的废水排放量上限值。

3.13　排气量

指企业生产设施通过排气筒向环境排放的工艺废气的量。

3.14　单位产品基准排气量

指用于核定废气污染物排放浓度而规定的生产单位面积镀件镀层的废气排放量的上限值。

3.15　标准状态

指温度为273.15K、压力为101 325Pa时的状态。本标准规定的大气污染物排放浓度限值均以标准状态下的干气体为基准。

4　污染物排放控制要求

4.1　水污染物排放控制要求（略）

4.2　大气污染物排放控制要求

4.2.1　现有企业自2009年1月1日至2010年6月30日，执行表4规定的大气污染物排放限值。

表4　现有企业大气污染物排放限值

序号	污染物项目	排放限值/（mg/m³）	污染物排放监控位置
1	氯化氢	50	车间或生产设施排气筒
2	铬酸雾	0.07	车间或生产设施排气筒
3	硫酸雾	40	车间或生产设施排气筒
4	氮氧化物	240	车间或生产设施排气筒
5	氰化氢	1.0	车间或生产设施排气筒
6	氟化物	9	车间或生产设施排气筒

4.2.2　现有企业自2010年7月1日起执行表5规定的大气污染物排放限值。

4.2.3　新建企业自2008年8月1日起执行表5规定的大气污染物排放限值。

4.2.4　现有和新建企业单位产品基准排气量按表6的规定执行。

表5　新建企业大气污染物排放限值

序号	污染物项目	排放限值/（mg/m³）	污染物排放监控位置
1	氯化氢	30	车间或生产设施排气筒
2	铬酸雾	0.05	车间或生产设施排气筒
3	硫酸雾	30	车间或生产设施排气筒
4	氮氧化物	200	车间或生产设施排气筒
5	氰化氢	0.5	车间或生产设施排气筒
6	氟化物	7	车间或生产设施排气筒

表6　单位产品基准排气量

序号	工艺种类	基准排气量/（m³/m²）（镀件镀层）	排气量计量位置
1	镀锌	18.6	车间或生产设施排气筒
2	镀铬	74.4	车间或生产设施排气筒
3	其他镀种（镀铜、镍等）	37.3	车间或生产设施排气筒
4	阳极氧化	18.6	车间或生产设施排气筒
5	发蓝	55.8	车间或生产设施排气筒

4.2.5　产生空气污染物的生产工艺装置必须设立局部气体收集系统和集中净化处理装置，净化后的气体由排气筒排放。排气筒高度不低于15 m，排放含氰化氢气体的排气筒高度不低于25 m。排气筒高度应高出周围200 m半径范围的建筑5 m以上；不能达到该要求高度的排气筒，应按排放浓度限值的50%执行。

4.2.6　大气污染物排放浓度限值适用于单位产品实际排气量不高于单位产品基

准排气量的情况。若单位产品实际排气量超过单位产品基准排气量，须将实测大气污染物浓度换算为大气污染物基准气量排放浓度，并以大气污染物基准气量排放浓度作为判定排放是否达标的依据。大气污染物基准气量排放浓度的换算，可参照采用水污染物基准水量排放浓度的计算公式。

产品产量和排气量统计周期为一个工作日。

5 污染物监测要求

5.1 污染物监测的一般要求

5.1.1 对企业排放废水和废气的采样，应根据监测污染物的种类，在规定的污染物排放监控位置进行，有废水、废气处理设施的，应在该设施后监控。在污染物排放监控位置须设置永久性排污口标志。

5.1.2 新建设施应按照《污染源自动监控管理办法》的规定，安装污染物排放自动监控设备，并与环保部门的监控中心联网，并保证设备正常运行。各地现有企业安装污染物排放自动监控设备的要求由省级环境保护行政主管部门规定。

5.1.3 对企业污染物排放情况进行监测的频次、采样时间等要求，按国家有关污染源监测技术规范的规定执行。

5.1.4 镀件镀层面积的核定，以法定报表为依据。

5.1.5 企业应按照有关法律和《环境监测管理办法》的规定，对排污状况进行监测，并保存原始监测记录。

5.2 水污染物监测要求（略）

5.3 大气污染物监测要求

5.3.1 采样点的设置与采样方法按 GB/T 16157 执行。

5.3.2 对企业排放大气污染物浓度的测定采用表 7 所列的方法标准。

表 7 大气污染物浓度测定方法标准

序号	污染物项目	方法标准名称	方法标准编号
1	氯化氢	固定污染源排气中氯化氢的测定　硫氰酸汞分光光度法	HJ/T 27—1999
2	铬酸雾	固定污染源排气中铬酸雾的测定　二苯基碳酰二肼分光光度法	HJ/T 29—1999
3	硫酸雾	废气中硫酸雾的测定　铬酸钡分光光度法	见附录 C
		废气中硫酸雾的测定　离子色谱法	见附录 D
4	氮氧化物	固定污染源排气中氮氧化物的测定　盐酸萘乙二胺分光光度法	HJ/T 43—1999
		固定污染源排气中氮氧化物的测定　紫外分光光度法	HJ/T 42—1999

序号	污染物项目	方法标准名称	方法标准编号
5	氰化氢	固定污染源排气中氰化氢的测定　异烟酸-吡唑啉酮分光光度法	HJ/T 28—1999
6	氟化物	固定污染源排气氟化物的测定　离子选择电极法	HJ/T 67—2001

说明：测定暂无适用方法标准的污染物项目，使用附录所列方法，待国家发布相应的方法标准并实施后，停止使用。

6　标准实施与监督

6.1　本标准由县级以上人民政府环境保护行政主管部门负责监督实施。

6.2　在任何情况下，企业均应遵守本标准的污染物排放控制要求，采取必要措施保证污染防治设施正常运行。各级环保部门在对设施进行监督性检查时，可以现场即时采样或监测的结果，作为判定排污行为是否符合排放标准以及实施相关环境保护管理措施的依据。在发现设施耗水或排水量、排气量有异常变化的情况下，应核定设施的实际产品产量、排水量和排气量，按本标准的规定，换算水污染物基准水量排放浓度和大气污染物基准气量排放浓度。

合成革与人造革工业污染物排放标准

（GB 21902—2008）

1　适用范围

本标准规定了合成革与人造革工业企业特征生产工艺和装置水和大气污染物排放限值。

本标准适用于现有合成革与人造革工业企业特征生产工艺和装置的水和大气污染物排放管理。

本标准适用于对合成革与人造革工业建设企业的环境影响评价、环境保护设施设计、竣工环境保护验收及其投产后的水和大气污染物排放管理。

本标准适用于法律允许的污染物排放行为。新设立污染源的选址和特殊保护区域内现有污染源的管理，按照《中华人民共和国大气污染防治法》、《中华人民共和国水污染防治法》、《中华人民共和国海洋环境保护法》、《中华人民共和国固体废物污染环境防治法》、《中华人民共和国放射性污染防治法》《中华人民共和国环境影响评价法》等法律、法规、规章的相关规定执行。

本标准规定的水污染物排放控制要求适用于企业向环境水体的排放行为。

企业向设置污水处理厂的城镇排水系统排放废水时，其污染物的排放控制要求由企业与城镇污水处理厂根据其污水处理能力商定或执行相关标准，并报当地环境保护主管部门备案；城镇污水处理厂应保证排放污染物达到相关排放标准要求。

建设项目拟向设置污水处理厂的城镇排水系统排放废水时，由建设单位和城镇污水处理厂按前款的规定执行。

2　规范性引用文件

本标准内容引用了下列文件或其中的条款。

GB/T 6920—1986　水质　pH 值的测定　玻璃电极法

GB/T 7478—1987　水质　铵的测定　蒸馏和滴定法

GB/T 7479—1987　水质　铵的测定　纳氏试剂比色法

GB/T 7481—1987　水质　铵的测定　水杨酸分光光度法

GB/T 11890—1989　水质　苯系物的测定　气相色谱法

GB/T 11893—1989　水质　总磷的测定　钼酸铵分光光度法

GB/T 11894—1989　水质　总氮的测定　碱性过硫酸钾消解紫外分光光度法

GB/T 11901—1989　水质　悬浮物的测定　重量法

GB/T 11903—1989　水质　色度的测定

GB/T 11914—1989　水质　化学需氧量的测定　重铬酸盐法

GB/T 16758—1997　排风罩的分类及技术条件

GB/T 16157—1996　固定污染源排气中颗粒物测定　与气态污染物采样方法

GBZ/T 160.62—2004　工作场所空气有毒物质测定　酰胺类化合物

GBZ/T 160.55—2004　工作场所空气有毒物质测定　脂肪族酮类化合物

GBZ/T 160.42—2007　工作场所空气有毒物质测定　芳香烃类化合物

HJ/T 195—2005　水质　氨氮的测定　气相分子吸收光谱法

HJ/T 199—2005　水质　总氮的测定　气相分子吸收光谱法

《污染源自动监控管理办法》（国家环境保护总局令第 28 号）

《环境监测管理办法》（国家环境保护总局令第 39 号）

3　术语和定义

下列术语和定义适用于本标准。

3.1　合成革

指以人工合成方式在以织布、无纺布（不织布）、皮革等材料的基布上形成聚氨酯树脂的膜层或类似皮革的结构，外观像天然皮革的一种材料。

3.2　人造革

指以人工合成方式在以织布、无纺布（不织布）等材料的基布（也包括没有基布）上形成聚氯乙烯等树脂的膜层或类似皮革的结构，外观像天然皮革的一种材料。

3.3　特征生产工艺和装置

指为生产聚氯乙烯合成革、聚氨酯合成革而进行的干法工艺、湿法工艺、后处理加工（表面涂饰、印刷、压花、磨皮、干揉、湿揉、植绒等）、二甲基甲酰胺精馏以及超细纤维合成革生产工艺及与这些工艺相关的烟气处理、综合利用、污染治理等装置，也包括生产其他合成革的上述类似生产工艺及与这些工艺相关的装置，不包括企业中纺织及其染色工艺及与这些工艺相关的装置。

3.4　干法工艺

指利用加热使（附着于基布上的）树脂熟成固化的生产工艺。

3.5　湿法工艺

指利用凝结、水洗使附着于基布上的树脂凝结固化的生产工艺。

3.6　现有企业

指本标准实施之日前已建成投产或环境影响评价文件已通过审批的合成革与人造革企业或设施。

3.7　新建企业

指本标准实施之日起环境影响评价文件通过审批的新建、改建和扩建合成革与人造革建设项目。

3.8　排水量

指生产设施或企业向企业法定边界以外排放的废水的量。包括与生产有直接或间接关系的各种外排废水（包括厂区生活污水、冷却废水、厂区锅炉和电站排水等）。

3.9　单位产品基准排水量

指用于核定水污染物排放浓度而规定的生产单位合成革、人造革产品的废水排放量上限值。

3.10　挥发性有机物

指常压下沸点低于 250℃，或者能够以气态分子的形态排放到空气中的所有有机化合物（不包括甲烷），简写作 VOCs。

3.11　（废气）收集装置

收集生产过程中产生的废气以及引导废气到排气筒或者治理装置，以防止废气无组织排放的机械排风系统。收集装置按排风罩的类别分为包围型和敞开型。采用密闭罩、半密闭罩的为包围型，采用除密闭罩、半密闭罩外的伞形罩、环形罩、侧吸罩等排风罩的为敞开型。

> 注：对设施进行密封、对容器加盖以控制废气产生或散逸，可视为兼有收集装置和治理装置的功能。

3.12　企业边界

指合成革与人造革工业企业的法定边界。若无法定边界，则指实际边界。

3.13　标准状态

指温度为 273.15K、压力为 101 325Pa 时的状态。本标准规定的大气污染物排放浓度限值均以标准状态下的干气体为基准。

4　污染物排放控制要求

4.1　水污染物排放控制要求（略）

4.2 大气污染物排放控制要求

4.2.1 现有企业自 2009 年 1 月 1 日至 2010 年 6 月 30 日执行表 4 规定的大气污染物排放限值。

表 4 现有企业大气污染物排放限值   单位：mg/m³

序号	污染物项目	生产工艺	排放限值	污染物排放监控位置
1	DMF	聚氯乙烯工艺	—	—
		聚氨酯湿法工艺	50	车间或生产设施排气筒
		聚氨酯干法工艺	50	车间或生产设施排气筒
		后处理工艺	—	—
		其他	—	—
2	苯	聚氯乙烯工艺	10	车间或生产设施排气筒
		聚氨酯湿法工艺	—	—
		聚氨酯干法工艺	10	车间或生产设施排气筒
		后处理工艺	10	车间或生产设施排气筒
		其他	10	车间或生产设施排气筒
3	甲苯	聚氯乙烯工艺	40	车间或生产设施排气筒
		聚氨酯湿法工艺	—	—
		聚氨酯干法工艺	40	车间或生产设施排气筒
		后处理工艺	40	车间或生产设施排气筒
		其他设施	40	车间或生产设施排气筒
4	二甲苯	聚氯乙烯工艺	70	车间或生产设施排气筒
		聚氨酯湿法工艺	—	—
		聚氨酯干法工艺	70	车间或生产设施排气筒
		后处理工艺	70	车间或生产设施排气筒
		其他	70	车间或生产设施排气筒
5	VOCs	聚氯乙烯工艺	200	车间或生产设施排气筒
		聚氨酯湿法工艺	—	—
		聚氨酯干法工艺	350（不含 DMF）	车间或生产设施排气筒
		后处理工艺	350	车间或生产设施排气筒
		其他	350	车间或生产设施排气筒
6	颗粒物	聚氯乙烯工艺	25	车间或生产设施排气筒
		聚氨酯湿法工艺	—	—
		聚氨酯干法工艺	—	—
		后处理工艺	—	—
		其他	—	—

4.2.2 现有企业自 2010 年 7 月 1 日起执行表 5 规定的大气污染物排放限值。

4.2.3 新建企业自 2008 年 8 月 1 日起执行表 5 规定的大气污染物排放限值。

表 5　新建企业大气污染物排放限值

单位：mg/m³

序号	污染物项目	生产工艺	排放限值	污染物排放监控位置
1	DMF	聚氯乙烯工艺	—	
		聚氨酯湿法工艺	50	车间或生产设施排气筒
		聚氨酯干法工艺	50	车间或生产设施排气筒
		后处理工艺	—	
		其他	—	
2	苯	聚氯乙烯工艺	2	车间或生产设施排气筒
		聚氨酯湿法工艺	—	
		聚氨酯干法工艺	2	车间或生产设施排气筒
		后处理工艺	2	车间或生产设施排气筒
		其他	2	车间或生产设施排气筒
3	甲苯	聚氯乙烯工艺	30	车间或生产设施排气筒
		聚氨酯湿法工艺	—	
		聚氨酯干法工艺	30	车间或生产设施排气筒
		后处理工艺	30	车间或生产设施排气筒
		其他设施	30	车间或生产设施排气筒
4	二甲苯	聚氯乙烯工艺	40	车间或生产设施排气筒
		聚氨酯湿法工艺	—	—
		聚氨酯干法工艺	40	车间或生产设施排气筒
		后处理工艺	40	车间或生产设施排气筒
		其他	40	车间或生产设施排气筒
5	VOCs	聚氯乙烯工艺	150	车间或生产设施排气筒
		聚氨酯湿法工艺	—	—
		聚氨酯干法工艺	200（不含 DMF）	车间或生产设施排气筒
		后处理工艺	200	车间或生产设施排气筒
		其他	200	车间或生产设施排气筒
6	颗粒物	聚氯乙烯工艺	10	车间或生产设施排气筒
		聚氨酯湿法工艺	—	—
		聚氨酯干法工艺	—	—
		后处理工艺	—	—
		其他		

4.2.4 厂界无组织排放执行表 6 规定的限值。

表 6　现有企业和新建企业厂界无组织排放浓度限值　　单位：mg/m³

序号	污染物项目	限值
1	DMF	0.4
2	苯	0.10
3	甲苯	1.0
4	二甲苯	1.0
5	VOCs	10
6	颗粒物	0.5

4.2.5 产生空气污染物的生产工艺和装置必须设立局部或整体气体收集系统和集中净化处理装置，净化后的气体由排气筒排放，收集系统的设置可参考附录 A。

4.2.6 一般排气筒高度应不低于 15 m，并高出周围 200 m 半径范围的建筑 3 m 以上，不能达到该要求的排气筒，应按排放浓度限值严格 50% 执行。

4.3 其他控制要求

4.3.1 废水处理设施、废气收集装置和治理装置必须按照设计和调试确定的参数条件运行。

对于采用水洗涤回收方式的 DMF 治理装置的废气处理系统，回收液 DMF 浓度不得低于 10%（质量分数），除非符合设计和调试的参数要求并有技术文件和运行记录证实。

4.3.2 盛放含有 VOCs 物料的容器必须安装密封盖。

4.3.3 废水处理设施、废气收集装置和治理装置运行时，企业必须对主要参数进行记录。记录内容要求示例 1：采用水洗涤回收治理装置的废气处理系统，主要参数包括回收液浓度和数量、各洗涤槽洗涤循环水量、循环水温度、处理的废气风量（或风机转速）、运行时间。

记录内容要求示例 2：采用冷凝回收治理装置的废气处理系统，主要参数回收液量、处理的废气风量（或风机转速）、运行时间及冷凝液进、出口温度。

4.3.4 配料、磨皮、抛光等处理产生的粉尘以及其他工艺过程中产生的颗粒物，应收集并采用适当的除尘设施进行处理。

4.3.5 生产设施应采取合理的通风措施，不得故意稀释排放。在国家未规定单位产品基准排气量之前，暂以实测浓度作为判定是否达标的依据。

5　污染物监测要求

5.1　污染物监测一般性要求

5.1.1　对企业废水、废气采样应根据监测污染物的种类，在规定的污染物排放监控位置进行，有废水、废气处理设施的，应在该设施后监控。在污染物排放监控位置须设置永久性排污口标志。

5.1.2　新建企业应按照《污染源自动监控管理办法》的规定，安装污染物排放自动监控设备，并与环境保护主管部门的监控设备联网，并保证设备正常运行。各地现有企业安装污染物排放自动监控设备的要求由省级环境保护行政主管部门规定。

5.1.3　对企业污染物排放情况进行监督性监测的频次、采样时间等要求，按国家有关污染源监测技术规范的规定执行。

5.1.4　企业产品产量的核定，以法定报表为依据。

5.1.5　企业须按照有关法律和《环境监测管理办法》的规定，对排污状况进行监测，并保存原始监测记录。

5.2　水污染物监测要求（略）

对企业排放水污染物浓度的测定采用表 7 所列的方法标准。

5.3　大气污染物监测要求

对企业排放大气污染物项目的测定采用表 8 所列的方法。

表 8　大气污染物项目测定方法标准

序号	污染物项目	方法标准名称	方法来源
1	DMF	工作场所空气有毒物质测定酰胺类化合物	GBZ/T 160.62—2004[①]
2	苯	工作场所空气有毒物质测定芳香烃类化合物	GBZ/T 160.42—2007[①]
3	甲苯	工作场所空气有毒物质测定芳香烃类化合物	GBZ/T 160.42—2007[①]
4	二甲苯	工作场所空气有毒物质测定芳香烃类化合物	GBZ/T 160.42—2007[①]
5	VOCs	VOCs 监测技术导则	附录 C
6	颗粒物	排气中颗粒物的测定	附录 B

① 测定方法标准暂参考所列方法，待国家发布相应的方法标准并实施后，停止使用。

说明：测定暂无适用方法标准的污染物项目，使用附录所列方法，待国家发布相应的方法标准并实施后，停止使用。

6 实施与监督

6.1 本标准由县级以上人民政府环境保护行政主管部门负责监督实施。

6.2 在任何情况下，企业均应遵守本标准的污染物排放控制要求，采取必要措施保证污染防治设施正常运行。各级环保部门在对企业进行监督性检查时，可以现场即时采样或监测的结果，作为判定排污行为是否符合排放标准以及实施相关环境保护管理措施的依据。在发现设施耗水或排水量有异常变化的情况下，应核定设施的实际产品产量和排水量，按本标准的规定，换算水污染物基准水量排放浓度。

大气移动源污染物排放标准名录

● 摩托车和轻便摩托车排气污染物排放限值及测量方法（双怠速法）（GB 14621—2011）

● 非道路移动机械用小型点燃式发动机排气污染物排放限值与测量方法（中国第一、二阶段）（GB 26133—2010）

● 重型车用汽油发动机与汽车排气污染物排放限值及测量方法（中国Ⅲ、Ⅳ阶段）（GB 14762—2008）

● 轻便摩托车污染物排放限值及测量方法（工况法，中国第Ⅲ阶段）（GB 18176—2007）

● 摩托车污染物排放限值及测量方法（工况法，中国第Ⅲ阶段）（GB 14622—2007）

● 摩托车和轻便摩托车燃油蒸发污染物排放限值及测量方法（GB 20998—2007）

● 非道路移动机械用柴油机排气污染物排放限值及测量方法（中国Ⅰ、Ⅱ阶段）（GB 20891—2007）

● 轻型汽车污染物排放限值及测量方法（中国Ⅲ、Ⅳ阶段）（GB 18352.3—2005）

● 车用压燃式、气体燃料点燃式发动机与汽车排气污染物排放限值及测量方法（中国Ⅲ、Ⅳ、Ⅴ阶段）（GB 17691—2005）

● 三轮汽车和低速货车用柴油机排气污染物排放限值及测量方法（中国Ⅰ、Ⅱ阶段）（GB 19756—2005）

● 装用点燃式发动机重型汽车曲轴箱污染物排放限值及测量方法（GB 11340—2005）

● 点燃式发动机汽车排气污染物排放限值及测量方法（双怠速法及简易工况法）（GB 18285—2005）

● 摩托车和轻便摩托车排气烟度排放限值及测量方法（GB 19758—2005）

● 车用压燃式发动机和压燃式发动机汽车排气烟度排放限值及测量方法（GB 3847—2005）

● 装用点燃式发动机重型汽车燃油蒸发污染物排放限值及测量方法（收集法）（GB 14763—2005）

● 车用点燃式发动机及装用点燃式发动机汽车排气污染物排放限值及测量方法

（GB 14762—2002）

- 农用运输车自由加速烟度排放限值及测量方法（GB 18322—2002）
- 轻型汽车污染物排放限值及测量方法（Ⅰ）（GB 18352.1—2001）
- 车用压燃式发动机排气污染物排放限值及测量方法（GB 17691—2001）

第三篇

大气污染控制技术与清洁生产标准

环境空气质量指数（AQI）技术规定
（试行）

中华人民共和国环境保护部

公告　2012 年　第 8 号

为贯彻《中华人民共和国环境保护法》和《中华人民共和国大气污染防治法》，保护环境，保障人体健康，向公众提供健康指引，现批准《环境空气质量指数（AQI）技术规定（试行）》为国家环境保护标准，并予发布。

标准名称、编号如下：

环境空气质量指数（AQI）技术规定（试行）（HJ 633—2012）

本标准与《环境空气质量标准》（GB 3095—2012）同步实施，由中国环境科学出版社出版，标准内容可在环境保护部网站（bz.mep.gov.cn）查询。

特此公告。

2012 年 2 月 29 日

1　适用范围

本标准规定了环境空气质量指数的分级方案、计算方法和环境空气质量级别与类别，以及空气质量指数日报和实时报的发布内容、发布格式和其他相关要求。

本标准适用于环境空气质量指数日报、实时报和预报工作，用于向公众提供健康指引。

2　规范性引用文件

本标准引用下列文件或其中的条款。凡是未注明日期的引用文件，其最新版本适用于本标准。

GB 3095　环境空气质量标准

HJ/T 193　环境空气质量自动监测技术规范

《环境空气质量监测规范（试行）》（国家环境保护总局公告　2007 年第 4 号）

3　术语和定义

下列术语和定义适用于本标准。

3.1　空气质量指数　air quality index（AQI）

定量描述空气质量状况的无量纲指数。

3.2　空气质量分指数　individual air quality index（IAQI）

单项污染物的空气质量指数。

3.3　首要污染物　primary pollution

AQI 大于 50 时的 IAQI 最大的空气污染物。

3.4　超标污染物　non-attainment pollutant

浓度超过国家环境空气质量二级标准的污染物，即 IAQI 大于 100 的污染物。

4　空气质量指数计算方法

4.1　空气质量分指数分级方案

空气质量分指数级别及对应的污染物项目浓度限值见表 1。

4.2　空气质量分指数计算方法

污染物项目 P 的空气质量分指数按式（1）计算：

$$IAQI_P = \frac{IAQI_{Hi} - IAQI_{Lo}}{BP_{Hi} - BP_{Lo}}(C_P - BP_{Lo}) + IAQI_{Lo} \qquad （1）$$

式中：$IAQI_P$——污染物项目 P 的空气质量分指数；

C_P——污染物项目 P 的质量浓度值；

BP_{Hi}——表 1 中与 C_P 相近的污染物浓度限值的高位值；

BP_{Lo}——表 1 中与 C_P 相近的污染物浓度限值的低位值；

$IAQI_{Hi}$——表 1 中与 BP_{Hi} 对应的空气质量分指数；

$IAQI_{Lo}$——表 1 中与 BP_{Lo} 对应的空气质量分指数。

4.3　空气质量指数级别

空气质量指数级别根据表 2 规定进行划分。

表1　空气质量分指数及对应的污染物项目浓度限值

空气质量分指数（IAQI）	污染物项目浓度限值									
	二氧化硫（SO₂）24 h 平均/（μg/m³）	二氧化硫（SO₂）1 h 平均/（μg/m³）⁽¹⁾	二氧化氮（NO₂）24 h 平均/（μg/m³）	二氧化氮（NO₂）1 h 平均/（μg/m³）⁽¹⁾	颗粒物（粒径小于等于10 μm）24 h 平均/（μg/m³）	一氧化碳（CO）24 h 平均/（mg/m³）	一氧化碳（CO）1 h 平均/（mg/m³）⁽¹⁾	臭氧（O₃）1 h 平均/（μg/m³）	臭氧（O₃）8 h 滑动平均/（μg/m³）	颗粒物（粒径小于等于2.5 μm）24 h 平均/（μg/m³）
0	0	0	0	0	0	0	0	0	0	0
50	50	150	40	100	50	2	5	160	100	35
100	150	500	80	200	150	4	10	200	160	75
150	475	650	180	700	250	14	35	300	215	115
200	800	800	280	1 200	350	24	60	400	265	150
300	1 600	⁽²⁾	565	2 340	420	36	90	800	800	250
400	2 100	⁽²⁾	750	3 090	500	48	120	1 000	⁽³⁾	350
500	2 620	⁽²⁾	940	3 840	600	60	150	1 200	⁽³⁾	500

说明：

(1) 二氧化硫（SO₂）、二氧化氮（NO₂）和一氧化碳（CO）的 1 h 平均浓度值仅用于实时报，在日报中需使用相应污染物的 24 h 平均浓度限值。

(2) 二氧化硫（SO₂）1 h 平均浓度值高于 800 μg/m³ 的，不再进行其空气质量分指数计算，二氧化硫（SO₂）空气质量分指数按 24 h 平均浓度计算的分指数报告。

(3) 臭氧（O₃）8 h 平均浓度值高于 800 μg/m³ 的，不再进行其空气质量分指数计算，臭氧（O₃）空气质量分指数按 1 h 平均浓度计算的分指数报告。

表 2　空气质量指数及相关信息

空气质量指数	空气质量指数级别	空气质量指数类别及表示颜色		对健康影响情况	建议采取的措施
0~50	一级	优	绿色	空气质量令人满意，基本无空气污染	各类人群可正常活动
51~100	二级	良	黄色	空气质量可接受，但某些污染物可能对极少数异常敏感人群健康有较弱影响	极少数异常敏感人群应减少户外活动
101~150	三级	轻度污染	橙色	易感人群症状有轻度加剧，健康人群出现刺激症状	儿童、老年人及心脏病、呼吸系统疾病患者应减少长时间、高强度的户外锻炼
151~200	四级	中度污染	红色	进一步加剧易感人群症状，可能对健康人群心脏、呼吸系统有影响	儿童、老年人及心脏病、呼吸系统疾病患者避免长时间、高强度的户外锻炼，一般人群适量减少户外运动
201~300	五级	重度污染	紫色	心脏病和肺病患者症状显著加剧，运动耐受力降低，健康人群普遍出现症状	儿童、老年人和心脏病、肺病患者应停留在室内，停止户外运动，一般人群减少户外运动
>300	六级	严重污染	褐红色	健康人群运动耐受力降低，有明显强烈症状，提前出现某些疾病	儿童、老年人和病人应当留在室内，避免体力消耗，一般人群应避免户外活动

4.4　空气质量指数及首要污染物的确定方法

4.4.1　空气质量指数计算方法

空气质量指数按式（2）计算：

$$AQI = \max\{IAQI_1, IAQI_2, IAQI_3, \cdots, IAQI_n\} \qquad (2)$$

式中：　$IAQI$ ——空气质量分指数；

　　　　n ——污染物项目。

4.4.2　首要污染物及超标污染物的确定方法

AQI 大于 50 时，$IAQI$ 最大的污染物为首要污染物。若 $IAQI$ 最大的污染物为两项或两项以上时，并列为首要污染物。

$IAQI$ 大于 100 的污染物为超标污染物。

5 日报和实时报的发布

5.1 发布内容

5.1.1 空气质量监测点位日报和实时报的发布内容包括评价时段、监测点位置、各污染物的浓度及空气质量分指数、空气质量指数、首要污染物及空气质量级别，报告时说明监测指标和缺项指标。日报和实时报由地级以上（含地级）环境保护行政主管部门或其授权的环境监测站发布。

5.1.2 日报时间周期为 24 h，时段为当日零点前 24 h。日报的指标包括二氧化硫（SO_2）、二氧化氮（NO_2）、颗粒物（粒径小于等于 10 μm）、颗粒物（粒径小于等于 2.5 μm）、一氧化碳（CO）的 24 h 平均，以及臭氧（O_3）的日最大 1 h 平均、臭氧（O_3）的日最大 8 h 滑动平均，共计 7 个指标。

5.1.3 实时报时间周期为 1 h，每一整点时刻后即可发布各监测点位的实时报，滞后时间不应超过 1 h。实时报的指标包括二氧化硫（SO_2）、二氧化氮（NO_2）、臭氧（O_3）、一氧化碳（CO）、颗粒物（粒径小于等于 10 μm）和颗粒物（粒径小于等于 2.5 μm）的 1 h 平均，以及臭氧（O_3）8 h 滑动平均和颗粒物（粒径小于等于 10 μm）、颗粒物（粒径小于等于 2.5 μm）的 24 h 滑动平均，共计 9 个指标。

5.1.4 计算每个监测点位的空气质量指数时，各项污染物空气质量分指数和空气质量指数使用该点位的各项污染物浓度、表 1 中浓度限值、式（1）和式（2）进行计算。

5.1.5 日报和实时报数据由空气质量指数日报软件系统进行初步审核，实时报及日报数据仅为当天参考值，应在次月上旬将上月数据根据完整的审核程序进行修订和确认。

5.2 发布数据的格式

5.2.1 空气质量指数日报数据格式应符合表 3 的要求。

5.2.2 空气质量指数实时报数据格式应符合表 4 的要求。

6 其他要求

6.1 环境空气质量监测和评价工作涉及的监测点位布设与调整、监测频次的设定、监测数据的统计与处理等按《环境空气质量监测规范（试行）》和 HJ/T 193 等相关标准和其他规范性文件的要求执行。

6.2 环境空气质量指数及空气质量分指数的计算结果应全部进位取整数，不保留小数。

6.3 本标准与 GB 3095—2012 同步使用。

6.4 评价环境空气质量达标状况时，应依据 GB 3095 中的规定进行。

表3　空气质量指数日报数据格式

时间：20□□年□□月□□日

城市名称	监测点位名称	污染物浓度及空气质量分指数（IAQI）														空气质量指数（AQI）	首要污染物	空气质量指数级别	空气质量指数类别	
		二氧化硫（SO₂）24 h平均		二氧化氮（NO₂）24 h平均		颗粒物（粒径小于等于10μm）24 h平均		一氧化碳（CO）24 h平均		臭氧（O₃）最大1 h平均		臭氧（O₃）最大8 h滑动平均		颗粒物（粒径小于等于2.5μm）24 h平均					类别	颜色
		浓度/（μg/m³）	分指数	浓度/（μg/m³）	分指数	浓度/（μg/m³）	分指数	浓度/（mg/m³）	分指数	浓度/（μg/m³）	分指数	浓度/（μg/m³）	分指数	浓度/（μg/m³）	分指数					

注：缺测指标的浓度及分指数均使用NA标识。

表4　空气质量指数实时报数据格式

时间：20□□年□□月□□日□□时

城市名称	监测点位名称	污染物浓度及空气质量分指数（IAQI）														空气质量指数（AQI）	首要污染物	空气质量指数级别	空气质量质量类别	
		二氧化硫（SO₂）1 h平均		二氧化氮（NO₂）1 h平均		颗粒物（粒径小于等于10μm）1 h平均		一氧化碳（CO）1 h平均		臭氧（O₃）1 h平均		臭氧（O₃）8 h滑动平均		颗粒物（粒径小于等于2.5μm）1 h滑动平均					类别	颜色
		浓度/（μg/m³）	分指数	浓度/（μg/m³）	分指数	浓度/（μg/m³）	分指数	浓度/（mg/m³）	分指数	浓度/（μg/m³）	分指数	浓度/（μg/m³）	分指数	浓度/（μg/m³）	分指数					

注：缺测指标的浓度及分指数均使用NA标识。

附　录　A
（规范性附录）
空气质量指数类别的表示颜色

空气质量指数类别的表示颜色应符合表 A.1 中的规定。

表 A.1　空气质量指数类别表示颜色的 RGB 及 CMYK 配色方案

颜色	R	G	B	C	M	Y	K
绿	0	228	0	40	0	100	0
黄	255	255	0	0	0	100	0
橙	255	126	0	0	52	100	0
红	255	0	0	0	100	100	0
紫	153	0	76	10	100	40	30
褐红	126	0	35	30	100	100	30

注：RGB 为电脑屏幕显示色彩，CMYK 为印刷色彩模式。

环境空气细颗粒物污染综合防治技术政策

公告　2013 年　第 59 号
（2013 年 9 月 25 日实施）

一、总则

（一）为贯彻《中华人民共和国环境保护法》和《中华人民共和国大气污染防治法》等法律法规，改善环境质量，防治环境污染，保障人体健康和生态安全，促进技术进步，制定本技术政策。

（二）本技术政策为指导性文件，提出了防治环境空气细颗粒物污染的相关措施，供各有关方面参照采用。

（三）环境空气中由于人类活动产生的细颗粒物主要有两个方面：一是各种污染源向空气中直接释放的细颗粒物，包括烟尘、粉尘、扬尘、油烟等；二是部分具有化学活性的气态污染物（前体污染物）在空气中发生反应后生成的细颗粒物，这些前体污染物包括硫氧化物、氮氧化物、挥发性有机物和氨等。防治环境空气细颗粒物污染应针对其成因，全面而严格地控制各种细颗粒物及前体污染物的排放行为。

（四）环境空气中细颗粒物的生成与社会生产、流通和消费活动有密切关系，防治污染应以持续降低环境空气中的细颗粒物浓度为目标，采取"各级政府主导，排污单位负责，社会各界参与，区域联防联控，长期坚持不懈"的原则，通过优化能源结构、变革生产方式、改变生活方式，不断减少各种相关污染物的排放量。

（五）防治细颗粒物污染应将工业污染源、移动污染源、扬尘污染源、生活污染源、农业污染源作为重点，强化源头削减，实施分区分类控制。

二、综合防治

（六）应将能源合理开发利用作为防治细颗粒物污染的优先领域，实行煤炭消费总量控制，大力发展清洁能源。天然气等清洁能源应优先供应居民日常生活使用。在大型城市应不断减少煤炭在能源供应中的比重。限制高硫分或高灰分煤炭的开采、使用和进口，提高煤炭洗选比例，研究推广煤炭清洁化利用技术，减少燃烧煤炭造成的污染物排放。

（七）应将防治细颗粒物污染作为制定和实施城市建设规划的目的之一，优化城市功能布局，开展城市生态建设，不断提高环境承载力，适当控制城市规模，大力发展公共交通系统。

（八）应调整产业结构，强化规划环评和项目环评，严格实施准入制度，必要时对重点区域和重点行业采取限批措施；淘汰落后产能，形成合理的产业分布空间格局。

（九）环境空气中细颗粒物浓度超标的城市，应按照相关法律规定，制定达标规划，明确各年度或各阶段工作目标，并予以落实。应完善环境质量监测工作，开展污染来源解析，编制各地重点污染源清单，采取针对性的污染排放控制措施。应以环境质量变化趋势为依据，建立污染排放控制措施有效性评估和改善工作机制。

三、防治工业污染

（十）应将排放细颗粒物和前体污染物排放量较大的行业作为工业污染源治理的重点，包括：火电、冶金、建材、石油化工、合成材料、制药、塑料加工、表面涂装、电子产品与设备制造、包装印刷等。工业污染源的污染防治，应参照燃煤二氧化硫、火电厂氮氧化物和冶金、建材、化工等污染防治技术政策的具体内容，开展相关工作。

（十一）应加强对各类污染源的监管，确保污染治理设施稳定运行，切实落实企业环保责任。鼓励采用低能耗、低污染的生产工艺，提高各个行业的清洁生产水平，降低污染物产生量。

（十二）应制定严格、完善的国家和地方工业污染物排放标准，明确各行业排放控制要求。在环境污染严重、污染物排放量大的地区，应制定实施严格的地方排放标准或国家排放标准特别排放限值。

（十三）对于排放细颗粒物的工业污染源，应按照生产工艺、排放方式和烟（废）气组成的特点，选取适用的污染防治技术。工业污染源有组织排放的颗粒物，宜采取袋除尘、电除尘、电袋除尘等高效除尘技术，鼓励火电机组和大型燃煤锅炉采用湿式电除尘等新技术。

（十四）对于排放前体污染物的工业污染源，应分别采用去除硫氧化物、氮氧化物、挥发性有机物和氨的治理技术。对于排放废气中的挥发性有机物应尽量进行回收处理，若无法回收，应采用焚烧等方式销毁（含卤素的有机物除外）。采用氨作为还原剂的氮氧化物净化装置，应在保证氮氧化物达标排放的前提下，合理设置氨的加注工艺参数，防止氨过量造成污染。鼓励在各类生产中采用挥发性有机物替代技术。

（十五）产生大气颗粒物及其前体物污染物的生产活动应尽量采用密闭装置，避免无组织排放；无法完全密闭的，应安装集气装置收集逸散的污染物，经净化后排放。

四、防治移动源污染

（十六）移动污染源包括各种道路车辆、机动船舶、非道路机械、火车、航空器等，应按照机动车、柴油车等污染防治技术政策的具体内容，开展相关工作。

防治移动源污染应将尽快降低燃料中有害物质含量，加速淘汰高排放老旧机动车辆和机械，加强在用机动车船排放监管作为重点，并建立长效机制，不断提高移动污染源的排放控制水平。

（十七）进一步提高全国车辆和机械用燃油的清洁化水平，降低硫等有害物质含量，为实施更加严格的移动污染源排放标准、降低在用车辆和机械排放水平创造必要条件。采取措施切实保障各地车用燃油的质量，防止车辆由于使用不符合要求的燃油造成故障或导致排放控制性能降低。

（十八）加强对排放检验不合格在用车辆的治理，强制更换尾气净化装置。升级汽车氮氧化物排放净化技术，采用尿素等还原剂净化尾气中的氮氧化物，并建立车用尿素供应网络。新生产压燃式发动机汽车应安装尾气颗粒物捕集器。用于公用事业的压燃式发动机在用车辆，可按照规定进行改造，提高排放控制性能。

（十九）积极发展新能源汽车和电动汽车，公共交通宜优先采用低排放的新能源汽车。交通拥堵严重的特大城市应推广使用具有启停功能的乘用车。大力发展地铁等大容量轨道交通设施。按期停产达不到轻型货车同等排放标准的三轮汽车和低速货车。

（二十）制定实施新的机动车船大气污染物排放标准，收紧颗粒物、碳氢化合物、氮氧化物等污染物排放限值。开展适合我国机动车辆行驶状况的测试方法的研究。制定、完善并严格实施非道路移动机械大气污染物排放标准，明确颗粒物和氮氧化物排放控制要求。

（二十一）严格控制加油站、油罐车和储油库的油气污染物排放，按时实施国家排放标准。

五、防治扬尘污染

（二十二）扬尘污染源应以道路扬尘、施工扬尘、粉状物料贮存场扬尘、城市裸土起尘等为防治重点。应参照《防治城市扬尘污染技术规范》，开展城市扬尘综合整治，减少城市裸地面积，采取植树种草等措施提高绿化率，或适当采用地面硬化措施，遏止扬尘污染。

（二十三）对各种施工工地、各种粉状物料贮存场、各种港口装卸码头等，应采取设置围挡墙、防尘网和喷洒抑尘剂等有效的防尘、抑尘措施，防止颗粒物逸散；设置车辆清洗装置，保持上路行驶车辆的清洁；鼓励各类土建工程使用预搅拌的商品混凝土。

（二十四）实行粉状物料及渣土车辆密闭运输，加强监管，防止遗撒。及时进行道路清扫、冲洗、洒水作业，减少道路扬尘。规范园林绿化设计和施工管理，防止园林绿地土壤向道路流失。

六、防治生活污染

（二十五）生活污染来源复杂、分布广泛，治理工作应调动社会各界的积极性，鼓励公众参与。应在全社会倡导形成节俭、绿色生活方式，摒弃奢侈、浪费、炫耀的消费习惯。倡导绿色消费，通过消费者选择和市场竞争，促使企业生产环境友好型消费品。

（二十六）治理饮食业、干洗业、小型燃煤燃油锅炉等生活污染源，严格控制油烟、挥发性有机物、烟尘等污染物排放。推广使用具备溶剂回收功能的封闭式干洗机。应有效控制城市露天烧烤。生活垃圾和城市园林绿化废物应及时清运，进行无害化处理，防止露天焚烧。

（二十七）以涂料、粘合剂、油墨、气雾剂等在生产和使用过程中释放挥发性有机物的消费品为重点，开展环境标志产品认证工作，鼓励生产和使用水性涂料，逐渐减少用于船舶制造维修等领域油性涂料的生产和使用，减少挥发性有机物排放量。

（二十八）在城市郊区和农村地区，推广使用清洁能源和高效节能锅炉，有条件的地区宜发展集中供暖或地热等采暖方式，以替代小型燃煤、燃油取暖炉，减轻面源污染。

（二十九）开展环境文化建设，形成有益于环境保护的公序良俗，倡导良好生活习惯。倡导有益于健康的饮食习惯和低油烟、低污染、低能耗的烹调方式。提倡以无烟方式进行祭扫等礼仪活动，减少燃放烟花爆竹。

七、防治农业污染

（三十）提倡采用"留茬免耕、秸秆覆盖"等保护性耕作措施，最大限度地减少翻耕对土壤的扰动，防治土壤侵蚀和起尘。

（三十一）及时、妥善收集处理农作物秸秆等农业废弃物，可采取粉碎后就地还田、收集制备生物质燃料等资源化利用措施，减少露天焚烧。

（三十二）加强对施用肥料的技术指导，合理施肥，鼓励采用长效缓释氮肥和有机肥，有效减少氨挥发。

（三十三）加强规模化畜禽养殖污染防治的监管，推广先进养殖和污染治理技术，减少氨的排放。

八、监测预警与应急

（三十四）严格按照相关标准规定开展环境空气质量监测与评价工作，加快建设环境空气监测网络和环境质量预测预报和评估制度，加强环保、气象部门间的协作和信息共享，建立环境空气质量预警和发布平台。

（三十五）应根据各地气象条件、细颗粒物与前体污染物来源、污染源分布情况，制定环境空气重污染应急预案及预警响应程序，包括紧急限产和临时停产的排污企业和设施名单、车辆限行方案、扬尘管控措施等。

（三十六）建立部门间大气重污染事件应急联动机制，根据出现不利气象条件和重污染现象的预报，及时启动应急方案，采取分级响应措施。应定期评估应急预案实施效果，并适时修订应急预案。

九、强化科技支撑

（三十七）应将科技创新作为防治细颗粒物污染的重要手段。根据我国细颗粒物来源复杂的特点，深入开展大气颗粒物来源解析研究，摸清我国不同区域细颗粒物污染的时空分布特征、形成与区域传输机理，开展细颗粒物总量控制技术与方案的研究。鼓励开展细颗粒物污染相关的健康与生态效应研究。鼓励开展支撑细颗粒物污染防治的经济政策、环保标准等方面的研究。

（三十八）根据实现国家未来环保目标和污染排放控制要求的技术需求，采取措施鼓励研发高效污染治理先导技术，作为确定实施更加严格排放控制要求的技术储备。鼓励采用各种高效污染物净化技术，以及清洁生产技术和资源能源高效利用技术，提高各个行业和污染源的排放控制技术水平，降低污染物排放强度。鼓励研发示范各种细颗粒物及氮氧化物、挥发性有机物等前体污染物的新型高效净化技术，包括袋式除尘、电除尘、电袋复合除尘、湿式电除尘、炉窑选择性催化还原、分子筛吸附浓缩、高效蓄热式催化燃烧、低温等离子体、高效水基强化吸收等。

（三十九）加强细颗粒物污染防治的知识普及和宣传教育，提升全民环境意识和公众参与能力。根据国内改善环境质量和污染防治工作的实际需要，开展细颗粒物防治国际合作。

附：细颗粒物污染防治技术简要说明

附

细颗粒物污染防治技术简要说明

一、工业污染防治技术

（一）有组织排放颗粒物（烟、粉尘）污染防治技术，包括袋式除尘、湿式电除尘技术、电袋复合除尘技术。

（二）前体污染物（NO、SO_2、$VOCs$、NH_3 等）净化技术，包括各种脱硫技术、氮氧化物的催化还原技术及烟气脱硝技术、挥发性有机物的燃烧净化与吸附回收技术、氨的水洗涤净化技术。

（三）无组织排放颗粒物和前体污染物治理技术，包括适用于大气颗粒物及其前体物污染控制的密闭生产技术、粉状物料堆放场的遮风与抑尘技术。

二、移动源污染防治技术

移动污染源包括各种采用内燃机或外燃机为动力装置，以汽油、柴油、煤油、天然气、液化石油气及其他可燃液体、气体为燃料的交通工具（车辆、船舶、航空器等）、机械、发电装置。防治移动源污染，应针对其使用方式、目前国家污染防治要求，采取不同的技术措施，主要包括：

（一）燃料清洁化技术。降低重金属等影响排放控制装置效能的各种有害物质含量，控制烯烃等光化学活性成分含量。

（二）发动机高效燃烧及燃料精确注入技术。

（三）发动机排气中 NO_x、HC、CO、颗粒物净化技术。

（四）汽油蒸发控制技术，包括在车辆、加油站、油库、油罐车上实施的各种油气回收技术。

（五）车载发动机及排放控制系统诊断技术（OBD）。

三、扬尘污染防治技术

（一）遮风技术，包括适用于各种露天堆场和施工工地遮挡措施。

（二）抑尘技术，包括喷洒水雾和抑尘剂，适用于施工场所、堆场、装卸作业等场地。

（三）施工物料运输车辆清洗技术，适用于上路行驶的物料、渣土运输车辆。

（四）道路清扫技术，包括人工清扫、机械清扫。

四、生活污染防治技术

（一）饮食业油烟净化技术，包括采用各种原理的净化技术。

（二）环境友好产品生产技术，包括各种替代有害物质的消费品生产技术。

（三）密闭式衣物干洗技术。

五、农业污染防治技术

（一）农业耕作和裸土起尘防治技术，包括留茬免耕、秸秆覆盖、固沙技术。

（二）秸秆等农业废物综合利用技术，包括制备沼气、热解气化、生物柴油等技术。

（三）合理施肥技术，包括配方施肥技术和施用硝化抑制剂。

挥发性有机物（VOCs）污染防治技术政策

公告 2013 年 第 31 号
（2013 年 5 月 24 日实施）

一、总则

（一）为贯彻《中华人民共和国环境保护法》、《中华人民共和国大气污染防治法》等法律法规，防治环境污染，保障生态安全和人体健康，促进挥发性有机物（VOCs）污染防治技术进步，制定本技术政策。

（二）本技术政策为指导性文件，供各有关单位在环境保护工作中参照采用。

（三）本技术政策提出了生产 VOCs 物料和含 VOCs 产品的生产、储存运输销售、使用、消费各环节的污染防治策略和方法。VOCs 来源广泛，主要污染源包括工业源、生活源。

工业源主要包括石油炼制与石油化工、煤炭加工与转化等含 VOCs 原料的生产行业，油类（燃油、溶剂等）储存、运输和销售过程，涂料、油墨、胶粘剂、农药等以 VOCs 为原料的生产行业，涂装、印刷、黏合、工业清洗等含 VOCs 产品的使用过程；生活源包括建筑装饰装修、餐饮服务和服装干洗。

石油和天然气开采业、制药工业以及机动车排放的 VOCs 污染防治可分别参照相应的污染防治技术政策。

（四）VOCs 污染防治应遵循源头和过程控制与末端治理相结合的综合防治原则。在工业生产中采用清洁生产技术，严格控制含 VOCs 原料与产品在生产和储运销过程中的 VOCs 排放，鼓励对资源和能源的回收利用；鼓励在生产和生活中使用不含 VOCs 的替代产品或低 VOCs 含量的产品。

（五）通过积极开展 VOCs 摸底调查、制修订重点行业 VOCs 排放标准和管理制度等文件、加强 VOCs 监测和治理、推广使用环境标志产品等措施，到 2015 年，基本建立起重点区域 VOCs 污染防治体系；到 2020 年，基本实现 VOCs 从原料到产品、从生产到消费的全过程减排。

二、源头和过程控制

（六）在石油炼制与石油化工行业，鼓励采用先进的清洁生产技术，提高原油的转化和利用效率。对于设备与管线组件、工艺排气、废气燃烧塔（火炬）、废水处理等过程产生的含 VOCs 废气污染防治技术措施包括：

1. 对泵、压缩机、阀门、法兰等易发生泄漏的设备与管线组件，制定泄漏检测与修复（LDAR）计划，定期检测、及时修复，防止或减少跑、冒、滴、漏现象；

2. 对生产装置排放的含 VOCs 工艺排气宜优先回收利用，不能（或不能完全）回收利用的经处理后达标排放，应急情况下的泄放气可导入燃烧塔（火炬），经过充分燃烧后排放；

3. 废水收集和处理过程产生的含 VOCs 废气经收集处理后达标排放。

（七）在煤炭加工与转化行业，鼓励采用先进的清洁生产技术，实现煤炭高效、清洁转化，并重点识别、排查工艺装置和管线组件中 VOCs 泄漏的易发位置，制定预防 VOCs 泄漏和处置紧急事件的措施。

（八）在油类（燃油、溶剂）的储存、运输和销售过程中的 VOCs 污染防治技术措施包括：

1. 储油库、加油站和油罐车宜配备相应的油气收集系统，储油库、加油站宜配备相应的油气回收系统；

2. 油类（燃油、溶剂等）储罐宜采用高效密封的内（外）浮顶罐，当采用固定顶罐时，通过密闭排气系统将含 VOCs 气体输送至回收设备；

3. 油类（燃油、溶剂等）运载工具（汽车油罐车、铁路油槽车、油轮等）在装载过程中排放的 VOCs 密闭收集输送至回收设备，也可返回储罐或送入气体管网。

（九）涂料、油墨、胶粘剂、农药等以 VOCs 为原料的生产行业的 VOCs 污染防治技术措施包括：

1. 鼓励符合环境标志产品技术要求的水基型、无有机溶剂型、低有机溶剂型的涂料、油墨和胶粘剂等的生产和销售；

2. 鼓励采用密闭一体化生产技术，并对生产过程中产生的废气分类收集后处理。

（十）在涂装、印刷、黏合、工业清洗等含 VOCs 产品的使用过程中的 VOCs 污染防治技术措施包括：

1. 鼓励使用通过环境标志产品认证的环保型涂料、油墨、胶粘剂和清洗剂；

2. 根据涂装工艺的不同，鼓励使用水性涂料、高固分涂料、粉末涂料、紫外光固化（UV）涂料等环保型涂料，推广采用静电喷涂、淋涂、辊涂、浸涂等效率较高的涂装工艺，应尽量避免无 VOCs 净化、回收措施的露天喷涂作业；

3. 在印刷工艺中推广使用水性油墨，印铁制罐行业鼓励使用紫外光固化（UV）油墨，书刊印刷行业鼓励使用预涂膜技术；

4. 鼓励在人造板、制鞋、皮革制品、包装材料等黏合过程中使用水基型、热熔型等环保型胶粘剂，在复合膜的生产中推广无溶剂复合及共挤出复合技术；

5. 淘汰以三氟三氯乙烷、甲基氯仿和四氯化碳为清洗剂或溶剂的生产工艺，清洗过程中产生的废溶剂宜密闭收集，有回收价值的废溶剂经处理后回用，其他废溶剂应妥善处置；

6. 含 VOCs 产品的使用过程中，应采取废气收集措施，提高废气收集效率，减少废气的无组织排放与逸散，并对收集后的废气进行回收或处理后达标排放。

（十一）建筑装饰装修、服装干洗、餐饮油烟等生活源的 VOCs 污染防治技术措施包括：

1. 在建筑装饰装修行业推广使用符合环境标志产品技术要求的建筑涂料、低有机溶剂型木器漆和胶粘剂，逐步减少有机溶剂型涂料的使用；

2. 在服装干洗行业应淘汰开启式干洗机的生产和使用，推广使用配备压缩机制冷溶剂回收系统的封闭式干洗机，鼓励使用配备活性炭吸附装置的干洗机；

3. 在餐饮服务行业鼓励使用管道煤气、天然气、电等清洁能源；倡导低油烟、低污染、低能耗的饮食方式。

三、末端治理与综合利用

（十二）在工业生产过程中鼓励 VOCs 的回收利用，并优先鼓励在生产系统内回用。

（十三）对于含高浓度 VOCs 的废气，宜优先采用冷凝回收、吸附回收技术进行回收利用，并辅助以其他治理技术实现达标排放。

（十四）对于含中等浓度 VOCs 的废气，可采用吸附技术回收有机溶剂，或采用催化燃烧和热力焚烧技术净化后达标排放。当采用催化燃烧和热力焚烧技术进行净化时，应进行余热回收利用。

（十五）对于含低浓度 VOCs 的废气，有回收价值时可采用吸附技术、吸收技术对有机溶剂回收后达标排放；不宜回收时，可采用吸附浓缩燃烧技术、生物技术、吸收技术、等离子体技术或紫外光高级氧化技术等净化后达标排放。

（十六）含有有机卤素成分 VOCs 的废气，宜采用非焚烧技术处理。

（十七）恶臭气体污染源可采用生物技术、等离子体技术、吸附技术、吸收技术、紫外光高级氧化技术或组合技术等进行净化。净化后的恶臭气体除满足达标排放的要求外，还应采取高空排放等措施，避免产生扰民问题。

（十八）在餐饮服务业推广使用具有油雾回收功能的油烟抽排装置，并根据规模、场地和气候条件等采用高效油烟与 VOCs 净化装置净化后达标排放。

（十九）严格控制 VOCs 处理过程中产生的二次污染，对于催化燃烧和热力焚烧过程中产生的含硫、氮、氯等无机废气，以及吸附、吸收、冷凝、生物等治理过程中所产生的含有机物废水，应处理后达标排放。

（二十）对于不能再生的过滤材料、吸附剂及催化剂等净化材料，应按照国家固体废物管理的相关规定处理处置。

四、鼓励研发的新技术、新材料和新装备

鼓励以下新技术、新材料和新装备的研发和推广：

（二十一）工业生产过程中能够减少 VOCs 形成和挥发的清洁生产技术。

（二十二）旋转式分子筛吸附浓缩技术、高效蓄热式催化燃烧技术（RCO）和蓄热式热力燃烧技术（RTO）、氮气循环脱附吸附回收技术、高效水基强化吸收技术，以及其他针对特定有机污染物的生物净化技术和低温等离子体净化技术等。

（二十三）高效吸附材料（如特种用途活性炭、高强度活性炭纤维、改性疏水分子筛和硅胶等）、催化材料（如广谱性 VOCs 氧化催化剂等）、高效生物填料和吸收剂等。

（二十四）挥发性有机物回收及综合利用设备。

五、运行与监测

（二十五）鼓励企业自行开展 VOCs 监测，并及时主动向当地环保行政主管部门报送监测结果。

（二十六）企业应建立健全 VOCs 治理设施的运行维护规程和台账等日常管理制度，并根据工艺要求定期对各类设备、电气、自控仪表等进行检修维护，确保设施的稳定运行。

（二十七）当采用吸附回收（浓缩）、催化燃烧、热力焚烧、等离子体等方法进行末端治理时，应编制本单位事故火灾、爆炸等应急救援预案，配备应急救援人员和器材，并开展应急演练。

火电厂氮氧化物防治技术政策

环发[2010]10 号
（2010 年 1 月 27 日实施）

1　总则

1.1　为贯彻《中华人民共和国大气污染防治法》，防治火电厂氮氧化物排放造成的污染，改善大气环境质量，保护生态环境，促进火电行业可持续发展和氮氧化物减排及控制技术进步，制定本技术政策。

1.2　本技术政策适用于燃煤发电和热电联产机组氮氧化物排放控制。燃用其他燃料的发电和热电联产机组的氮氧化物排放控制，可参照本技术政策执行。

1.3　本技术政策控制重点是全国范围内 200MW 及以上燃煤发电机组和热电联产机组以及大气污染重点控制区域内的所有燃煤发电机组和热电联产机组。

1.4　加强电源结构调整力度，加速淘汰 100MW 及以下燃煤凝汽机组，继续实施"上大压小"政策，积极发展大容量、高参数的大型燃煤机组和以热定电的热电联产项目，以提高能源利用率。

2　防治技术路线

2.1　倡导合理使用燃料与污染控制技术相结合、燃烧控制技术和烟气脱硝技术相结合的综合防治措施，以减少燃煤电厂氮氧化物的排放。

2.2　燃煤电厂氮氧化物控制技术的选择应因地制宜、因煤制宜、因炉制宜，依据技术上成熟、经济上合理及便于操作来确定。

2.3　低氮燃烧技术应作为燃煤电厂氮氧化物控制的首选技术。当采用低氮燃烧技术后，氮氧化物排放浓度不达标或不满足总量控制要求时，应建设烟气脱硝设施。

3　低氮燃烧技术

3.1　发电锅炉制造厂及其他单位在设计、生产发电锅炉时，应配置高效的低氮燃烧技术和装置，以减少氮氧化物的产生和排放。

3.2　新建、改建、扩建的燃煤电厂，应选用装配有高效低氮燃烧技术和装置的发电锅炉。

3.3　在役燃煤机组氮氧化物排放浓度不达标或不满足总量控制要求的电厂，应进行低氮燃烧技术改造。

4　烟气脱硝技术

4.1　位于大气污染重点控制区域内的新建、改建、扩建的燃煤发电机组和热电联产机组应配置烟气脱硝设施，并与主机同时设计、施工和投运。非重点控制区域内的新建、改建、扩建的燃煤发电机组和热电联产机组应根据排放标准、总量指标及建设项目环境影响报告书批复要求建设烟气脱硝装置。

4.2　对在役燃煤机组进行低氮燃烧技术改造后，其氮氧化物排放浓度仍不达标或不满足总量控制要求时，应配置烟气脱硝设施。

4.3　烟气脱硝技术主要有：选择性催化还原技术（SCR）、选择性非催化还原技术（SNCR）、选择性非催化还原与选择性催化还原联合技术（SNCR-SCR）及其他烟气脱硝技术。

4.3.1　新建、改建、扩建的燃煤机组，宜选用 SCR；小于等于 600MW 时，也可选用 SNCR-SCR。

4.3.2　燃用无烟煤或贫煤且投运时间不足 20 年的在役机组，宜选用 SCR 或 SNCR-SCR。

4.3.3　燃用烟煤或褐煤且投运时间不足 20 年的在役机组，宜选用 SNCR 或其他烟气脱硝技术。

4.4　烟气脱硝还原剂的选择

4.4.1　还原剂的选择应综合考虑安全、环保、经济等多方面因素。

4.4.2　选用液氨作为还原剂时，应符合《重大危险源辨识》（GB 18218）及《建筑设计防火规范》（GB 50016）中的有关规定。

4.4.3　位于人口稠密区的烟气脱硝设施，宜选用尿素作为还原剂。

4.5　烟气脱硝二次污染控制

4.5.1　SCR 和 SNCR-SCR 氨逃逸控制在 $2.5mg/m^3$（干基，标准状态）以下；SNCR 氨逃逸控制在 $8\ mg/m^3$（干基，标准状态）以下。

4.5.2　失效催化剂应优先进行再生处理，无法再生的应进行无害化处理。

5　新技术开发

5.1　鼓励高效低氮燃烧技术及适合国情的循环流化床锅炉的开发和应用。

5.2　鼓励具有自主知识产权的烟气脱硝技术、脱硫脱硝协同控制技术以及氮氧化物资源化利用技术的研发和应用。

5.3　鼓励低成本高性能催化剂原料、新型催化剂和失效催化剂的再生与安全处置技术的开发和应用。

5.4　鼓励开发具有自主知识产权的在线连续监测装置。

5.5　鼓励适合于烟气脱硝的工业尿素的研究和开发。

6　运行管理

6.1　燃煤电厂应采用低氮燃烧优化运行技术，以充分发挥低氮燃烧装置的功能。

6.2　烟气脱硝设施应与发电主设备纳入同步管理，并设置专人维护管理，并对相关人员进行定期培训。

6.3　建立、健全烟气脱硝设施的运行检修规程和台账等日常管理制度，并根据工艺要求定期对各类设备、电气、自控仪表等进行检修维护，确保设施稳定可靠地运行。

6.4　燃煤电厂应按照《火电厂烟气排放连续监测技术规范》（HJ/T 75）装配氮氧化物在线连续监测装置，采取必要的质量保证措施，确保监测数据的完整和准确，并与环保行政主管部门的管理信息系统联网，对运行数据、记录等相关资料至少保存 3 年。

6.5　采用液氨作为还原剂时，应根据《危险化学品安全管理条例》的规定编制本单位事故应急救援预案，配备应急救援人员和必要的应急救援器材、设备，并定期组织演练。

6.6　电厂对失效且不可再生的催化剂应严格按照国家危险废物处理处置的相关规定进行管理。

7　监督管理

7.1　烟气脱硝设施不得随意停止运行。由于紧急事故或故障造成脱硝设施停运，电厂应立即向当地环境保护行政主管部门报告。

7.2　各级环境保护行政主管部门应加强对氮氧化物减排设施运行和日常管理制度执行情况的定期检查和监督，电厂应提供烟气脱硝设施的运行和管理情况，包括监测仪器的运行和校验情况等资料。

7.3　电厂所在地的环境保护行政主管部门应定期对烟气脱硝设施的排放和投运情况进行监测和监管。

柴油车排放污染防治技术政策

环发[2003]10 号
（2003 年 1 月 13 日实施）

1   总则和控制目标

1.1   为保护大气环境，防治柴油车排放造成的城市空气污染，推动柴油车行业结构调整和技术升级换代，促进车用柴油油品质量的提高，根据《中华人民共和国大气污染防治法》，制定本技术政策。本技术政策是对《机动车排放污染防治技术政策》（国家环保总局、原国家机械工业局、科技部 1999 年联合发布）有关柴油车部分的修订和补充。自本技术政策发布实施之日起，柴油车的污染防治按本技术政策执行。本技术政策将随社会经济、技术水平的发展适时修订。

1.2   本技术政策适用于所有在我国境内使用的柴油车、车用柴油机产品和车用柴油油品。

1.3   柴油发动机燃烧效率高，采用先进技术的柴油发动机污染物排放量较低。国家鼓励发展低能耗、低污染、使用可靠的柴油车。

1.4   柴油车排放的污染物及其在大气中二次反应生成的污染物对人体健康和生态环境会造成不良影响。随着经济、技术水平的提高，国家将不断严格柴油车污染物排放控制的要求，逐步降低柴油车污染物的排放水平，保护人体健康和生态环境。

1.5   柴油车主要排放一氧化碳（CO）、碳氢化合物（HC）、氮氧化物（NO_x）和颗粒污染物等，控制的重点是氮氧化物（NO_x）和颗粒污染物。

1.6   我国柴油汽车污染物排放当前执行相当于欧洲第一阶段控制水平的国家排放标准。我国柴油汽车污染物排放控制目标是：2004 年前后达到相当于欧洲第二阶段排放控制水平；到 2008 年，力争达到相当于欧洲第三阶段排放控制水平；2010 年之后争取与国际排放控制水平接轨。

1.7   国家将逐步加严农用运输车的排放控制要求，并最终与柴油汽车并轨。

1.8　各城市应根据空气污染现状、不同污染源的大气污染分担率等实际情况，在加强对城市固定污染源排放控制的同时，加强对柴油车等流动污染源的排放控制，尽快改善城市环境空气质量。

1.9　随着柴油车和车用柴油机技术的发展，对技术先进、污染物排放性能好并达到国家或地方排放标准的柴油车，不应采取歧视性政策。

1.10　国家通过优惠的税收等经济政策，鼓励提前达到国家排放标准的柴油车和车用柴油发动机产品的生产和使用。

2　新生产柴油车及车用柴油机产品排放污染防治

2.1　柴油车及车用柴油机生产企业出厂的新产品，其污染物排放必须稳定达到国家或地方排放标准的要求，否则不得生产、销售和使用。

2.2　柴油车及车用柴油机生产企业应积极研究并采用先进的发动机制造技术和排放控制技术，使其产品的污染物排放达到国家或地方的排放控制目标和排放标准。以下是主要的技术导向内容：

2.2.1　柴油车及车用柴油机生产企业应积极采用先进电子控制燃油喷射技术和新型燃油喷射装置，实现柴油车和车用柴油机燃油系统各环节的精确控制，促进其产品升级。

2.2.2　柴油车及车用柴油机生产企业在其产品中应采用新型燃烧技术，实现柴油机的洁净燃烧和柴油车的清洁排放。

2.2.3　柴油车及车用柴油机生产企业应积极开发实现油、气综合管理的发动机综合管理系统（EMS）和整车管理系统，实现对整车排放性能的优化管理。

2.2.4　应积极研究开发并采用柴油车排气后处理技术，如广域空燃比下的气体排放物催化转化技术和再生能力良好的颗粒捕集技术，降低柴油车尾气中的污染物排放。

2.3　为满足不同阶段的排放控制要求，推荐新生产柴油车及车用柴油机可采用的技术路线是：

2.3.1　为达到相当于欧洲第二阶段排放控制水平的国家排放标准控制要求，可采用新型燃油泵、高压燃油喷射、废气再循环（EGR）、增压、中冷等技术相结合的技术路线。

2.3.2　为达到相当于欧洲第三阶段排放控制水平的要求，可采用电控燃油高压喷射（如电控单体泵、电控高压共轨、电控泵喷嘴等）、增压中冷、废气再循环（EGR）及安装氧化型催化转化器等技术相结合的综合治理技术路线。

2.3.3　为达到相当于欧洲第四阶段排放控制水平的排放控制要求，可采用更高压力的电控燃油喷射、可变几何的增压中冷、冷却式废气再循环（CEGR）、多气阀技术、可变进气涡流等，并配套相应的排气后处理技术的综合治理技术路线。

排气后处理技术包括氧化型催化转化器、连续再生的颗粒捕集器（CRT）、选择性催化还原技术（SCR）及氮氧化物储存型后处理技术（NSR）等。

2.4　柴油车及车用柴油机生产企业，应在其质量保证体系中，根据国家排放标准对生产一致性的要求，建立产品排放性能和耐久性的控制内容。在产品开发、生产质量控制、售后服务等各个阶段，加强对其产品排放性能的管理。在国家规定的使用期限内，保证其产品的排放稳定达到国家排放标准的要求。

2.5　柴油车及车用柴油机生产企业，在其产品使用说明书中应详细说明使用条件和日常保养项目，在给特约维修站的维修手册中应专门列出控制排放的维修内容、有关零部件更换周期、维修保养操作规程以及生产企业认可的零部件的规格、型号等内容，为在用柴油车的检查维护制度（I/M 制度）提供技术支持。

3　在用柴油车排放污染防治

3.1　在用柴油车在国家规定的使用期限内，要满足出厂时国家排放标准的要求。控制在用柴油车污染排放的基本原则是加强车辆日常维护，使其保持良好的排放性能。

有排放性能耐久性要求的车型，在规定的耐久性里程内，制造厂有责任保证其排放性能在正常使用条件下稳定达标。

3.2　在用柴油车的排放控制，应以完善和加强检查/维护（I/M）制度为主。通过加强检测能力和检测网络的建设，强化对在用柴油车的排放性能检测，强制不达标车辆进行维护修理，以保证车用柴油机处于正常技术状态。

3.3　柴油车生产企业应建立和完善产品维修网络体系。维修企业应配备必要的排放检测和诊断仪器，正确使用各种检测诊断手段，提高维护、修理技术水平，保证维修后的柴油车排放性能达到国家排放标准的要求。

3.4　严格按照国家关于在用柴油车报废标准的有关规定，及时淘汰污染严重的、应该报废的在用柴油车，促进车辆更新，降低在用柴油车的排放污染。

3.5　在用柴油车排放控制技术改造是一项系统工程，确需改造的城市和地区，应充分论证其技术经济性和改造的必要性，并进行系统的匹配研究和一定规模的改造示范。

在此基础上方可进行一定规模的推广，保证改造后柴油车的排放性能优于原车的排放。

确需对在用柴油车实行新的污染物排放标准并对其进行改造的城市，需按照大气污染防治法的规定，报经国务院批准。

3.6　城市应科学合理地组织道路交通，推动先进的交通管理系统的推广和应用，提高柴油车等流动源的污染排放控制水平。

4　车用油品

4.1　国家鼓励油品制造企业生产优质、低硫的车用柴油，鼓励生产优质、低硫、低芳烃柴油新技术和新工艺的应用，保证车用柴油质量稳定达到不断严格的国家车用柴油质量标准的要求。

4.2　国家制定车用柴油有害物质环境保护指标并与柴油车和车用柴油机排放标准同步加严，为新的排放控制技术的应用、保障柴油车污染物排放稳定达标提供必需的支持条件。

4.3　国家加强对柴油油品质量的监督管理，加强对车用柴油进口和销售环节的管理，加大对加油站的监控力度，保证加油站的车用柴油油品质量达到国家标准要求，保证柴油车和车用柴油机使用符合国家车用柴油质量标准和环保要求的车用柴油。

4.4　为满足国家环境保护重点城市对柴油车排放控制的严格要求，油品制造企业可精炼和供应更高品质、满足特殊使用要求的车用柴油，国家在价格、税收等方面按照优质优价的原则给予鼓励。

4.5　催化裂化柴油、部分劣质原油和高硫原油的直馏柴油应经过加氢等精制工艺，保证车用柴油的安定性，并使其硫含量符合使用要求。

4.6　国家鼓励发展利用生物质等原料合成制造柴油的技术。

4.7　油品生产企业应提高润滑油品质，保证其满足柴油车使用要求。

5　柴油车和车用柴油机排放测试技术

5.1　柴油车和车用柴油机生产企业应配备完善的排放测试仪器设备，以满足产品开发、生产一致性检测的需要。

5.2　柴油车和车用柴油机排放测试仪器设备及试验室条件的控制应适应不断严格的国家排放标准的需要，满足排放标准规定的要求。

5.3　鼓励柴油车加载烟度测量设备的开发，在有条件的地区逐步推广使用。

5.4　应加强国产柴油车和车用柴油机污染物排放测试仪器和设备的研究开发，鼓励引进技术的国产化，推动排放测试技术与国际先进水平接轨。

摩托车排放污染防治技术政策

环发[2003]7 号
（2003 年 1 月 13 日实施）

1   总则和控制目标

1.1   为保护大气环境，防治摩托车（如不特别指出，均含轻便摩托车，下同）排放造成的污染，推动摩托车行业技术进步，根据《中华人民共和国大气污染防治法》，制订本技术政策。本技术政策是对原《机动车排放污染防治技术政策》（国家环保总局、原国家机械工业局、科技部 1999 年联合发布）中摩托车部分的细化和补充。自本技术政策发布实施之日起，摩托车污染防治按本技术政策执行。本技术政策将随社会经济、技术水平的发展适时修订。

1.2   本技术政策适用于在我国境内所有新定型和新生产摩托车以及在我国上牌照的所有在用摩托车。

1.3   本技术政策主要控制摩托车排放的一氧化碳（CO）、碳氢化合物（HC）和氮氧化物（NO$_x$）等排气污染物和可见污染物，并应采取措施控制摩托车噪声污染。

1.4   我国摩托车污染物排放控制目标是：

1.4.1   2004 年新定型的摩托车（不含轻便摩托车）产品污染物的排放应当达到相当于欧盟第二阶段排放控制水平；2005 年新定型的轻便摩托车产品污染物的排放应当达到相当于欧盟第二阶段的排放控制水平；2006 年前后我国所有新定型的摩托车产品污染物的排放应达到国际先进排放控制水平。

1.4.2   我国摩托车产品排放耐久性里程，当前应当达到 6 000 公里，2006 年前后应当达到 10 000 公里。

1.5   摩托车产品生产应向低污染、节能的方向发展，并逐步提高摩托车排放耐久性里程。

1.6   国家通过制订优惠的税收、消费等政策措施，鼓励生产、使用提前达到国家污染物排放标准的摩托车产品，努力推动报废摩托车、废旧催化器的回收和处置，鼓励规模化和环保型的回收、处置产业的发展。

1.7　摩托车数量大、污染严重的城市可以要求提前执行国家下一阶段更为严格的排放标准，但须按照大气污染防治法的相关规定报国务院批准后实施。

2　新生产摩托车排放污染防治

2.1　国家逐步建立摩托车产品型式核准制度，加快摩托车产品法制化管理进程。摩托车生产企业的产品设计和制造，应确保在排放标准规定的耐久性里程内，其产品排放稳定达到排放标准的要求。不符合国家污染物排放标准的新生产摩托车，不得生产、销售和使用。

2.2　强化摩托车污染排放抽查制度。摩托车及其发动机生产企业应建立完善的质量保证体系，其中应包括摩托车污染排放生产一致性质量保证计划。国家根据污染物排放标准对生产一致性的要求，定期抽查摩托车污染物排放生产一致性。

2.3　摩托车排放污染控制技术的污染削减效果应以工况法排放试验结果为依据。

2.4　摩托车及摩托车发动机生产企业应积极采用摩托车发动机机内控制和机外控制措施，实现新生产摩托车的低排放、低污染。应优先采用机内净化措施，在排放降到一定程度后再采用机外净化措施。

2.5　燃油摩托车发动机机内控制推荐技术措施包括：

2.5.1　改善摩托车发动机燃烧系统，优化燃烧室设计，提高燃烧效率，降低发动机噪声。

2.5.2　采用多气门和可变技术，提高发动机的动力性，降低油耗，降低摩托车污染物的排放。

2.5.3　通过摩托车发动机化油器结构改进和优化匹配，采用化油器混合气电控调节，改善混合气的形成条件，实现混合气空燃比的精细化控制，有效降低摩托车污染物排放。

2.5.4　采用电控燃油喷射技术，精确控制空燃比，使摩托车发动机的燃油经济性、动力性和排放特性达到最佳匹配。采用电控燃油喷射技术逐步替代化油器是摩托车发动机生产的发展趋势。

2.6　摩托车发动机机外净化推荐技术措施包括：

2.6.1　采用催化转化技术是控制摩托车排放污染的有效措施。二冲程摩托车和强化程度不很高的四冲程摩托车上安装的催化转化器宜采用氧化型催化剂；高强化四冲程摩托车及电控燃油喷射摩托车可逐步使用三效催化器。

2.6.2　安装催化转化器时需要对摩托车发动机进行技术改进、降低原车排放，并将催化转化器与摩托车进行合理的技术匹配。在保证摩托车发动机动力性和经济性基本不变的前提下，充分发挥其净化效果，保证其使用寿命。

2.7　为满足我国第二阶段摩托车排放控制要求，四冲程摩托车宜通过优化化油器结构，实现混合气精确控制，或安装适当氧化型催化转化器的治理技术路线；二冲程摩托车宜采用改善扫气过程，开发低成本的燃油直接喷射技术，并安装氧化型催化转化器的治理技术路线。

2.8　为满足不断严格的国家摩托车排放控制要求，宜逐步采用电控燃油喷射技术，并安装催化转化器的综合治理技术路线。

2.9　采用严格的摩托车排放控制技术路线初期一次性投资较大，但整个控制过程中环境和经济效益良好。摩托车排放污染控制宜在技术经济可行性分析的基础上，采用相对严格的控制方案。

3　在用摩托车排放污染防治

3.1　应强化在用摩托车的检查/维护（I/M）制度。加强维修保养是控制在用摩托车污染物排放的主要方法。

3.2　在用摩托车污染物排放检测主要采用怠速法。鼓励采取严格的措施，强化在用摩托车的排放性能检测。对不达标车辆强制进行维修保养，保证车辆发动机处于正常技术状态。经维修仍不能满足排放标准要求的摩托车应予以报废。

3.3　国家逐步建立摩托车维修单位的认可制度和质量保证体系，使其配备必要的排放检测和诊断仪器，正确使用各种检测诊断手段，提高维修、保养技术水平。维修单位应根据摩托车产品说明书中专门给出的日常保养项目、维修保养内容，采用主机厂原配的零部件进行维修保养，保证维修后的摩托车排放达到国家污染物排放标准的要求。

3.4　严格按照国家摩托车报废的有关规定，淘汰应该报废的在用摩托车，减少在用摩托车的排放污染。

3.5　在用摩托车排放控制技术改造是一项系统工程，确需改造的城市和地区，应充分论证其技术经济性和改造的必要性，并进行系统的匹配研究和一定规模的改造示范。在此基础上方可进行一定规模的推广改造，保证改造后摩托车的排放性能优于原车排放。在用摩托车排放技术改造需按大气污染防治法的有关规定报批。

4　摩托车车用油品及排放测试设备

4.1　国家在全国范围内推广使用优质无铅汽油，逐步提高油品质量标准。

4.2　采用电控燃油喷射技术的摩托车，使用的汽油中应加入符合要求的清净剂，防止喷嘴堵塞。

4.3　应使用摩托车专用润滑油，满足摩托车润滑性、清净性和防止排气堵塞性能的需要。鼓励摩托车低烟润滑油的使用，减少摩托车的排烟污染。

4.4　摩托车工况法排放测试设备应符合国家污染物排放标准规定的技术要求。

5　国家鼓励的摩托车排放控制技术和设备

5.1　鼓励摩托车用催化转化器的研究开发和推广应用。应大力开发净化效率高、耐久性好的催化转化器，促进催化转化器产业化并保证批量生产的质量。

5.2　鼓励先进的摩托车电控燃油喷射技术和设备的研制和使用。

5.3　鼓励研究开发摩托车工况法排放测试设备和摩托车排放耐久性试验专用试验装置。

燃煤二氧化硫排放污染防治技术政策

环发[2002]26 号

（2002 年 1 月 30 日实施）

1 总则

1.1 我国目前燃煤二氧化硫排放量占二氧化硫排放总量的90%以上，为推动能源合理利用、经济结构调整和产业升级，控制燃煤造成的二氧化硫大量排放，遏制酸沉降污染恶化趋势，防治城市空气污染，根据《中华人民共和国大气污染防治法》以及《国民经济和社会发展第十个五年计划纲要》的有关要求，并结合相关法规、政策和标准，制定本技术政策。

1.2 本技术政策是为实现 2005 年全国二氧化硫排放量在 2000 年基础上削减10%，"两控区" 二氧化硫排放量减少 20%，改善城市环境空气质量的控制目标提供技术支持和导向。

1.3 本技术政策适用于煤炭开采和加工、煤炭燃烧、烟气脱硫设施建设和相关技术装备的开发应用，并作为企业建设和政府主管部门管理的技术依据。

1.4 本技术政策控制的主要污染源是燃煤电厂锅炉、工业锅炉和窑炉以及对局地环境污染有显著影响的其他燃煤设施。重点区域是"两控区"，及对"两控区"酸雨的产生有较大影响的周边省、市和地区。

1.5 本技术政策的总原则是：推行节约并合理使用能源、提高煤炭质量、高效低污染燃烧以及末端治理相结合的综合防治措施，根据技术的经济可行性，严格二氧化硫排放污染控制要求，减少二氧化硫排放。

1.6 本技术政策的技术路线是：电厂锅炉、大型工业锅炉和窑炉使用中、高硫分燃煤的，应安装烟气脱硫设施；中小型工业锅炉和炉窑，应优先使用优质低硫煤、洗选煤等低污染燃料或其他清洁能源；城市民用炉灶鼓励使用电、燃气等清洁能源或固硫型煤替代原煤散烧。

2 能源合理利用

2.1 鼓励可再生能源和清洁能源的开发利用，逐步改善和优化能源结构。

2.2 通过产业和产品结构调整，逐步淘汰落后工艺和产品，关闭或改造布局不合理、污染严重的小企业；鼓励工业企业进行节能技术改造，采用先进洁净煤技术，提高能源利用效率。

2.3 逐步提高城市用电、燃气等清洁能源比例，清洁能源应优先供应民用燃烧设施和小型工业燃烧设施。

2.4 城镇应统筹规划，多种方式解决热源，鼓励发展地热、电热膜供暖等采暖方式；城市市区应发展集中供热和以热定电的热电联产业，替代热网区内的分散小锅炉；热网区外和未进行集中供热的城市地区，不应新建产热量在 2.8MW 以下的燃煤锅炉。

2.5 城镇民用炊事炉灶、茶浴炉以及产热量在 0.7MW 以下采暖炉应禁止燃用原煤，提倡使用电、燃气等清洁能源或固硫型煤等低污染燃料，并应同时配套高效炉具。

2.6 逐步提高煤炭转化为电力的比例，鼓励建设坑口电厂并配套高效脱硫设施，变输煤为输电。

2.7 到 2003 年，基本关停 50 MW 以下（含 50 MW）的常规燃煤机组；到 2010 年，逐步淘汰不能满足环保要求的 100MW 以下的燃煤发电机组（综合利用电厂除外），提高火力发电的煤炭使用效率。

3 煤炭生产、加工和供应

3.1 各地不得新建煤层含硫分大于 3%的矿井。对现有硫分大于 3%的高硫小煤矿，应予关闭。对现有硫分大于 3%的高硫大煤矿，近期实行限产，到 2005 年仍未采取有效降硫措施、或无法定点供应安装有脱硫设施并达到污染物排放标准的用户的，应予关闭。

3.2 除定点供应安装有脱硫设施并达到国家污染物排放标准的用户外，对新建硫分大于 1.5%的煤矿，应配套建设煤炭洗选设施。对现有硫分大于 2%的煤矿，应补建配套煤炭洗选设施。

3.3 现有选煤厂应充分利用其洗选煤能力，加大动力煤的入洗量。

3.4 鼓励对现有高硫煤选煤厂进行技术改造，提高选煤除硫率。

3.5 鼓励选煤厂根据洗选煤特性采用先进洗选技术和装备，提高选煤除硫率。

3.6 鼓励煤炭气化、液化，鼓励发展先进煤气化技术用于城市民用煤气和工业燃气。

3.7   煤炭供应应符合当地县级以上人民政府对煤炭含硫量的要求。鼓励通过加入固硫剂等措施降低二氧化硫的排放。

3.8   低硫煤和洗后动力煤，应优先供应给中小型燃煤设施。

4   煤炭燃烧

4.1   国务院划定的大气污染防治重点城市人民政府按照国家环保总局《关于划分高污染燃料的规定》，划定禁止销售、使用高污染燃料区域（简称"禁燃区"），在该区域内停止燃用高污染燃料，改用天然气、液化石油气、电或其他清洁能源。

4.2   在城市及其附近地区电、燃气尚未普及的情况下，小型工业锅炉、民用炉灶和采暖小煤炉应优先采用固硫型煤，禁止原煤散烧。

4.3   民用型煤推广以无烟煤为原料的下点火固硫蜂窝煤技术，在特殊地区可应用以烟煤、褐煤为原料的上点火固硫蜂窝煤技术。

4.4   在城市和其他煤炭调入地区的工业锅炉鼓励采用集中配煤炉前成型技术或集中配煤集中成型技术，并通过耐高温固硫剂达到固硫目的。

4.5   鼓励研究解决固硫型煤燃烧中出现的着火延迟、燃烧强度降低和高温固硫效率低的技术问题。

4.6   城市市区的工业锅炉更新或改造时应优先采用高效层燃锅炉，产热量 7MW 的热效率应在 80% 以上，产热量 <7MW 的热效率应在 75% 以上。

4.7   使用流化床锅炉时，应添加石灰石等固硫剂，固硫率应满足排放标准要求。

4.8   鼓励研究开发基于煤气化技术的燃气－蒸汽联合循环发电等洁净煤技术。

5   烟气脱硫

5.1   电厂锅炉

5.1.1   燃用中、高硫煤的电厂锅炉必须配套安装烟气脱硫设施进行脱硫。

5.1.2   电厂锅炉采用烟气脱硫设施的适用范围是：

（1）新、扩、改建燃煤电厂，应在建厂同时配套建设烟气脱硫设施，实现达标排放，并满足 SO_2 排放总量控制要求，烟气脱硫设施应在主机投运同时投入使用。

（2）已建的火电机组，若 SO_2 排放未达排放标准或未达到排放总量许可要求、剩余寿命（按照设计寿命计算）大于 10 年（包括 10 年）的，应补建烟气脱硫设施，实现达标排放，并满足 SO_2 排放总量控制要求。

（3）已建的火电机组，若 SO_2 排放未达排放标准或未达到排放总量许可要求、剩余寿命（按照设计寿命计算）低于 10 年的，可采取低硫煤替代或其他具有同样

SO_2 减排效果的措施，实现达标排放，并满足 SO_2 排放总量控制要求。否则，应提前退役停运。

（4）超期服役的火电机组，若 SO_2 排放未达排放标准或未达到排放总量许可要求，应予以淘汰。

5.1.3　电厂锅炉烟气脱硫的技术路线是：

（1）燃用含硫量 2%煤的机组或大容量机组（200MW）的电厂锅炉建设烟气脱硫设施时，宜优先考虑采用湿式石灰石-石膏法工艺，脱硫率应保证在 90%以上，投运率应保证在电厂正常发电时间的 95%以上。

（2）燃用含硫量<2%煤的中小电厂锅炉（<200MW），或是剩余寿命低于 10年的老机组建设烟气脱硫设施时，在保证达标排放，并满足 SO_2 排放总量控制要求的前提下，宜优先采用半干法、干法或其他费用较低的成熟技术，脱硫率应保证在 75%以上，投运率应保证在电厂正常发电时间的 95%以上。

5.1.4　火电机组烟气排放应配备二氧化硫和烟尘等污染物在线连续监测装置，并与环保行政主管部门的管理信息系统联网。

5.1.5　在引进国外先进烟气脱硫装备的基础上，应同时掌握其设计、制造和运行技术，各地应积极扶持烟气脱硫的示范工程。

5.1.6　应培育和扶持国内有实力的脱硫工程公司和脱硫服务公司，逐步提高其工程总承包能力，规范脱硫工程建设和脱硫设备的生产和供应。

5.2　工业锅炉和窑炉

5.2.1　中小型燃煤工业锅炉（产热量<14MW）提倡使用工业型煤、低硫煤和洗选煤。对配备湿法除尘的，可优先采用如下的湿式除尘脱硫一体化工艺：

（1）燃中低硫煤锅炉，可采用利用锅炉自排碱性废水或企业自排碱性废液的除尘脱硫工艺；

（2）燃中高硫煤锅炉，可采用双碱法工艺。

5.2.2　大中型燃煤工业锅炉（产热量 14MW）可根据具体条件采用低硫煤替代、循环流化床锅炉改造（加固硫剂）或采用烟气脱硫技术。

5.2.3　应逐步淘汰敞开式炉窑，炉窑可采用改变燃料、低硫煤替代、洗选煤或根据具体条件采用烟气脱硫技术。

5.2.4　大中型燃煤工业锅炉和窑炉应逐步安装二氧化硫和烟尘在线监测装置。

5.3　采用烟气脱硫设施时，技术选用应考虑以下主要原则：

5.3.1　脱硫设备的寿命在 15 年以上；

5.3.2　脱硫设备有主要工艺参数（pH 值、液气比和 SO_2 出口浓度）的自控装置；

5.3.3　脱硫产物应稳定化或经适当处理，没有二次释放二氧化硫的风险；

5.3.4 脱硫产物和外排液无二次污染且能安全处置；

5.3.5 投资和运行费用适中；

5.3.6 脱硫设备可保证连续运行，在北方地区的应保证冬天可正常使用。

5.4 脱硫技术研究开发

5.4.1 鼓励研究开发适合当地资源条件、并能回收硫资源的技术。

5.4.2 鼓励研究开发对烟气进行同时脱硫脱氮的技术。

5.4.3 鼓励研究开发脱硫副产品处理、处置及资源化技术和装备。

6 二次污染防治

6.1 选煤厂洗煤水应采用闭路循环，煤泥水经二次浓缩，絮凝沉淀处理，循环使用。

6.2 选煤厂的洗矸和尾矸应综合利用，供锅炉集中燃烧并高效脱硫，回收硫铁矿等有用组分，废弃时应用土覆盖，并植被保护。

6.3 型煤加工时，不得使用有毒有害的助燃或固硫添加剂。

6.4 建设烟气脱硫装置时，应同时考虑副产品的回收和综合利用，减少废弃物的产生量和排放量。

6.5 不能回收利用的脱硫副产品禁止直接堆放，应集中进行安全填埋处置，并达到相应的填埋污染控制标准。

6.6 烟气脱硫中的脱硫液应采用闭路循环，减少外排；脱硫副产品过滤、增稠和脱水过程中产生的工艺水应循环使用。

6.7 烟气脱硫外排液排入海水或其他水体时，脱硫液应经无害化处理，并须达到相应污染控制标准要求，应加强对重金属元素的监测和控制，不得对海域或水体生态环境造成有害影响。

6.8 烟气脱硫后的排烟应避免温度过低对周边环境造成不利影响。

6.9 烟气脱硫副产品用作化肥时其成分指标应达到国家、行业相应的肥料等级标准，并不得对农田生态产生有害影响。

机动车排放污染防治技术政策

环发[1999]134 号
（1999 年 5 月 28 日实施）

1　总则和控制目标

1.1　为保护大气环境，防治机动车排放污染，根据《中华人民共和国大气污染防治法》，制定本技术政策。

1.2　本技术政策的适用范围是，我国境内所有新生产汽车（含柴油车）、摩托车（含助动车）及车用发动机产品和在我国登记上牌照的所有在用汽车（含柴油车）、摩托车（含助动车）。

1.3　机动车排放除造成一氧化碳（CO）、碳氢化合物（HC）和氮氧化物（NO_x）污染外，柴油车还排放有致癌作用的细微颗粒物。此外，汽车空调用的氟利昂是破坏平流层臭氧的主要物质。因此，对机动车应同时考虑降低一氧化碳（CO）、碳氢化合物（HC）、氮氧化物（NO_x）和柴油车颗粒物的排放，汽车空调用的氟利昂应逐步取代。

1.4　汽车、摩托车和车用发动机产品均应向低污染、低能耗的方向发展。

1.5　轿车的排放控制水平，2000 年达到相当于欧洲第一阶段水平；最大总质量不大于 3.5 t 的其他轻型汽车（包括柴油车）型式认证产品的排放控制水平，2000 年以后达到相当于欧洲第一阶段水平；所有轻型汽车（含轿车）的排放控制水平，应于 2004 年前后达到相当于欧洲第二阶段水平，2010 年前后争取与国际排放控制水平接轨；重型汽车（最大总质量大于 3.5 t）与摩托车的排放控制水平，2001 年前后达到相当于欧洲第一阶段水平，2005 年前后柴油车达到相当于欧洲第二阶段水平，2010 年前后争取与国际排放控制水平接轨。

1.6　根据中国环境保护远景目标纲要，重点城市应达到国家大气环境质量二级标准。为尽快改善城市环境空气质量，依据各城市大气污染分担率，在控制城市固定污染源排放的同时，应加强对流动污染源的控制。由于绝大多数机动车集中于城市，应重点控制城市机动车的排放污染。

2 新生产汽车、摩托车及其发动机产品

2.1 汽车、摩托车生产企业出厂的新定型产品，其排放水平必须稳定达到国家排放标准的要求。不符合国家标准要求的新定型产品，不得生产、销售、注册和使用。

2.2 汽车、摩托车及其发动机生产企业，应在其质量保证体系中，根据国家排放标准对生产一致性的要求，建立其产品排放性能及其耐久性的控制内容。并在产品开发、生产质量控制、售后服务等各个阶段，加强对其产品的排放性能管理，使其产品在国家规定的使用期限内排放性能稳定达到国家标准的要求。

2.3 汽车、摩托车及其发动机生产企业，应在其产品使用说明书中，专门列出维护排放水平的内容，详细说明车辆的使用条件和日常保养项目、有关零部件更换周期、维修保养操作规程以及生产企业认可的零部件厂牌等，为在用车的检查维护制度（I/M）提供技术支持。

2.4 鼓励汽车、摩托车及其发动机生产企业，采用先进的排放控制技术，提前达到国家制定的排放控制目标和排放标准。

2.5 鼓励汽车生产企业研究开发专门燃用压缩天然气（CNG）和液化石油气（LPG）为燃料的汽车，提供给部分有条件使用这类燃料的地区和运行线路相对固定的车型使用。代用燃料车的排放性能也必须达到国家排放标准的要求。

2.6 对于污染物排放较高的摩托车产品，应该逐步加严其排放标准。

2.7 鼓励发展油耗低、排放性能好的小排量汽车和微型汽车。

鼓励新开发的车型逐步采用车载诊断系统（OBD），对车辆上与排放相关的部件的运行状况进行实时监控，确保实际运行中的汽车稳定达到设计的排放削减效果，并为在用车的检查维护制度（I/M）提供新的支持技术。

鼓励研究开发电动车，混合动力车辆和燃料电池车技术，为未来超低排放车辆做技术储备。

2.8 鼓励研究开发稀燃条件下降低氮氧化物（NO_x）的催化转化技术，摩托车氧化催化转化技术，以及再生能力良好的颗粒捕集技术。

3 在用汽车、摩托车

3.1 在用机动车在规定的耐久性期限内要稳定达到出厂时的国家标准要求。加强车辆维修、保养，使其保持良好的技术状态，是控制在用车污染排放的基本原则。

3.2 在用车的排放控制，应以强化检查/维护（I/M）制度为主，并根据各城市的

具体情况，采取适宜的鼓励车辆淘汰和更新措施。完善城市在用车检查/维护（I/M）管理制度，加强检测能力和网络的建设，强化对在用车的排放性能检测，强制不达标车辆进行正常维修保养，保证车辆发动机处于正常技术状态。

3.3　逐步建立汽车维修企业的认可制度和质量保证体系，使其配备必要的机动车排放检测和诊断手段，并完善和正确使用各种检测诊断仪器，提高维修、保养技术水平，保证维修后的车辆排放污染物达到国家规定的标准要求。

3.4　对 1993 年以后车型的在用汽油车（曲轴箱作为进气系统的发动机除外），进行曲轴箱通风装置和燃油蒸发控制装置的功能检查，确保其处于正常工作状态。

3.5　在用车排放检测方法及要求应该与新车排放标准相对应，除目前采用的怠速法或自由加速法控制外，对安装了闭环控制和三元催化净化系统，达到更加严格的排放标准的车辆，应采用双怠速法控制，并逐步以简易工况法（如 ASM 加速模拟工况）代替。

3.6　有排放性能耐久性要求的车型，在规定的耐久性期限内，应以工况法排放检测结果作为是否达标的最终判定依据。

3.7　在用车进行排放控制技术改造，是一种补救措施，必须首先详细研究分析该城市或地区的大气污染状况和分担率，确定进行改造的必要性和应重点改造的车型。针对要改造的车型，必须进行系统的匹配研究和一定规模的改造示范，并经整车工况法检测确可达到明显的有效性或更严格的排放标准，经国家环境保护行政主管部门会同有关部门进行技术认证后，方可由该车型的原生产厂或其指定的代表，进行一定规模的推广改造。

3.8　在用车改造为燃用天然气或液化石油气的双燃料车，是一种过渡技术，最终应向单燃料并匹配专用催化净化技术的燃气新车方向发展。在有气源气质供应和配套设施保障的地区，可对固定路线的车种（公交车和重型车）进行一定规模的改造，必须在整车上进行细致的匹配工作后，方可按 3.7 条的规定进行推广。

4　车用燃料

4.1　2000 年后全国生产的所有车用汽油必须无铅化。

4.2　2000 年后国家禁止进口、生产和销售作为汽油添加剂的四乙基铅。

4.3　积极发展优质无铅汽油和低硫柴油，其品质必须达到国家标准规定的要求。当汽车排放标准加严时，车用油品的品质标准也应相应提高，为新的排放控制技术的应用和保障车辆排放性能的耐久性提供必需的支持条件。

4.4　应确保车用燃料中不含有标准不允许的其他添加剂。

4.5　制定车用代用燃料品质标准，保证代用燃料质量达到相应标准的规定要求。

4.6 应保证油料运输、储存、销售等环节的可靠性和安全性，防止由于上述环节的失误造成对环境的污染，如向大气的挥发排放，储油罐泄漏污染地下水等。

4.7 汽车、摩托车应该使用符合设计要求、达到国家燃料品质标准的燃料。

4.8 应加强对车用燃料进口和销售环节的管理，加大对加油站的监控力度，确保加油站的油品质量达到国家标准的规定要求。

4.9 为防止电控喷射发动机的喷嘴堵塞和气缸内积碳，在汽油无铅化的基础上，应采用科学配比的燃料清净剂，按照规范的方法在炼油厂或储运站统一添加到车用汽油中，以保证电喷车辆的正常使用。

4.10 对油料中含氧化物的使用，如 MTBE，甲醇混合燃料等，应根据不同地区的情况制订具体的规范。

5 排放控制装置和测试设备

5.1 应加快车用催化净化器等排放控制装置的研究开发和国产化，并建立动态跟踪管理制度。

5.2 汽车、摩托车生产企业应配备完整的排放检测设备，为生产一致性检查和排放控制技术的研究开发服务。

5.3 应加速汽车排放污染物分析仪器、测试设备的开发和引进技术的国产化。

5.4 在用车排放污染控制装置应与整车进行技术匹配，形成成套技术并经过国家有关部门的技术认证后方可推广使用。

5.5 怠速法和自由加速法检测只能作为在用车检查/维护（I/M）制度的检测手段，不能作为判定排放控制装置实际削减效果的依据。

5.6 汽车排放分析仪器、测试设备应达到国家汽车、摩托车排放标准规定的技术要求。

注释：

　　① 轻型车的欧洲第一阶段水平是指满足欧洲机动车排放法规 91/441/EEC 和 93/59/EEC 的要求；

　　② 轻型车的欧洲第二阶段水平是指满足欧洲机动车排放法规 94/12/EC 和 96/69/EC 的要求；

　　③ 重型柴油车的欧洲第一阶段水平是指满足欧洲排放法规 91/542/EEC 中第一阶段限值的要求；

　　④ 重型柴油车的欧洲第二阶段水平是指满足欧洲排放法规 91/542/EEC 中第二阶段限值的要求。

附：

机动车排放污染防治技术指南

近年来，我国机动车保有量增长迅速，而且绝大多数机动车集中于城市。随着城市建设的发展、人口的集中及交通量的增长，机动车排放污染物对城市大气质量的影响日趋严重。造成机动车排放污染的一个重要原因，是以往机动车排放标准相对宽松，机动车排放控制技术相对落后。目前，我国绝大部分在用机动车的排放控制技术仅相当于国外七十年代左右的水平，机动车单车排放因子很大，且车辆自身与排放相关的组件技术水平差。目前，汽车行业和一些重点城市，正在开展汽车排放污染控制工作，因此，制订机动车排放污染控制技术指南，是为了指导各地更好地开展工作，达到有效削减机动车排放污染物的目的。

本技术指南是在对目前国际上已基本商业化的先进的排放控制技术进行分析和评价的基础上，提出适合中国国情的排放控制技术及其组合。技术指南的作用是引导性和参考性的，没有强制效力。

本技术指南的适用范围是，我国境内所有新生产汽车（含柴油车）、摩托车（含助动车），在我国登记上牌照的所有在用汽车、摩托车（含助动车），车用燃料以及与排放相关的测试技术。

1　新生产车的排放控制技术

1.1　汽油车排放控制技术

（1）所有轻型汽油车应采用闭环电控燃油供给系统，安装三元催化转化器等排放控制装置；发动机改型设计时尽量采用多点燃油喷射技术。

（2）重型汽油车暂时不能采用电控技术的，宜采用稀燃加废气再循环系统，安装氧化型催化转化器来削减一氧化碳（CO），碳氢化合物（HC）的污染排放。

（3）改善燃料和空气混合系统，采用多气门可变配气相位和进气涡流等技术，优化燃烧室结构。

（4）改进点火系统，采用高能电子点火技术。

（5）采用先进的发动机管理系统，尽快推广使用车载诊断系统技术，对汽车排放控制系统进行自动监控。

（6）鼓励开发稀薄燃烧（包括缸内直喷）发动机技术。

1.2　柴油车排放控制技术

（1）轻型柴油车宜发展以电控柴油喷射及可变进气涡流控制为主的技术；

（2）暂时不能采用电控柴油喷射加可变涡流控制技术的轻型柴油车，应改进燃烧室设计，采用废气再循环等技术；

（3）重型柴油车要发展电控柴油喷射和增压中冷技术，并加装氧化型催化转化器；

（4）改进燃油喷射系统和喷油规律，合理调整喷油时刻，提高燃油喷射压力，减少压力室容积。

（5）改进进气系统，优化进排气时刻，以优化残余废气量；提高进气充量，合理组织进气涡流，利用可变进气相位，以及进气管动态效应（惯性增压），采用提高进气紊流强度等技术。

（6）改善燃料和空气分配系统，采用可变惯性增压进气系统，带中冷的涡轮增压等技术。

1.3　摩托车排放控制技术

（1）摩托车要开发二次空气喷射加氧化型催化转化技术。

（2）根据排放标准要求，暂时不采用二次空气喷射技术的摩托车，宜开发氧化型催化转化等技术。

（3）鼓励开发低排放的摩托车技术。

2　在用车排放控制技术

2.1　大力加强在用车 I/M（检查/维护）制度

在用车检查/维护指的是通过对在用车的排放进行定期检测和随机抽查，促进车辆进行严格的维修、保养，使车辆保持正常的技术状态，努力达到出厂是时的排放水平。

实施车辆的检查/维护制度（I/M 制度）是最经济、合理、科学、有效地控制在用车排放的措施。

（1）2000 年以后，新生产的轻型汽油车将逐步采用闭环电喷和三元催化净化等技术，目前的怠速检测方法难以满足这部分车辆进行排放检测的需要，因此在 2000 年以后应尽快采用双怠速法检测，并检查空燃比控制是否正常。为此应尽早制定双怠速的测试方法和限值的国家标准。作为下一步，应采用简易工况法对这部分车辆进行排放测试。

（2）I/M 站必须建立数据采集系统，定期向地方环保部门提供检测数据，以分析 I/M 执行情况和当地机动车排放状况。

（3）随着新车的排放法规不断加严，各地环保部门应根据实际情况不断调整各车型的 I/M 检测方法和检测频率，以保证所有机动车都得到很好的维护保养。

（4）增加高频使用车如出租车，公共汽车，以及老旧车辆的检测次数，促进这些车的维护保养。

（5）所有从事 I/M 检测业务的机构，不得同时兼营车辆维修业务。

（6）对使用闭环电喷加三元催化净化技术的车辆，排放检测还应包括对排放控制系统的目测检查，以及必要的双怠速排放测试法检查催化转化器是否正常工作等。

（7）根据各地的具体情况，可增加对燃油蒸发排放控制系统的检查测试。

（8）增加路检频率，扩大路检范围，使之形成促进车辆正常保养的机制。

（9）执行 I/M 检测的人员，必须经过必要的培训、考核，才能持证上岗。

（10）从事机动车排放检测和维修的单位，必须通过认证以取得应有的资格。

2.2　慎重考虑在用车改造

对在用车辆进行技术改造，经过针对性的整车匹配和实施示范取得成功经验后，可以达到减少在用车的污染排放的目的。但至今为止，尚没有适合国内在用车改造的成熟的成套技术，正在进行试验开发的技术有：加装尾气催化净化装置、高能电子点火装置、化油器电控补气加闭环三元催化净化装置，以及改造成可燃用液化石油气（LPG）或压缩天然气（CNG）的双燃料或单燃料车等。地方有关部门必须综合考虑本地车辆类型的保有状况和城市环境质量（确定有无改造的必要），以及改造技术的经济性等多种因素，因地制宜地选择合适的技术路线进行实施试验，并且从以下几方面作出详细规定，以保证在用车改造计划能够真正取得削减效果。

（1）介绍可用技术的适用性和限制条件，防止在条件不具备的前提下盲目实施改造的情况发生，如使用尾气催化净化装置必须保证油品的无铅化等。

（2）应选择量大面广、适合改造的车型进行改造。所有在用车在进行技术改造前，必须先进行正常保养，使发动机恢复正常技术状态。

（3）所使用的改造技术，必须经过各车型的改造匹配研究，和一定规模的实际装车改造示范，对控制装置的实际削减效果（工况法测试）和耐久性进行充分（3 万～5 万 km）的跟踪考验，通过国家规定的技术认证后，方可进行推广应用。

（4）根据可用技术的具体指标，地方有关部门应建立改造技术质量保证机制，在改造计划的实施过程中随时进行监督检测以保证实施效果。

现行在用车改造的技术方案比较见表 1。

表 1　在用车改造技术方案比较

技术方案	可适用车型	前提条件	存在问题	预期效果
（高能点火）+氧化型催化净化器	20 世纪 80 年代后的化油器车，车龄 3～7 年	将混合气调稀，催化器前加二次空气	补二次空气可能增加噪声，高浓度 HC 和 CO 会使催化器过热，影响寿命	ECE15-04
（化油器）浓混合气+高能点火+闭环补气+三元催化净化器	20 世纪 80 年代后的化油器车，车龄 3～7 年	对保有量较大的各车型进行匹配研究	油耗增加，在用车车况差异大，化油器离散度大，性能不稳定，耐久性需考验	接近 ECE83-01
换闭环电喷发动机+三元催化净化器	普通车车龄 6～10 年，出租车 2～4 年	针对车型专门匹配，政策给予延长淘汰期 8 年	需制造厂有该车型的技术，费用较高	达到 ECE83-01
在电喷车上加装三元催化净化器	电喷车车龄 1～9 年	改为闭环控制，各车型均需进行匹配	技术复杂，需汽车制造厂和电喷制造商共同负责，费用很高	达到 ECE83-01
机械控制混合气双燃料燃气汽车	少数行驶范围较固定的车种	需要进行细致的匹配试验	削减效果取决于匹配	超过 ECE15-04
电控混合气加三元催化器双燃料燃气汽车	少数行驶范围较固定的车种	需要进行细致的匹配试验	削减效果取决于匹配	接近 ECE83-01

2.3　鼓励加速淘汰

根据国家 1997 年出台的汽车淘汰标准中有关污染物排放的条款规定，经修理和调整或采用排气污染控制技术后排放污染物仍超过国家规定的排放标准的车辆应予以淘汰。对于各项指标尚能达到国家标准要求的老旧在用车辆，非强制性地鼓励用户进行更新，或通过税费调节机制，加速旧机动车淘汰。

关于老旧摩托车的淘汰和报废制度，可参照汽车的相应政策制订和实施。

2.4　因地制宜地推行代用燃料车改造

使用压缩天然气（CNG）或液化石油气（LPG）为燃料的汽车，经过系统合理的匹配调整，其碳氢化合物（HC）和一氧化碳（CO）的排放量要比同等技术水平的汽油车（未装备尾气净化系统）低。因此，各地可以根据实际情况推行代用燃料车的改造。

在制订具体的改造计划时应考虑以下因素：

（1）由于代用燃料车的运行范围受燃料供应系统（加气站等配套设施）的限

制，应优先用于城市公交车和出租车等。

（2）针对每一车型，必须首先进行系统的匹配试验，由原车生产厂或其指定的改装单位进行匹配改造。

（3）将燃油车改造为双燃料车，须严格遵守有关的规范和标准，以保障车辆的动力性、安全性和改造技术的可靠性，以及应有的排放削减效果。

（4）改造后的车辆应尽量使用代用燃料而不用汽油。地方政府应保证车用优质燃料气的供应，燃气品质应符合国家标准规定的要求。

3　提高燃料质量

车用油品的质量对车辆的排放性能有很大影响，尤其是对采用闭环三元催化净化技术的先进车型。各地应从以下方面提高油品的质量：

（1）针对影响机动车排放性能的燃料特性如饱和蒸汽压、硫含量、铅含量等，应确保符合标准的限值要求。

（2）对燃料中影响排放净化系统正常工作的杂质，如硅、锰、铁、钒等，必须确保低于限值要求，不得人为加入。

（3）对车用柴油中的硫含量，也应按照有关标准严格控制。

农村生活污染防治技术政策

环发[2010]20 号
（2010 年 2 月 8 日实施）

一、总则

1. 为落实《中共中央国务院关于推进社会主义新农村建设的若干意见》，有效防治农村生活污染，改善农村生态环境，根据《中华人民共和国环境保护法》、《中华人民共和国水污染防治法》、《中华人民共和国固体废物污染环境防治法》和《中华人民共和国大气污染防治法》等相关法律法规，制定本技术政策。

2. 本技术政策适用于指导农村居民日常生活中产生的生活污水、生活垃圾、粪便和废气等生活污染防治的规划和设施建设。

3. 地方人民政府是农村生活污染处理处置设施规划和建设的责任主体，乡镇政府和村民委员会负责农村生活污染防治工作的具体组织实施；鼓励村民自治组织在区县或乡镇人民政府的指导下进行生活污染处理处置设施的建设和日常管理工作。

4. 应根据不同地区的农村社会经济发展水平、自然条件及环境承载力等差异，按照因地制宜、循序渐进和分类指导的原则，统筹城乡生活污染防治基础设施建设，推动农村生活污染防治工作。

5. 农村生活污染防治的技术路线是在源头削减、污染控制与资源化利用的基础上，遵循分散处理为主、分散处理与集中处理相结合的原则，对粪便和生活杂排水实行分离并进行处理，实现粪便和污水的无害化和资源化利用。

6. 在沼气池推广较好的地区，应将已建成的大量沼气池与生活污染物的处理和利用相结合，采用污水、粪便和垃圾厌氧发酵，沼气能源利用及沼液、沼渣农业利用的新型农村生活污染治理技术路线。

7. 充分利用现有的环境卫生、可再生能源和环境污染处理设施，合理配置公共资源，建立县（市）、镇、村一体化的生活污染防治体系。

8. 加强饮用水水源地保护区、自然保护区、风景名胜区、重点流域等环境敏感区域的农村生活污染防治。对环境敏感区域内的农村生活污水，须按照功能区水体相关要求及排放标准处理达标后方可排放。

二、农村生活污水污染防治（略）

三、农村生活垃圾处理处置（略）

四、农村生活空气污染防治

1. 鼓励农村采用清洁能源、可再生能源，大力推广沼气、生物质能、太阳能、风能等技术，从源头控制农村生活空气污染。

2. 推进农村生活节能，鼓励采用省柴节能炉灶，逐步淘汰传统炉灶，推广使用改良柴灶、改良炕连灶等高效低污染炉灶，并应加设排烟道。

3. 以煤为主要燃料的农村应减少使用散煤和劣质煤，推广使用低氟煤、低硫煤、固氟煤、固硫煤、固砷煤等清洁煤产品。

五、新技术开发与示范推广

1. 鼓励加大研发投入，推动科技创新。研发适合农村实际的生活污染防治技术及设备，开展农村生活污染防治新技术、新工艺的开发、示范与推广，为农村生活污染防治提供技术支持。

2. 鼓励通过"以奖代补"、"以奖促治"等多种途径加大农村生活污染防治资金投入，促进农村生活污染防治工作。

3. 鼓励建立农村生活污染防治专业化、社会化技术服务机构，完善县（市）、镇、村一体化农村生活污染防治技术服务体系，鼓励专业技术服务机构运营维护农村污染防治设施，提高农村生活污染防治水平。

4. 加强农村环境污染防治科技知识普及和传播，提高农村居民环保意识。

钢铁工业污染防治技术政策

（征求意见稿）

一、总则

（一）为保护人体健康和生态环境，有效防治钢铁工业污染，引导污染防治技术进步，促进钢铁工业产业结构优化升级，推进行业可持续发展，根据《中华人民共和国环境保护法》等相关法律、法规，制定本技术政策。

（二）本技术政策适用于全国范围内钢铁企业的规划、环境影响评价、污染防治以及污染防治设施的建设、管理；可作为编制钢铁工业的污染防治规划、产业发展规划及污染防治最佳可行技术指南、工程技术规范、相关标准的依据；指导钢铁工业污染防治技术的开发、推广和应用。

本技术政策所指钢铁工业包括烧结（球团）、炼铁、炼钢、轧钢和铁合金等生产工序，不包括采选矿和焦化生产工序。

（三）鼓励钢铁工业控制总体产能同时，加强对铁矿石资源的控制力，加大产业和产品结构调整和优化升级，合理规划产业布局，进一步提高产业集中度，淘汰低水平落后产能。大力发展循环经济和低碳经济，推行清洁生产，提高能源资源综合利用率，减少污染物排放总量和排放强度，提高行业综合竞争力。

（四）不鼓励废塑料、废轮胎作为碳源用于电炉炼钢，不支持建设独立的烧结厂、炼铁厂、炼钢厂和热轧厂，不鼓励建设燃煤自备电厂（符合国家电力产业政策的大机组除外）。

（五）钢铁工业重点控制以下污染物：COD、重金属、颗粒物、氮氧化物、二氧化硫、二噁英、挥发性有机物、氯化物和氟化物。

（六）钢铁工业应推行以低碳节能为核心，以清洁生产为重点，以高效污染防治技术为支撑的综合防治技术路线，注重源头控制，加强精细化管理，采用节水、节能技术并对余热余能、废水与固体废物实施资源化，采用减排多种污染物的末端治理技术协同控制大气污染物。

二、清洁生产技术

（一）鼓励烧结选用低硫、低氟和低杂质含量的高品位铁精矿，炼铁采用精料技术，转炉炼钢用铁水实行全量预处理技术。

（二）鼓励充分利用钢铁生产过程中的余热余能，应优先回收利用高炉、转炉和铁合金电炉的煤气，以及烧结烟气、高炉煤气、转炉煤气和烟气以及电炉烟气等的余热。

（三）鼓励烧结采用小球烧结、厚料层烧结、热风烧结、低温烧结等技术。

（四）鼓励炼铁高炉采用提高球团配比、富氧喷煤、高风温高风压等技术。

（五）鼓励转炉炼钢采用铁水一包到底、负能炼钢等技术；鼓励电炉炼钢多用废钢，不支持电炉废钢预热和热兑铁水。

（六）鼓励热轧采用铸坯热送热装、一火成材、直接轧制等技术；鼓励冷轧产品无铬钝化。

（七）鼓励采用不用水或少用水的工艺及大型设备，实现源头用水减量化；鼓励采用分质供水、循环使用、串级使用等技术，提高水的重复利用率。

三、大气污染防治

（一）鼓励以干法除尘技术代替湿法除尘技术，应优先采用高效袋式除尘器。

（二）烧结机头烟气应优先采用烟气循环技术和电袋复合除尘技术；烧结烟气脱硫工艺应充分考虑脱硫副产物的安全利用和多污染物的脱除，可采用石灰石-石膏法、循环流化床法、密相干塔法、氨-硫铵法等，脱硫剂可选用电石渣、石灰石水洗泥饼、炼钢钢渣、炼焦车间氨水等。

（三）转炉、电炉炼钢车间应采取有效的一、二次烟气净化措施，优先采用干法除尘，电炉烟气宜采用"炉内排烟＋大密闭罩＋屋顶罩"方式捕集，并应优先采用覆膜袋式除尘器净化。鼓励对炼钢车间采取三次除尘。

（四）轧钢热处理炉窑应采用低硫燃料、蓄热式燃烧和低氮燃烧技术。

（五）轧钢酸洗废气应优先采用湿法喷淋净化，硝酸酸洗废气应优先采用湿法喷淋与选择性催化还原脱硝法相结合的二级净化，彩涂有机废气应优先采用高温焚烧或催化焚烧法净化。

四、水污染防治

（一）鼓励废水分类收集、分质处理以及采用废水回用技术。

（二）冷轧废水应分质预处理后再综合处理。浓含油废水应优先采用陶瓷超滤处理，稀含油废水应优先采用生化法处理，含铬废水应优先采用碳钢酸洗废酸或 $NaHSO_3$ 还原处理。

（三）铁合金煤气洗涤废水和含铬、钒废水应单独处理，不宜与其他废水混合和外排。

（四）生产废水、生活污水应分类收集分别处理，生活污水净化回用于生产。鼓励收集雨水替代新水，建设全厂废水处理站。

五、固体废物处置和综合利用

（一）鼓励各类固体废物优先高附加值利用或就地返回原系统利用。

（二）烧结（球团）、炼铁、炼钢工序收集的含铁尘泥鼓励造球后返回烧结（球团）用作原料，锌、铅等金属含量较高时应脱除处理后再利用，含油类含铁尘泥应脱油处理后再利用。

（三）炼铁渣回收粒铁后应全部综合利用，水渣优先生产矿渣微粉，干渣优先生产矿渣棉、保温材料等。

（四）钢渣应采用滚筒法、浅盘热泼法、水淬法、热闷法等工艺处理，处理后的钢渣可用于生产钢渣微粉（水泥）或替代石灰（石灰石）熔剂用于烧结等。

（五）连铸、热轧氧化铁皮、冷轧含铁尘泥、废酸再生回收的金属氧化物，应优先考虑作为原料生产粉末冶金、电焊条铁粉、氧化铁红颜料、磁性材料等高附加值产品。

（六）轧钢废酸、废电镀液和废油应优先再生后回用。

（七）使用废旧钢材时，应对上下游产品实施跟踪并采取必要的监测措施，禁止放射性物质熔入钢铁产品。

六、噪声污染防治

（一）宜通过合理的生产布局减少对界外噪声敏感目标的影响。鼓励采用低噪声设备，并对设备采取隔振、减振、隔声、消声等措施，减少噪声排放。

（二）噪声较大的各类风机、空压机、放散阀等应安装消音器，必要时应采取隔声措施。各种原燃辅料的破碎、筛分、混合，冶金渣及废钢的加工处理，应采取隔声措施，振动较大的破碎、筛分等生产设备的基础应采取防振减振措施。

七、二次污染防治

（一）彩涂有机废气若采用活性炭等吸附净化，则废活性炭等吸附过滤物及载体应按危险废物贮存、利用和处置。

（二）生产过程及废水处理中产生的废油、废酸、废碱、废电镀液、含铬（镍）污泥以及含铅、铬、锌等重金属的废渣（尘泥）等，应按危险废物贮存、利用和处置。

（三）烧结烟气脱硫副产物不得农用。

八、鼓励开发应用的新技术

（一）鼓励研发和应用基于节能和多种污染物减排的烧结烟气循环技术和二噁英复合减排技术。

（二）鼓励研发和应用电炉烟气二噁英的复合减排技术。

（三）鼓励研发和应用烧结烟气脱硝技术和热处理炉窑低氮燃烧技术。

（四）鼓励研发和应用减排挥发性有机物的水基涂镀技术。

（五）鼓励研发和应用基于废水全部回用的深度处理技术。

（六）鼓励研发和应用烧结脱硫副产物的安全利用技术，高锌含铁尘泥脱锌技术以及不锈钢钢渣、特殊钢钢渣和酸洗污泥的资源化安全利用技术。

九、运行管理

（一）企业应按照有关规定，安装 COD、二氧化硫、重金属等主要污染物在线监测装置，并与环境保护行政主管部门的污染监控系统联网。

（二）企业应建立生产装置和污染防治设施运行及维护的日常管理制度；建立、完善环境污染事故应急体系。

（三）企业应加强厂区环境综合整治，厂区绿化的场地设计、品种设计应因地制宜，应最大限度满足抑尘、吸收有毒有害气体及隔声吸声要求，原料场绿化隔离带应合理密植或复层绿化。

（四）企业应加强对无组织排放的控制，原辅燃料场及各生产工序，均不应有可视无组织排放。

十、监督管理

（一）应重点加强除尘和脱硫等环境保护污染治理设施的日常监测、控制与管理，以及无组织排放源的监控；加强企业周边地表水、地下水和土壤重金属污染的监控。

（二）应加强对钢铁企业的强制性清洁生产审核。

（三）应加强对企业污染治理设施运行和日常污染防治管理制度执行情况的定期检查和监督。

水泥工业污染防治技术政策

公告 2013 年 第 31 号
（2013 年 5 月 24 日实施）

一、总则

（一）为贯彻《中华人民共和国环境保护法》等法律法规，防治污染，保护和改善环境，促进水泥工业生产工艺和污染治理技术的进步，制定本技术政策。

（二）本技术政策为指导性文件，供各有关单位在环境保护相关工作中参照采用。本技术政策提出了水泥工业污染防治可采取的技术路线、原则和方法，包括源头控制、大气污染物排放控制、利用水泥生产设施协同处置固体废物、其他污染物排放控制、研发新技术和新材料等内容。

（三）本技术政策所称的水泥工业是指开采水泥原料和水泥生产的过程。

（四）水泥工业污染防治宜采取源头控制与污染治理相结合的方式，提高工艺运行的稳定性和污染控制的有效性，减少污染物的产生与排放。

（五）水泥工业污染防治遵循的原则：

1. 优化产业结构与布局，淘汰能效低、排放强度高的落后工艺，削减区域污染物排放量；

2. 采用清洁生产工艺技术与装备，配套完善污染治理设施，加强运行管理，实现污染物长期稳定达标排放；

3. 有效利用石灰石、黏土、煤炭、电力等资源和能源，对生产过程产生的废渣、余热等进行回收利用；

4. 水泥生产设施运行过程中应确保环境安全。

（六）水泥工业污染防治目标：到 2015 年水泥工业重点污染物得到有效控制，其中 NO_x 排放量控制在 150 万 t 以下，颗粒物排放量（含无组织排放量）控制在 200 万 t 以下；到 2020 年水泥工业污染物排放得到全面控制，资源利用、能源消耗和污染排放指标达到国际先进水平。

二、源头控制

（七）按照国家发展规划、产业政策和区域布局要求，开展水泥工业项目建设。对新、改、扩建项目所在地区的高污染落后产能实施等量或超量淘汰，削减区域污染物排放量。

（八）水泥工业企业的建设选址应与城乡建设规划、环境保护规划协调一致，并处理好与保护周围环境敏感目标和实现环境功能区要求的关系。

（九）水泥矿山开采需符合矿山生态环境保护与污染防治技术政策等的相关要求。宜合理规划、有序利用石灰石、黏土等资源，提高资源利用率。新建水泥生产线应自备水泥矿山。

（十）选择和控制水泥生产的原（燃）料品质，如合理的硫碱比、较低的 N、Cl、F、重金属含量等，以减少污染物的产生。可合理利用低品位原料、可替代燃料和工业固体废物等生产水泥。淘汰使用萤石等含氟矿化剂。

（十一）提高水泥制造工艺与技术装备水平，应用新型干法窑外预分解技术、低氮燃烧技术、节能粉磨技术、原（燃）料预均化技术、自动化与智能化控制技术等清洁生产工艺和技术，实现污染物源头削减。

（十二）采用新型干法工艺生产水泥，淘汰能效低、环境污染程度高的立窑、干法中空窑、立波尔窑、湿法窑等落后生产能力和工艺装备。

（十三）安装工艺自动控制系统，通过对生料及固体燃料给料、熟料烧成等工艺参数进行准确测（计）量与快速调整，实现水泥生产的均衡稳定，减少工艺波动造成的污染物非正常排放。

（十四）建立企业能效管理系统。采用节能粉磨设备、变频调速风机和其他高效用电设备，减少电力资源的消耗。优化余热利用技术，水泥窑热烟气应优先用于物料烘干，剩余热量可通过余热锅炉回收生产蒸汽或用于发电。

三、大气污染物排放控制

（十五）水泥窑窑头、窑尾烟气经余热利用或降温调质后，输送至袋式除尘器、静电除尘器或电袋复合除尘器处理，使排放烟气中颗粒物浓度达到排放标准要求。其他通风生产设备和扬尘点采用袋式除尘器。

（十六）加强对除尘设备的设计与运行控制，提高设备运行率。袋式除尘器应控制适宜的烟气温度，防止烧袋或结露；采取单元滤室设计，具备发现故障或破袋时及时在线修复的功能。静电除尘器应与工艺自动控制系统联动，采取可靠措施保证与水泥窑同步运行。

（十七）逸散粉尘的设备和作业场所均应采取控制措施，在工艺条件允许的前提下，宜优先采用密闭、覆盖或负压操作的方法，防止粉尘逸出，或负压收集含尘气体净化处理后排放。通过合理工艺布置、厂内密闭输送、路面硬化、清扫洒水等措施减少道路交通扬尘。提高水泥散装比例，减少水泥包装及使用环节的粉尘排放。

（十八）根据国家及地方环保要求，加强水泥窑 NO_x 排放控制，在低氮燃烧技术（低氮燃烧器、分解炉分级燃烧、燃料替代等）的基础上，选择采用选择性非催化还原技术（SNCR）、选择性催化还原技术（SCR）或 SNCR-SCR 复合技术。新建水泥窑鼓励采用 SCR 技术、SNCR-SCR 复合技术。严格控制氨逃逸，加强液氨等还原剂的安全管理。

（十九）针对 SO_2、氟化物等大气污染物排放浓度较高的水泥窑，宜采取湿法洗涤、活性炭吸附等净化措施和采取窑磨一体化运行方式，实现达标排放。

四、利用水泥生产设施处置固体废物

（二十）在确保污染物排放和其他环境保护事项符合相关法规、标准要求，并保障水泥产品使用中的环境安全前提下，可合理利用水泥生产设施处置工业废物、生活垃圾、污泥等固体废物及受污染土壤。

（二十一）利用水泥生产设施处置固体废弃物，应根据废物性质，按照国家法律、法规、标准要求，采取相关措施，并做好污染物监测工作，防范环境风险。

五、其他污染物排放控制

（二十二）水泥生产中的设备冷却水、冲洗水等，可适当处理后重复使用。

（二十三）鼓励采用低噪声设备，并对设备或生产车间采取隔声、吸声、消声、隔振等措施，降低噪声排放。宜通过合理的生产布局、建（构）筑物阻隔、绿化等方法减少对外界噪声敏感目标的影响。

（二十四）对水泥生产中的废矿石、窑灰、废旧耐火砖、废包装袋、废滤袋等进行分类收集处理。除尘系统收集的粉尘应回收利用。不宜使用铬镁砖作为水泥窑的耐火材料，废旧耐火砖需妥善处理，防止受到雨雪淋溶和地表径流侵蚀。

六、鼓励研究开发的新技术、新材料

（二十五）研究开发高效低阻低排放的新型熟料烧成技术、高效节能粉磨技术与装备、高性能低氮燃烧器。

（二十六）研究开发可减少石灰石用量和降低烧成热耗的低 CO_2 排放技术，

以及 CO_2 回收利用技术。

（二十七)研究开发水泥生产设施协同处置固体废物的资源化利用与安全处置技术、二次污染控制技术。

（二十八）研究开发适用于新型干法水泥窑的高效烟气脱硝技术，如高尘 SCR 技术、SNCR-SCR 复合技术等；研究开发高性能催化剂，以及失效催化剂再生与安全处置技术。

（二十九）研究开发高性能过滤材料、多种污染物协同控制技术与材料。

（三十）研究开发水泥窑用生态环保型耐火材料和耐磨材料。

七、运行与监测

（三十一）按照相关规定，在水泥生产设施安装大气污染物排放自动监测和传输设备，并与环境保护管理部门联网，保证设备正常运行。

（三十二）加强水泥生产企业原（燃）料品质检测与管理，防止挥发性 S、Cl、Hg 等含量较高的原（燃）料进入生产系统。加强生产工艺设备的运行与维护管理，保持生产系统的均衡稳定运行。污染治理设施应与生产工艺设备同时设计、同时建设、同时运行。

铅锌冶炼工业污染防治技术政策

公告 2012 年 第 18 号

（2012 年 3 月 7 日实施）

一、总则

（一）为贯彻《中华人民共和国环境保护法》等法律法规，防治环境污染，保障生态安全和人体健康，促进铅锌冶炼工业生产工艺和污染治理技术的进步，制定本技术政策。

（二）本技术政策为指导性文件，供各有关单位在建设项目和现有企业的管理、设计、建设、生产、科研等工作中参照采用；本技术政策适用于铅锌冶炼工业，包括以铅锌原生矿为原料的冶炼业和以废旧金属为原料的铅锌再生业。

（三）铅锌冶炼业应加大产业结构调整和产品优化升级的力度，合理规划产业布局，进一步提高产业集中度和规模化水平，加快淘汰低水平落后产能，实行产能等量或减量置换。

（四）在水源保护区、基本农田区、蔬菜基地、自然保护区、重要生态功能区、重要养殖基地、城镇人口密集区等环境敏感区及其防护区内，要严格限制新（改、扩）建铅锌冶炼和再生项目；区域内存在现有企业的，应适时调整规划，促使其治理、转产或迁出。

（五）铅锌冶炼业新建、扩建项目应优先采用一级标准或更先进的清洁生产工艺，改建项目的生产工艺不宜低于二级清洁生产标准。企业排放污染物应稳定达标，重点区域内企业排放的废气和废水中铅、砷、镉等重金属量应明显减少，到2015 年，固体废物综合利用（或无害化处置）率要达到 100%。

（六）铅锌冶炼业重金属污染防治工作，要坚持"减量化、资源化、无害化"的原则，实行以清洁生产为核心、以重金属污染物减排为重点、以可行有效的污染防治技术为支撑、以风险防范为保障的综合防治技术路线。

（七）鼓励企业按照循环经济和生态工业的要求，采取铅锌联合冶炼、配套综合回收、产品关联延伸等措施，提高资源利用率，减少废物的产生量。

（八）废铅酸蓄电池的拆解，应按照《废电池污染防治技术政策》的要求进行。

（九）要采取有效措施，切实防范铅锌冶炼业企业生产过程中的环境和健康风险。对新（改、扩）建企业和现有企业，应根据企业所在地的自然条件和环境敏感区域的方位，科学地设置防护距离。

二、清洁生产

（一）为防范环境风险，对每一批矿物原料均应进行全成分分析，严格控制原料中汞、砷、镉、铊、铍等有害元素含量。无汞回收装置的冶炼厂，不应使用汞含量高于 0.01% 的原料。含汞的废渣作为铅锌冶炼配料使用时，应先回收汞，再进行铅锌冶炼。

（二）在矿物原料的运输、储存和备料等过程中，应采取密闭等措施，防止物料扬撒。原料、中间产品和成品不宜露天堆放。

（三）鼓励采用符合一、二级清洁生产标准的铅短流程富氧熔炼工艺，要在 3～5 年内淘汰不符合清洁生产标准的铅锌冶炼工艺、设备。

（四）应提高铅锌冶炼各工序中铅、汞、砷、镉、铊、铍和硫等元素的回收率，最大限度地减少排放量。

（五）铅产品及含铅组件上应有成分和再利用标志；废铅产品及含铅、锌、砷、汞、镉、铊等有害元素的物料，应就地回收，按固体废物管理的有关规定进行鉴别、处理。

（六）应采用湿法工艺，对铅、锌电解产生的阳极泥进行处理，回收金、银、锑、铋、铅、铜等金属，残渣应按固体废物管理要求妥善处理。

（七）采用废旧金属进行再生铅锌冶炼，应控制原料中的氯元素含量，烟气应采用急冷、活性炭吸附、布袋除尘等净化技术，严格控制二噁英的产生和排放。

三、大气污染防治

（一）铅锌冶炼的烟气应采取负压工况收集、处理。对无法完全密闭的排放点，采用集气装置严格控制废气无组织排放。根据气象条件，采用重点区域洒水等措施，防止扬尘污染。

（二）鼓励采用微孔膜复合滤料等新型织物材料的布袋除尘器及其他高效除尘器，处理含铅、锌等重金属颗粒物的烟气。

（三）冶炼烟气中的二氧化硫应进行回收，生产硫酸或其他产品。鼓励采用绝热蒸发稀酸净化、双接触法等制酸技术。制酸尾气应采取除酸雾等净化措施后，达标排放。

（四）鼓励采用氯化法、碘化法等先进、高效的汞回收及烟气脱汞技术处理含汞烟气。

（五）铅电解及湿法炼锌时，电解槽酸雾应收集净化处理；锌浸出槽和净化槽均应配套废气收集、气液分离或除雾装置。

（六）对散发危害人体健康气体的工序，应采取抑制、有组织收集与净化等措施，改善作业区和厂区的环境空气质量。

四、固体废物处置与综合利用

（一）应按照法律法规的规定，开展固体废物管理和危险废物鉴别工作。不可再利用的铅锌冶炼废渣经鉴定为危险废物的，应稳定化处理后进行安全填埋处置。渣场应采取防渗和清污分流措施，设立防渗污水收集池，防止渗滤液污染土壤、地表水和地下水。

（二）鼓励以无害的熔炼水淬渣为原料，生产建材原料、制品、路基材料等，以减少占地、提高废旧资源综合利用率。

（三）铅冶炼过程中产生的炉渣、黄渣、氧化铅渣、铅再生渣等宜采用富氧熔炼或选矿方法回收铅、锌、铜、锑等金属。

（四）湿法炼锌浸出渣，宜采用富氧熔炼及烟化炉等工艺先回收锌、铅、铜等金属后再利用，或通过直接炼铅工艺搭配处理。热酸浸出渣宜送铅冶炼系统或委托有资质的单位回收铅、银等有价金属后再利用。

（五）冶炼烟气中收集的烟（粉）尘，除了含汞、砷、镉的外，应密闭返回冶炼配料系统，或直接采用湿法提取有价金属。

（六）烟气稀酸洗涤产生的含铅、砷等重金属的酸泥，应回收有价金属，含汞污泥应及时回收汞。生产区下水道污泥、收集池沉渣以及废水处理污泥等不可回收的废物，应密闭储存，在稳定化和固化后，安全填埋处置。

五、水污染防治

（一）铅锌冶炼和再生过程排放的废水应循环利用，水循环率应达到90%以上，鼓励生产废水全部循环利用。

（二）含铅、汞、镉、砷、镍、铬等重金属的生产废水，应按照国家排放标准的规定，在其产生的车间或生产设施进行分质处理或回用，不得将含不同类的重金属成分或浓度差别大的废水混合稀释。

（三）生产区初期雨水、地面冲洗水、渣场渗滤液和生活污水应收集处理，循环利用或达标排放。

（四）含重金属的生产废水，可按照其水质及处理要求，分别采用化学沉淀法、生物（剂）法、吸附法、电化学法和膜分离法等单一或组合工艺进行处理。

（五）对储存和使用有毒物质的车间和存在泄漏风险的装置，应设置防渗的事故废水收集池；初期雨水的收集池应采取防渗措施。

六、鼓励研发的新技术

鼓励研究、开发、推广以下技术：

（一）环境友好的铅富氧闪速熔炼和短流程连续熔炼新工艺，液态高铅渣直接还原等技术；锌直接浸出和大极板、长周期电解产业化技术；铅锌再生、综合回收的新工艺和设备。

（二）烟气高效收集装置，深度脱除烟气中铅、汞、铊等重金属的技术与设备，小粒径重金属烟尘高效去除技术与装置。

（三）湿法烟气制酸技术，低浓度二氧化硫烟气制酸和脱硫回收的新技术；制酸尾气除雾、洗涤污酸净化循环利用等技术和装备。

（四）从固体废物中回收铅、锌、镉、汞、砷、硒等有价成分的技术，利用固体废物制备高附加值产品技术，湿法炼锌中铁渣减排及铁资源利用、锌浸出渣熔炼技术与装备。

（五）高效去除含铅、锌、镉、汞、砷等废水的深度处理技术，膜、生物及电解等高效分离、回用的成套技术和装置等。

（六）具有自主知识产权的铅锌冶炼与污染物处理工艺及污染物排放全过程检测的自动控制技术、新型仪器与装置。

（七）重金属污染水体与土壤的环境修复技术，重点是铅锌冶炼厂废水排放口、渣场下游水体和土壤的修复。

七、污染防治管理与监督

（一）应按照有关法律法规及国家和地方排放标准的规定，对企业排污情况进行监督和监测，设置在线监测装置并与环保部门的监控系统联网；定期对企业周围空气、水、土壤的环境质量状况进行监测，了解企业生产对环境和健康的影响程度。

（二）企业应增强社会责任意识，加强环境风险管理，制定环境风险管理制度和重金属污染事故应急预案并定期演练。

（三）企业应保证铅锌冶炼的污染治理设施与生产设施同时配套建设并正常运行。发生紧急事故或故障造成重金属污染治理设施停运时，应按应急预案立即采取补救措施。

（四）应按照有关规定，开展清洁生产工作，提高污染防治技术水平，确保环境安全。

（五）企业搬迁或关闭后，拟对场地进行再次开发利用时，应根据用途进行风险评价，并按规定采取相关措施。

清洁生产标准 水泥工业

（HJ 467—2009）

1　适用范围

本标准规定了水泥工业企业清洁生产的一般要求。本标准将水泥工业清洁生产指标分为六类，即生产工艺与装备要求、资源能源利用指标、产品指标、污染物产生指标（末端处理前）、废物回收利用指标和环境管理要求。

本标准适用于水泥工业通用硅酸盐水泥、钢渣硅酸盐水泥制造及水泥生产配套石灰石矿山开采企业的清洁生产审核、清洁生产潜力与机会的判断、清洁生产绩效评定和清洁生产绩效公告制度，也适用于环境影响评价和排污许可证等环境管理制度。

2　规范性引用文件

本标准内容引用了下列文件中的条款。凡是不注日期的引用文件，其有效版本适用于本标准。

GB 175　通用硅酸盐水泥

GB 6566　建筑材料放射性核素限量

GB 13590　钢渣硅酸盐水泥

GB 16780　水泥单位产品能源消耗限额

GB/T 213　煤的发热量测定方法

GB/T 384　石油产品热值测定方法

GB/T 2589　综合能耗计算通则

GB/T 16157—1996　固定污染源排气中颗粒物测定与气态污染物采样方法

GB/T 21372　硅酸盐水泥熟料

GB/T 24001　环境管理体系　要求及使用指南

HJ/T 42—1999　固定污染源排气中氮氧化物的测定　紫外分光光度法

HJ/T 43—1999　固定污染源排气中氮氧化物的测定　盐酸萘乙二胺分光光度法

HJ/T 56—2000　固定污染源排气中二氧化硫的测定　碘量法

HJ/T 57—2000　固定污染源排气中二氧化硫的测定　定电位电解法

HJ/T 67—2001　大气固定污染源　氟化物的测定　离子选择电极法

JC 600　石灰石硅酸盐水泥

JC/T 733　水泥回转窑热平衡测定方法

《清洁生产审核暂行办法》（国家发展和改革委员会、国家环境保护总局令　第16号）

《水泥企业质量管理规程》（国家经济贸易委员会公告，2002年第1号）

3　术语和定义

下列术语和定义适用于本标准。

3.1　清洁生产

指不断采取改进设计、使用清洁的能源和原料、采用先进的工艺技术与设备、改善管理、综合利用等措施，从源头削减污染，提高资源利用效率，减少或者避免生产、服务和产品使用过程中污染物的产生和排放，以减轻或者消除对人类健康和环境的危害。

3.2　水泥窑

水泥熟料煅烧设备，通常包括回转窑和立窑两大类。

3.3　窑磨一体机

把水泥窑废气引入物料粉磨系统，利用废气余热烘干物料，窑和磨排出的废气同用一台除尘设备进行处理的窑磨联合运行的系统。

3.4　自动化控制系统

使用计算机网络通讯技术，对水泥生产过程进行操作控制与数据采集的管理系统，主要包括集散型分布式（DCS）控制系统、程序逻辑控制器（PLC）控制系统、生料质量控制系统、生产信息管理系统和大气污染物连续在线监测系统等。

3.5　熟料综合煤耗

在统计期内生产每吨熟料的燃料消耗，包括烘干原料、燃料和烧成熟料消耗的燃料。

3.6　熟料综合电耗

在统计期内生产每吨熟料的综合电力消耗，包括熟料生产各过程的电耗和生产熟料辅助过程的电耗。

3.7　水泥综合电耗

在统计期内生产每吨水泥的综合电力消耗，包括水泥生产各过程的电耗和生产水泥的辅助过程电耗（包括厂区内线路损失以及车间办公室、仓库的照明等消耗）。

3.8　单位熟料新鲜水用量

生产设备生产每吨水泥熟料所消耗的新鲜水量（不包括重复使用的和循环利用的水量及余热发电用水蒸发量）。

3.9　单位产品污染物产生量

各设备生产每吨产品所产生的污染物质量。产品产量按污染物监测时段的设备或系统实际小时产出量计算，如水泥窑、熟料冷却机以熟料产出量计算，生料制备系统以生料产出量计算。

4　规范性技术要求

4.1　指标分级

本标准给出了水泥工业生产过程清洁生产水平的三级技术指标：

一级：国际清洁生产先进水平；

二级：国内清洁生产先进水平；

三级：国内清洁生产基本水平。

4.2　指标要求

水泥工业清洁生产指标要求见表1。

表1　水泥工业清洁生产指标要求

清洁生产指标等级		一级	二级	三级
一、生产工艺与装备要求				
1．水泥生产				
（1）规模	水泥熟料生产线/（t/d）	≥4 000	≥2 000	
	水泥粉磨站/（万 t/a）	≥100	≥60	≥40
（2）装备	窑系统	窑外分解新型干法窑，袋收尘或电收尘		窑外分解新型干法窑及产业政策允许的其他窑，袋收尘或电收尘
	生料粉磨系统	立式磨，袋收尘或电收尘	磨机直径≥4.6m圈流球磨机，袋收尘或电收尘	产业政策允许的其他磨机，袋收尘或电收尘
	煤粉制备系统	立式磨或风扫磨，袋收尘或电收尘		

清洁生产指标等级		一级	二级	三级
（2）装备	水泥粉磨系统（含粉磨站）	磨机直径≥4.2m辊压机与球磨机组合的粉磨系统或立式磨，袋收尘	磨机直径≥3.8m，辊压机与球磨机组合的粉磨系统或带高效选粉机的圈流球磨机，袋收尘	2.6m≤磨机直径＜3.8m，圈流球磨机或高细磨，袋收尘
	动力配置	高、低压变频	暂波调整或滤波调整或水电阻调整	
（3）生产过程控制水平		采用现场总线或 DCS 或 PLC 控制系统、生料质量控制系统、生产管理信息分析系统，窑头、窑尾安装大气污染物连续监测装置		采用了 DCS 或 PLC 操作控制系统
（4）收尘设备同步运转率/%		100		
（5）包装（袋装水泥）	包装方式	机械化，袋收尘		半机械化，袋收尘
	破包率/‰	≤1	≤2	≤3
（6）装卸及运输		机械化装卸与输送；装卸过程采取有效措施防止扬尘；运输中全部封闭或覆盖。散装采用专用散装罐车（包括火车及汽车）运输		半机械化或人工装卸与输送；装卸过程应采取有效措施防止扬尘；运输中全部封闭或覆盖。散装应采用专用散装罐车（包括火车及汽车）运输

2. 石灰石矿山开采、破碎及运输

（1）开采		采用矿山计算机模型软件技术；采用自上而下分水平开采方式；在矿山地形和矿体赋存条件许可的情况下，采用横向采掘开采法；中径深孔爆破技术；采用自带空压机的穿孔设备、液压挖掘机或轮式装载机；有供电条件的采用电动挖掘机		采用自上而下分水平开采方式；在矿山地形和矿体赋存条件许可的条件下，采用横向采掘开采法；中径深孔爆破技术或浅眼爆破技术；采用自带空压机的穿孔设备或移动式空压机供气的穿孔设备，液压挖掘机或轮式装载机，有供电条件的采用电动挖掘机
（2）破碎		单段破碎系统，袋收尘	二段破碎系统，袋收尘	
（3）运输（矿区至厂区）		采用胶带输送机或溜井—胶带联合运输或汽车—胶带联合运输等运输方式。各转运点配备除尘净化设施		采用矿用汽车或非矿用汽车运输。各转运点配备除尘净化设施

清洁生产指标等级		一级	二级	三级
二、资源能源利用指标				
1. 可比熟料综合煤耗（折标煤）/（kg/t）		≤106	≤115	≤120
2. 可比熟料综合能耗（折标煤）/（kg/t）		≤114	≤123	≤134
3. 可比水泥综合能耗（折标煤）/（kg/t）		≤93	≤100	≤110
4. 可比熟料综合电耗[a]/（kW·h/t）		≤62	≤65	≤73
5. 可比水泥综合电耗[b]/（kW·h/t）	生产水泥的水泥企业	≤90	≤100	≤115
	水泥粉磨企业	≤35	≤38	≤45
6. 单位熟料新鲜水用量/（t/t）		≤0.3	≤0.5	≤0.75
7. 循环水利用率/%		≥95	≥90	≥85
8. 水泥散装率/%		≥70	≥40	≥30
9. 原料配料中使用工业废物[c]/%		≥15	≥10	≥5
10. 窑系统废气余热利用率/%		≥70	≥50	≥30
三、产品指标				
1. 质量指标		水泥、熟料产品质量应符合 GB 175、GB 13590、GB/T 21372、JC 600 和《水泥企业质量管理规程》的有关要求，产品出厂合格率、28 d 抗压富余强度、袋装重量、均匀性等质量指标合格率均应达到 100%		
2. 放射性		对用于 I 类民用建筑主体材料的矿渣硅酸盐水泥、复合硅酸盐水泥和钢渣硅酸盐水泥，其产品中天然放射性比活度的内、外照射指数 I_{Ra}、I_r 应满足 GB 6566 标准要求		
四、污染物产生指标[d]（末端处理前）				
1. 单位产品二氧化硫产生量/（kg/t）	燃料用煤的全硫量 ≤1.5%	≤0.20	≤0.30	
	燃料用煤的全硫量 >1.5%	≤0.30	≤0.50	
2. 单位产品氮氧化物（以 NO_2 计）产生量/（kg/t）		≤2.00	≤2.40	
3. 单位产品氟化物（以总氟计）产生量/（kg/t）		≤0.006	≤0.008	≤0.01
五、废物回收利用指标				
窑灰、粉尘、废弃料回收利用率/%		100		

清洁生产指标等级		一级	二级	三级
六、环境管理要求				
1. 环境法律法规标准		符合国家和地方有关环境法律、法规，污染物排放（包括焚烧危险废物和生活垃圾）应达到国家和地方排放标准、总量减排和排污许可证管理要求		
2. 组织机构		建立健全专门环境管理机构和专职管理人员，开展环保和清洁生产有关工作		
3. 环境审核		按照《清洁生产审核暂行办法》要求进行了审核；按照GB/T 24001 建立并运行环境管理体系并通过认证	按照《清洁生产审核暂行办法》要求进行了审核；按照GB/T 24001 建立并运行环境管理体系，环境管理手册、程序文件及作业文件齐备，原始记录及统计数据齐全有效	
4. 生产过程环境管理	岗位培训	所有岗位进行过严格培训		主要岗位进行过严格培训
	各岗位操作管理、设备管理	建立完善的管理制度并严格执行，设备完好率达100%	建立完善的管理制度并严格执行，设备完好率达98%	建立较完善的管理制度并严格执行，设备完好率达95%
	原料、燃料消耗及质检	建立原料、燃料质检制度和原料、燃料消耗定额管理制度，安装计量装置或仪表，对能耗、物料消耗及水耗进行严格定量考核	建立原料、燃料质检制度和原料、燃料消耗定额管理制度，对能耗、物料消耗及水耗进行定量考核	建立原料、燃料质检制度和原料、燃料消耗定额管理制度，对能耗、物料消耗及水耗进行计量
	颗粒物、无组织排放控制	生产线的物料处理、输送、装卸、贮存过程应封闭，所有物料均不得露天堆放，对粉尘、无组织排放进行控制并定期监测，其中窑系统须安装并实施连续在线监测装置；同时对块石、黏湿物料、浆料以及车船装卸料过程进行有效的控制。建立污染事故的应急程序		生产线对干粉料的处理、输送、装卸、贮存应封闭；对粉尘、无组织排放进行控制；露天储料场应当采取防起尘、防雨水冲刷流失的措施；装卸料时，采取有效措施防止扬尘
	氯化氢、汞、镉、铅、二噁英类、厂界恶臭（氨、硫化氢、甲硫醇和臭气浓度）[e]	焚烧工业固体废物和生活垃圾的水泥窑，焚烧工业固体废物和生活垃圾时做好废物和垃圾的预处理，焚烧危险废物窑或窑磨一体机的烟气处理宜采用高效布袋除尘器		

清洁生产指标等级	一级	二级	三级
5. 原料矿山降尘要求	露天采矿场有洒水除尘设备，对爆堆、采矿工作面，运输道路和其他扬尘点喷水降尘		
6. 固体废物处理处置	建有固废储存、处置场，并有防止扬尘、淋滤水污染、水土流失的措施		
7. 土地复垦	符合国家土地复垦的有关规定，具有完整的复垦计划，复垦管理纳入日常生产管理。矿山开采的表层土要全部回用，采终后受破坏植被绿化率100%	符合国家土地复垦的有关规定，具有完整的复垦计划，复垦管理纳入日常生产管理。矿山开采的表层土要全部回用，采终后受破坏植被绿化率70%	符合国家土地复垦的有关规定，具有完整的复垦计划。矿山开采的表层土要全部回用，采终后受破坏植被绿化率50%
8. 相关方环境管理	服务协议中明确原辅材料的供应方、协作方、服务方的环境要求		

注：a. 只生产水泥熟料的水泥企业。

b. 不包括钢渣粉制备的电耗。

c. 废物资源条件不能满足的地区不执行此指标。

d. 指在水泥窑及窑磨一体机的污染物产生量。

e. 仅适用于焚烧工业固体废物和生活垃圾的水泥窑。

5　数据采集和计算方法

5.1　采样

本标准各项指标的采样和监测按照国家颁布的相关标准监测方法执行。

5.2　相关指标的计算方法

5.2.1　统计与计算的基本要求和原则

燃料和电耗按 GB 16780 的规定进行统计和计算，统计期内企业生产两种以上不同强度等级的水泥时，应根据不同强度等级的可比水泥综合电耗和水泥产量采用加权平均的方法计算可比水泥综合电耗和可比水泥综合能耗。

企业有多条生产线时，原则上按生产线分别计算能耗。

5.2.2　收尘设备同步运转率

指收尘设备年运转时间与对应的生产工艺设备的年运转时间之比，按公式（1）计算：

$$\tau = \frac{t}{T} \times 100\% \qquad (1)$$

式中：τ —— 收尘设备同步运转率，%；

　　　t —— 收尘设备年运转时间，h；

　　　T —— 生产工艺设备的年运转时间，h。

5.2.3 可比熟料综合煤耗

指熟料综合煤耗统一修正后所得的综合煤耗，以 e_{kcl} 表示。

5.2.3.1 熟料综合煤耗按公式（2）计算：

$$e_{cl} = \frac{P_C Q_{net,ar}}{Q_{BM} P_{CL}} - e_{he} - e_{hu} \qquad (2)$$

式中：e_{cl} —— 熟料综合煤耗（折标煤），kg/t；

　　　P_C —— 统计期内用于烘干原燃材料和烧成熟料的入窑与入分解炉的实物煤总量，kg；

　　　$Q_{net,ar}$ —— 统计期内实物煤的加权平均低位发热量，kJ/kg；

　　　Q_{BM} —— 每千克标准煤发热量，见 GB/T 2589，kJ/kg；

　　　P_{CL} —— 统计期内的熟料总产量，t；

　　　e_{he} —— 统计期内余热发电折算的单位熟料标准煤量，kg/t，按公式（3）计算；

　　　e_{hu} —— 统计期内余热利用的热量折算的单位熟料标准煤量，kg/t，按公式（4）计算。

$$e_{he} = \frac{0.404 \times (q_{he} - q_o)}{P_{CL}} \qquad (3)$$

式中：P_{CL} —— 统计期内的熟料总产量，t；

　　　0.404 —— 每千瓦时电力折合的标准煤量（根据每年国家电力监管委员会和中国电力企业联合会于"电力可靠性指标发布会"公布的指标进行调整），kg/(kW•h)；

　　　q_{he} —— 统计期内余热电站总发电量，kW•h；

　　　q_o —— 统计期内余热电站自用电量，kW•h。

$$e_{\text{hu}} = \frac{H_{\text{HI}} - (H_{\text{HE}} - H_{\text{HD}})}{Q_{\text{BM}} P_{\text{CL}}} \tag{4}$$

式中：H_{HI} —— 统计期内余热利用进口总热量，kJ；

H_{HE} —— 统计期内余热利用出口热量，kJ；

H_{HD} —— 统计期内余热利用系统的散热损失总量，kJ。

注：固体燃料发热量按 GB/T 213 的规定测定，液体燃料发热量按 GB/T 384 的规定测定；

企业无法直接测定燃料发热量时，按 JC/T 733 的规定计算。

5.2.3.2 熟料强度等级修正系数按公式（5）计算：

$$\alpha = \sqrt[4]{\frac{52.5}{A}} \tag{5}$$

式中：α —— 熟料强度等级修正系数；

A —— 统计期内熟料平均 28d 抗压强度（参照 GB 16780 附录 A 的规定），MPa；

52.5 —— 统计期内熟料平均抗压强度修正到 52.5 MPa。

5.2.3.3 水泥企业所在地海拔高度超过 1 000 m 时进行海拔修正，海拔修正系数按公式（6）计算：

$$K = \sqrt{\frac{P_{\text{H}}}{P_0}} \tag{6}$$

式中：K —— 海拔修正系数；

P_{H} —— 当地环境大气压，Pa；

P_0 —— 海平面环境大气压，101 325 Pa。

5.2.3.4 可比熟料综合煤耗按公式（7）计算：

$$e_{\text{kcl}} = \alpha K e_{\text{cl}} \tag{7}$$

式中：e_{kcl} —— 可比熟料综合煤耗（折标煤），kg/t。

5.2.4 可比熟料综合电耗

指将熟料综合电耗统一修正后所得的综合电耗，按公式（8）计算：

$$Q_{\text{KCL}} = \alpha K Q_{\text{CL}} \tag{8}$$

式中：Q_{KCL} —— 可比熟料综合电耗，kW•h/t；

Q_{CL} —— 统计期内熟料综合电耗，kW•h/t。

注：按熟料 28d 抗压强度等级修正到 52.5 等级及海拔高度统一修正。

5.2.5 可比熟料综合能耗

指在统计期内生产每吨熟料消耗的各种能源统一修正后并折算成标准煤所得的综合能耗。按公式（9）计算：

$$E_{CL} = e_{kcl} + 0.122\,9 \times Q_{KCL} \tag{9}$$

式中：E_{CL} —— 可比熟料综合能耗（折标煤），kg/t；

$\quad\quad$ 0.122 9 —— 每千瓦时电力折合的标准煤量（参照 GB 16780 附录 B），kg/(kW•h)。

注：按熟料 28d 抗压强度等级修正到 52.5 等级及海拔高度统一修正。

5.2.6 可比水泥综合电耗

指水泥综合电耗统一修正后所得的综合电耗，以 Q_{KS} 表示。

5.2.6.1 水泥综合电耗按公式（10）计算：

$$Q_S = \frac{q_{fm} + Q_{CL}\,p_{cl} + q_m\,p_m + q_g\,p_g + q_{fz}}{P_S} \tag{10}$$

式中：Q_S —— 水泥综合电耗，kW•h/t；

$\quad\quad q_{fm}$ —— 统计期内水泥粉磨及包装过程耗电量，kW•h；

$\quad\quad p_{cl}$ —— 统计期内熟料消耗量，t；

$\quad\quad q_m$ —— 统计期内每吨混合材预处理平均耗电量，kW•h/t；

$\quad\quad p_m$ —— 统计期内混合材消耗量，t；

$\quad\quad q_g$ —— 统计期内每吨石膏平均耗电量，kW•h/t；

$\quad\quad p_g$ —— 统计期内石膏消耗量，t；

$\quad\quad q_{fz}$ —— 统计期内应分摊的辅助用电量，kW•h；

$\quad\quad P_S$ —— 统计期内水泥总产量，t。

注：对水泥粉磨企业，计算水泥综合电耗时按 Q_{CL} 等于零计算。

5.2.6.2 水泥强度等级修正系数按公式（11）计算：

$$d = \sqrt[4]{\frac{42.5}{B}} \tag{11}$$

式中：d —— 水泥强度等级修正系数；

$\quad\quad B$ —— 统计期内水泥加权平均强度，MPa；

42.5 —— 统计期内水泥平均强度修正到 42.5 MPa。

5.2.6.3　混合材掺量修正系数按公式（12）计算：

$$f = 0.3\% \times (F_H - 20) \tag{12}$$

式中：f —— 混合材掺量修正系数；

　　　　F_H —— 统计期内混合材掺量（质量分数），%；

　　　　0.3% —— 混合材掺量每改变 1.0%，影响水泥综合电耗百分比的统计平均值；

　　　　20 —— 普通硅酸盐水泥中混合材允许的最大掺量（质量分数），%。

5.2.6.4　可比水泥综合电耗按公式（13）计算：

$$Q_{KS} = d(1 + f)Q_S \tag{13}$$

式中：Q_{KS} —— 可比水泥综合电耗，kW•h/t。

　　注：对水泥粉磨企业按 f 为零计算。

5.2.7　可比水泥综合能耗

指在统计期内生产每吨水泥消耗的各种能源统一修正后并折算成标准煤所得的综合能耗，按公式（14）计算：

$$E_{KS} = e_{kcl} \times g + e_h + 0.122\,9 \times Q_{KS} \tag{14}$$

式中：E_{KS} —— 可比水泥综合能耗（折标煤），kg/t；

　　　　g —— 统计期内水泥企业水泥中熟料平均配比（质量分数），%；

　　　　e_h —— 统计期内烘干水泥混合材所消耗燃料折算的单位水泥标准煤量，kg/t；

　　　　0.122 9 —— 每千瓦时电力折合的标煤量（参照 GB 16780 附录 B），kg/(kW•h)。

　　注 1：按熟料 28d 抗压强度等级修正到 52.5 等级、海拔、水泥 28d 抗压强度等级修正到出厂为 42.5 等级及混合材掺量统一修正。

　　　　2：本标准水泥中熟料配比按 75% 计算。

5.2.8　循环水利用率

循环水利用率按公式（15）计算：

$$\eta = \frac{W_1}{W} \times 100\% \tag{15}$$

式中：η —— 循环水利用率，%；

　　　　W_1 —— 循环冷却水的循环利用量，t；

　　　　W —— 外补新鲜水量和循环水利用量之和（不包括余热发电用水蒸发量），t。

5.2.9　水泥散装率

水泥散装率按公式（16）计算：

$$k = \frac{G_s}{G} \times 100\% \qquad (16)$$

式中：k —— 水泥散装率，%；

$\quad\;\; G_s$ —— 散装水泥出厂量，万 t；

$\quad\;\; G$ —— 全厂全年水泥出厂量，万 t。

5.2.10 原料配料中使用工业废物

原料配料中使用工业废物比例为原料配料中使用工业废物的量与原料总量的比值，按公式（17）计算：

$$F = \frac{G_f}{G_y} \times 100\% \qquad (17)$$

式中：F —— 原料配料中使用工业废物的比例，%；

$\quad\;\; G_f$ —— 统计期内原料配料中使用工业废物的量，万 t；

$\quad\;\; G_y$ —— 统计期内原料总量，万 t。

5.2.11 窑系统废气余热利用率

窑系统废气余热利用率按公式（18）计算：

$$m = \frac{H_{HI} - (H_{HE} + H_{HD})}{H_{HI}} \times 100\% \qquad (18)$$

式中：m —— 窑系统废气余热利用率，%。

$\quad\;\; H_{HI}$ —— 统计期内余热利用进口总热量，kJ；

$\quad\;\; H_{HE}$ —— 统计期内余热利用出口热量，kJ；

$\quad\;\; H_{HD}$ —— 统计期内余热利用系统的散热损失总量，kJ。

注：热量测定按 JC/T 733 进行。

5.2.12 废物回收利用率

废物回收利用率按公式（19）计算：

$$\sigma = \frac{F_h}{F_z} \times 100\% \qquad (19)$$

式中：σ —— 废物回收利用率，%；

$\quad\;\; F_h$ —— 统计期内回收利用的废物量，kg；

$\quad\;\; F_z$ —— 统计期内废物总量，kg。

5.2.13 采终后受破坏植被绿化率

采终后受破坏植被绿化率按公式（20）计算：

$$n = \frac{S_1}{S} \times 100\% \qquad (20)$$

式中：n —— 植被绿化率，%；

S_1 —— 统计期内植被绿化恢复面积，m^2；

S —— 统计期内植被破坏总面积，m^2。

6　标准的实施

本标准由各级人民政府环境保护行政主管部门负责监督实施。

清洁生产标准 钢铁工业

（HJ/T 189—2006）

1 范围

本标准适用于钢铁联合企业和短流程电炉钢厂的总体清洁生产审核、清洁生产绩效评定和清洁生产绩效公告制度。企业中的配套焦化厂和企业自备火电厂的清洁生产审核及绩效评定分别执行国家颁布的相应专业标准。

2 规范性引用文件

下列文件中的条款通过本标准的引用而成为本标准的条款。当下列标准被修订时，其最新版本适用于本标准。

GB8978   污水综合排放标准

GB9078   工业炉窑大气污染物排放标准

GB13271   锅炉大气污染物排放标准

GB13456   钢铁工业水污染物排放标准

GB16171   炼焦炉大气污染物排放标准

GB16297   大气污染物综合排放标准

GB/T 24001 环境管理体系 规范及使用指南

3 术语和定义

3.1 清洁生产

指不断采取改进设计、使用清洁的能源和原料、采用先进的生产工艺技术与设备、改善管理、综合利用等措施，从源头削减污染，提高资源利用效率，减少或者避免生产、服务和产品使用过程中污染物的产生和排放。

3.2 钢铁行业

国民经济发展的重要基础材料产业，指以黑色金属（铁、铬、锰 3 种金属元素）作为主要开采、冶炼及压延加工对象的工业产业。主要包括以金属矿石为原料采用铁矿粉烧结、高炉炼铁、转炉炼钢、轧机轧制生产的长流程钢铁联合企业和以废钢铁为原料采用电炉炼钢、轧/锻机轧/锻制生产的短流程企业加工生产各种钢材产品的全过程。

本标准不含钢铁行业冶金矿山采矿和选矿、耐火材料、炭素制品和冶金机械生产。

3.3 干熄焦（Coke Dry Quenching，简称 CDQ）

一种熄焦工艺，它利用冷的惰性气体，在干熄炉中与赤热红焦换热从而冷却红焦并终止其燃烧。吸收了红焦热量的惰性气体将热量传给干熄焦锅炉产生蒸汽，被冷却的惰性气体再由循环风机鼓入干熄炉冷却并熄灭红焦。

3.4 新型湿法熄焦

一种熄焦工艺，它将低水分熄焦——熄焦水在设定压力下经特定排列的喷嘴以大流量喷至熄焦车内的红焦表面，熄焦水供水速度远快于焦块吸水速度，只有部分水在由上至下通过焦炭层时被吸收并被激烈汽化，其余大部分水经熄焦车倾斜底板上的孔和沟槽排出，激烈汽化瞬间产生的大量水蒸气由下至上搅动焦炭层使其进一步均匀冷却并起到整粒作用。

稳定熄焦——大量熄焦水经管道进入特制熄焦车下部的倾斜夹层，通过在斜底上分布的出水口由下至上喷入焦炭层，激烈汽化瞬间产生的大量水蒸气由下至上搅动焦炭层使其均匀冷却并起到整粒作用，熄焦塔上设有钢制导向斗防止焦炭被蒸汽带出熄焦车外，熄焦车上方设有洒水设施用于清洗除尘用导流板和产生水幕以防含尘水蒸气外逸。

3.5 小球烧结

指将混合料制成小粒径球团，并在其外表面黏附一层粉状燃料后，在烧结机上进行焙烧的工艺过程。

3.6 烧结厚料层操作

指烧结机布料厚度提高至 300 mm 以上的操作过程。

3.7 烧结矿显热回收

指将烧结矿冷却机高温段废气（温度为 350～420℃）进行余热回首。显热回收途径主要有：（1）预热点火、保温炉助燃空气，以降低燃料消耗；（2）预热混合料，提高料温，降低固体燃料消耗；（3）利用余热锅炉生产蒸汽，部分替代燃煤锅炉；（4）余热发电。

3.8 高炉炉顶煤气余压发电（Top Gas Pressure Recovery Turbine，简称 TRT）

指利用高炉炉顶煤气中的压力能经透平膨胀做功来驱动发电机发电，由此可回收高炉鼓风机所需能量的30%左右，实际上回收了原来在减压阀组中泄失的能量。

3.9 入炉焦比

指高炉冶炼每一吨合格生铁所消耗的干焦炭量[kg/t 铁]。

3.10 高炉喷煤量

指高炉冶炼每吨合格生铁所消耗的煤粉量（kg/t 铁）。

3.11 转炉溅渣护炉

指在转炉出钢后留滞部分终渣于炉膛内，并在吹炼初期或在出钢完毕后、溅渣开始前向炉内加入炉渣调整料，调整炉渣成分及黏度至适宜范围，用高压氮气将渣液吹溅涂敷在炉衬表面形成溅渣层，起到保护炉衬的作用。

3.12 连铸比

指连铸合格坯产量占钢总产量的百分比。

3.13 连铸坯热送热装

指铸坯在 400℃以上热状态下装入加热炉，而铸坯温度在 650～1 000℃时装入加热炉，节能效果最好。

3.14 双预热蓄热燃烧

指将燃烧器与蓄热体相结合，利用工业炉产生的高温废气，通过蓄热体将低热值高炉煤气、助燃空气预热到较高温度后再进行燃烧的技术。

3.15 可比能耗

指钢铁企业以钢为代表产品，前后工序能力配套生产所需要的能源消耗。是指企业每生产 1 t 钢，从炼焦、烧结、炼铁、炼钢直到成品钢材配套生产所必需的耗能量及企业燃料加工与运输，机车运输及能源亏损所分摊到每吨钢的耗能量之和。不包括钢铁企业的矿山、选矿、铁合金、耐火材料、碳素制品、焦化回收产品精制及其他产品生产、辅助生产及非生产的能耗。

3.16 炼钢钢铁料消耗

指每投入一次钢铁料（生铁+废钢，不包括回炉钢）量（kg）和合格钢产量（t）之比率。

3.17 生产取水量

指钢铁企业生产全过程中，生产每吨钢需要的新水取水量。包括企业自建或合建的取水设施、地区或城镇供水工程、发电厂尾水以及企业外购水量，不包括企业自取的海水、苦咸水和企业排出厂区的废水回用水。

3.18 钢材综合成材率

指产品从第一道加工工序投料起直至最后一道加工工序结束止的全过程（包括各个环节生产经营周转损失）的成材率，而成材率即合格钢材产量占钢坯、钢锭总消耗量的百分比，其反映生产过程中原料的利用程度。

3.19 钢材质量合格率

指合格钢材生产量占钢材总检验量的百分比，是反映产品在生产过程中技术操作和管理工作质量的指标。

3.20 钢材质量等级品率

反映我国钢铁行业产品质量水平及变化情况的指标，是钢材优等品产量、一等品产量、合格品产量分别乘以其各自加权系数（1.5、1.0、0.5）再相加求和后，与报告期总产量的百分比。

3.21 炉外精炼比

指经过炉外精炼（二次冶金）工艺处理的合格钢产量占合格钢总产量的百分比。

3.22 电炉钢冶炼电耗

指每炼 1 t 电炉钢在实际冶炼过程中所消耗的电量。

4 技术要求

4.1 指标分级

本标准共给出了钢铁行业生产过程清洁生产水平的三级技术指标：

一级：国际清洁生产先进水平；

二级：国内清洁生产先进水平；

三级：国内清洁生产基本水平。

4.2 钢铁行业清洁生产技术指标

钢铁行业清洁生产各级指标的具体要求见表 1 和表 2。

表 1 钢铁联合企业清洁生产技术指标

指标等级清洁生产指标	一级	二级	三级
一、生产工艺装备与技术指标			
1. 新型熄焦工艺	干熄焦量 100%	干熄焦量≥50%，或采用新型湿法熄焦	
2. 焦炉煤气脱硫	配套脱硫及硫回收利用设施		
	$H_2S≤200\,mg/m^3$	$H_2S≤300\,mg/m^3$	$H_2S≤500\,mg/m^3$
3. 小球烧结及厚料层操作	料层厚≥600 mm	料层厚≥500 mm	料层厚≥400 mm
4. 烧结矿显热回收	利用余热锅炉产生蒸汽或余热发电		预热点火、保温炉助燃空气或混合料
5. 高炉炉顶煤气余压发电（TRT）	100%装备	80%装备	60%装备
6. 入炉焦比/（kg/t 铁）	≤300	≤380	≤420
7. 高炉喷煤量/（kg/t 铁）	≥200	≥150	≥120
8. 转炉溅渣护炉	采用该技术		
9. 连铸比/% [①]	100	≥95	≥90
10. 连铸坯热送热装	热装温度≥600℃，热装比≥50%		热装温度≥400℃，热装比≥50%

指标等级清洁生产指标	一级	二级	三级
11. 双预热蓄热燃烧	中小型材、线材、中板、中宽带及窄带钢的加热炉（每小时加热能力 100 吨左右）		
二、资源能源利用指标			
1. 可比能耗/（kg 标煤/t 钢）	≤680	≤720	≤780
2. 炼钢钢铁料消耗/（kg/t 钢）	≤1 070	≤1 080	≤1 090
3. 生产取水量/（m³ 水/t 钢）	≤6.0	≤10.0	≤16.0
三、污染物指标			
绩效指标② 1. 废水排放量/（m³/t 钢）	≤2.0	≤4.0	≤6.0
2. COD 排放量/（kg/t 钢）	≤0.2	≤0.5	≤0.9
3. 石油类排放量/（kg/t 钢）	≤0.015	≤0.040	≤0.120
4. 烟/粉尘排放量/（kg/t 钢）	≤1.0	≤2.0	≤4.0
5. SO_2 排放量/（kg/t 钢）	≤1.0	≤2.0	≤2.5
a. 烧结机头			
6. SO_2/（kg/t 产品）	≤0.7	≤1.5	≤3.0
7. 烟尘/（kg/t 产品）	≤2.0	≤3.0	≤4.0
b. 炼钢			
产生指标 8. 转炉废水量/（m³/t 钢）	≤17	≤20	≤25
9. 连铸废水量/（m³/t 钢）	≤18	≤20	≤25
10. 电炉烟尘/（kg/t 钢）	≤12	≤14	≤16
c. 热轧			
11. 板/带/管材废水量/（m³/t 材）	≤40	≤50	≤60
12. 棒/线/型材废水量/（m³/t 材）	≤25	≤35	≤45
d. 冷轧			
13. 废水量/（m³/t 材）	≤45	≤50	≤60
四、产品指标			
1. 钢材综合成材率/%	≥96	≥92	≥90
2. 钢材质量合格率/%	≥99.5	≥99	≥98
3. 钢材质量等级品率/%	≥110	≥100	≥90
五、废物回收利用指标			
1. 生产水复用率/%	≥95	≥93	≥90
2. 高炉煤气回收利用率/%		≥95	≥93
3. 转炉煤气回收热量/（kgce/t 钢）	≥23	≥21	≥18
4. 含铁尘泥回收利用率/%	100	≥95	≥90
5. 高炉渣利用率/%③	100	≥95	≥90
6. 转炉渣利用率/%③	100	≥95	≥90
六、环境管理要求			

指标等级清洁生产指标	一级	二级	三级
1. 环境法律法规标准	符合国家和地方有关环境法律、法规，污染物排放达到国家和地方排放标准、总量控制和排污许可证管理要求。相应国家排放标准包括：GB9078、GB16171、GB13271、GB16297、GB13456、GB8978 等		
2. 组织机构	设专门环境管理机构和专职管理人员，开展环保和清洁生产有关工作		
3. 环境审核	按照《钢铁企业清洁生产审核指南》的要求进行了审核；按照 ISO14001 建立并运行环境管理体系，环境管理手册、程序文件及作业文件齐备	按照《钢铁企业清洁生产审核指南》的要求进行了审核；环境管理制度健全，原始记录及统计数据齐全有效	
4. 废物处理		用符合国家规定的废物处置方法处置废物，严格执行国家或地方规定的废物转移制度。对危险废物要建立危险废物管理制度，并进行无害化处理	
5. 生产过程环境管理		1. 每个生产工序要有操作规程，对重点岗位要有作业指导书；易造成污染的设备和废物产生部位要有警示牌；生产工序能分级考核。 2. 建立环境管理制度其中包括： 开停工及停工检修时的环境管理程序； 新、改、扩建项目管理及验收程序； 储运系统污染控制制度；环境监测管理制度；污染事故的应急程序；环境管理记录和台账	1. 每个生产工序要有操作规程，对重点岗位要有作业指导书；生产工序能分级考核。 2. 建立环境管理制度其中包括： 开停工及停工检修时的环境管理程序； 新、改、扩建项目管理及验收程序； 环境监测管理制度； 污染事故的应急程序
6. 相关方环境管理		原材料供应方的管理；协作方、服务方的管理程序	原材料供应方的管理程序

注：① 不包括铸/锻钢件以及需开坯生产的产品等；② 不包括自备电厂排污量；③ 稀土渣、钒渣等特殊渣除外。

表 2 电炉钢厂（短流程）清洁生产标准

指标等级清洁生产指标	一级	二级	三级
一、生产工艺装备与技术指标			
1. 废钢预热量	预热废钢量100%	预热废钢量≥80%	预热废钢量≥60%
2. 炉外精炼比/%	100	≥90	≥70
3. 电炉钢冶炼电耗/（kW·h/t）	≤290	≤350	≤420
4. 连铸比/%①	100	≥95	≥90
5. 热送热装①	热装温度≥600℃，热装比≥50%		热装温度≥400℃，热装比≥50%
6. 双预热蓄热燃烧	中小型材、线材、中板、中宽带及窄带钢的加热炉（每小时加热能力 100 吨左右）		
二、资源能源利用指标			
1. 可比能耗/（kg 标煤/t 钢）	≤480	≤520	≤580
2. 金属料消耗/（kg/t 钢）	≤1 050	≤1 100	≤1 130
3. 生产取水量/（m³ 水/t 钢）	≤6.0	≤10.0	≤16.0
三、污染物指标			
绩效指标　1. 废水排放量/（m³/t 钢）	≤4.5	≤9.0	≤13.0
2. COD 排放量/（kg/t 钢）	≤0.2	≤0.5	≤0.9
3. 石油类排放量/（kg/t 钢）	≤0.015	≤0.040	≤0.120
4. 烟/粉尘排放量/（kg/t 钢）	≤1.0	≤2.0	≤4.0
5. 萤石用量/（kg/t 钢）	≤3.0	≤5.0	≤8.0
产生指标　a. 炼钢			
6. 电炉废水量/（m³/t 钢）	≤30	≤35	≤45
7. 电炉烟尘/（kg/t 钢）	≤12	≤14	≤16
b. 轧钢			
8. 管材废水量/（m³/t 材）	≤20	≤40	≤50
9. 棒/线材废水量/（m³/t 材）	≤25	≤35	≤45
四、产品指标			
1. 钢材综合成材率/%	≥96	≥92	≥90
2. 钢材质量合格率/%	≥99.5	≥99	≥98
3. 钢材质量等级品率/%	≥110	≥100	≥90
五、废物回收利用指标			
1. 生产水复用率/%	≥95	≥93	≥90
2. 含铁尘泥回收利用率/%	100	≥95	≥90
3. 电炉渣利用率/%	100	≥85	≥70
4. 余热利用量/（kgce/t 钢）	≥30	≥25	≥20

指标等级清洁生产指标	一级	二级	三级
六、环境管理要求			
1. 环境法律法规标准	符合国家和地方有关环境法律、法规，污染物排放达到国家和地方排放标准、总量控制和排污许可证管理要求。相应国家排放标准包括 GB9078、GB16171、GB13271、GB16297、GB13456、GB8978 等		
2. 组织机构	设专门环境管理机构和专职管理人员，开展环保和清洁生产有关工作		
3. 环境审核		按照《钢铁企业清洁生产审核指南》的要求进行了审核；环境管理制度健全，原始记录及统计数据齐全有效	
4. 废物处理		用符合国家规定的废物处置方法处置废物，严格执行国家或地方规定的废物转移制度。对危险废物要建立危险废物管理制度，并进行无害化处理	
5. 生产过程环境管理	按照《钢铁企业清洁生产审核指南》的要求进行了审核；按照 GB/T24001 建立并运行环境管理体系，环境管理手册、程序文件及作业文件齐备	1. 每个生产工序要有操作规程，对重点岗位要有作业指导书；易造成污染的设备和废物产生部位要有警示牌；生产工序能分级考核。 2. 建立环境管理制度其中包括： 开停工及停工检修时的环境管理程序； 新、改、扩建项目管理及验收程序； 储运系统污染控制制度； 环境监测管理制度； 污染事故的应急程序； 环境管理记录和台账	1. 每个生产工序要有操作规程，对重点岗位要有作业指导书；生产工序能分级考核。 2. 建立环境管理制度其中包括： 开停工及停工检修时的环境管理程序； 新、改、扩建项目管理及验收程序； 环境监测管理制度； 污染事故的应急程序
6. 相关方环境管理		原材料供应方的管理； 协作方、服务方的管理程序	原材料供应方的管理程序

注：①不包括铸/锻钢件以及需开坯生产的产品等。

5　数据采集和计算方法

5.1　本标准各项指标的采样和监测按照国家标准监测方法执行。

5.2　各项指标的计算方法

5.2.1　入炉焦比

$$入炉焦化(kg/t) = \frac{干焦耗用量}{合格生铁产量}$$

5.2.2   钢铁料消耗

$$炼钢钢铁料消耗量(kg/t) = \frac{入炉生铁量与废钢量之和}{合格钢生产量}$$

5.2.3   生产取水量

$$V_{ui} = \frac{V_i}{Q}$$

式中：V_{ui}——生产每吨钢取新水总量，m^3/t；

V_i——在一定的计量时间内，企业在生产全过程中取生产新水量总和，m^3；

Q——在同一计量时间内，企业钢产量，t。

5.2.4   污染物绩效指标

$$污染物排放量(m^3或kg/t钢) = \frac{企业污染物年排放量}{合格钢水年产量}$$

此污染物即钢铁企业生产过程中经治理后外排的废水、COD、石油类、烟/粉尘、SO_2 等，其中 SO_2 和烟/粉尘不包括自备电厂的排放量。

5.2.5   污染物产生指标

$$污染物排放量(m^3或kg/t产品) = \frac{被考核设备/设施污染物年产生量}{被考核设备/设施合格产品年产量}$$

此污染物即钢铁生产过程中废水、烟尘、SO_2 等的初始产生量，其中废水为被考核设备/设施的生产总用水量。

5.2.6   钢材综合成材率合格钢材生产量

$$钢材综合成材率(\%) = \frac{合格钢材生产量}{耗用钢锭/连铸坯量}$$

5.2.7   钢材质量合格率

$$钢材质量合格率(\%) = \frac{钢材检验合格量}{钢材检验总量} \times 100\%$$

5.2.8   钢材质量等级品率

$$钢材质量等级品率G(\%) = \frac{\alpha_1 \times p_1 \times \alpha_2 \times p_2 \times \alpha_3 \times p_3}{p} \times 100\%$$

式中：α_1、α_2、α_3 —— 优等品、一等品、合格品加权系数，分别为 1.5、1.0、0.5；

p_1、p_2、p_3 —— 优等品、一等品、合格品产量。

5.2.9   生产水复用率

$$R = \frac{V_r}{V_r + V_i} \times 100\%$$

式中：R——生产水复用率，%；

$\quad\quad V_r$——在一定的计量时间里，企业在生产全过程中的重复利用水量，m^3；

$\quad\quad V_i$——意义同前述取水量计算式。

5.2.10　炉外精炼比

$$炉外精炼比(\%) = \frac{精炼合格钢水年产量}{合格钢水年产量} \times 100\%$$

5.2.11　电炉钢冶炼电耗

$$电炉钢冶炼耗电量(kW \cdot h/t) = \frac{冶炼耗电量}{合格钢生产量}$$

5.2.12　萤石用量

$$萤石用量(kg/t钢) = \frac{萤石年耗量}{合格钢水年产量}$$

5.2.13　余热利用量

$$余热利用量(kgce/t钢) = \frac{各工序所有可利用余热的全年实际利用量}{合格钢水年产量}$$

6　标准的实施

本标准由各级人民政府环境保护行政主管部门负责组织实施。

清洁生产标准　石油炼制业

（HJ/T 125—2003）

1　范围

本标准适用于石油炼制业燃料型炼油厂的清洁生产审核、清洁生产潜力与机会的判断、清洁生产绩效评定和清洁生产绩效公告制度。燃料-润滑油型、燃料-化工型石油炼制企业可参照执行。

2　规范性引用文件

以下标准和规范所含条文，在本标准中被引用即构成本标准的条文，与本标准同效。

GB 252—2000　轻柴油

GB 17930—1999　车用无铅汽油

GB/T 15262—1994　空气质量　二氧化硫的测定　甲醛吸收-副玫瑰苯胺分光光度法

GB/T 16157—1996　固定污染源排气中颗粒物测定与气态污染物采样方法

GB/T 16488—1996　水质　石油类和动植物油的测定　红外光度法

GB/T 16489—1996　水质　硫化物的测定　亚甲基蓝分光光度法

《世界燃油规范》

当上述标准和规范被修订时，应使用其最新版本。

3　定义

3.1　清洁生产

清洁生产是指不断采取改进设计、使用清洁的能源和原料、采用先进的工艺技术与设备、改善管理、综合利用等措施，从源头削减污染，提高资源利用效率，减少或者避免生产、服务和产品使用过程中污染物的产生和排放，以减轻或消除对人类健康和环境的危害。

3.2 石油炼制业

以石油为原料，加工生产燃料油、润滑油等产品的全过程。石油炼制业不含石化有机原料、合成树脂、合成橡胶、合成纤维以及化肥的生产。

3.3 石油炼制取水量

用于石油炼制生产，从各种水源中提取的水量。取水量以所有进入石油炼制的水及水的产品的一级计量表的计量为准。

3.4 净化水回用率

含硫污水汽提净化水回用于生产装置的量占净化水总量的百分比。

3.5 原料加工损失率

生产装置在加工过程中的原料损失量占原料加工总量的百分比。

3.6 污染物产生指标

包括水污染物产生指标和气污染物产生指标。水污染物产生指标是指污水处理装置入口的污水量和污染物种类、单排量或浓度。气污染物产生指标是指废气处理装置入口的废气量和污染物种类、单排量或浓度。

3.7 含油污水

在原油加工过程中与油品接触的冷凝水、介质水、生成水、油品洗涤水、油泵轴封水等，主要污染物是油，还含有硫化物、挥发酚、氰化物等污染物。

3.8 含硫污水

来源于加工装置分离罐的排水、富气洗涤水等，含有较高的硫化物、氨的污水。同时含有挥发酚、氰化物和石油类等污染物。

3.9 污水单排量

企业（装置）每加工 1 t 原油（原料）产生的污水量，即去污水处理厂进行末端治理的水量。

3.10 综合能耗

加工每吨原料所消耗的各种能源折合为标油的量。

3.11 单耗量

装置每加工 1 t 原油所使用或消耗的其他原辅材料的量，包括水、蒸汽、催化剂等。

3.12 生产装置新鲜水用量

生产装置每加工 1 t 原料所消耗的生产给水量（不包括循环水、软化水、脱盐水等）。

3.13 假定净水

不经处理可以直接排放的废水。

4 要求

4.1 指标分级

本标准共给出了石油炼制业生产过程清洁生产水平的三级技术指标：

一级： 国际清洁生产先进水平；

二级： 国内清洁生产先进水平；

三级： 国内清洁生产基本水平。

4.2 指标要求

石油炼制业企业清洁生产标准的指标要求见表 1；

常减压装置清洁生产标准的指标要求见表 2；

催化裂化装置清洁生产标准的指标要求见表 3；

焦化装置清洁生产标准的指标要求见表 4。

表 1 石油炼制业清洁生产标准

指标	一级	二级	三级
一、生产工艺与装备要求	年加工原油能力大于 250 万 t/a； 排水系统划分正确，未受污染的雨水和工业废水全部进入假定净化水系统； 特殊水质的高浓度污水（如：含硫污水、含碱污水等）有独立的排水系统和预处理设施； 轻油（原油、汽油、柴油、石脑油）储存使用浮顶罐； 设有硫回收设施； 废碱渣回收粗酚或环烷酸； 废催化剂全部得到有效处置		
二、资源能源利用指标			
1. 综合能耗/（kg 标油/t 原油）	≤80	≤85	≤95
2. 取水量/（t 水/t 原油）	≤1.0	≤1.5	≤2.0
3. 净化水回用率/%	≥65	≥60	≥50
三、污染物产生指标			
1. 石油类/（kg/t 原油）	≤0.025	≤0.2	≤0.45
2. 硫化物/（kg/t 原油）	≤0.005	≤0.02	≤0.045
3. 挥发酚/（kg/t 原油）	≤0.01	≤0.04	≤0.09
4. COD/（kg/t 原油）	≤0.2	≤0.5	≤0.9
5. 加工吨原油工业废水产生量/（t 水/t 原油）	≤0.5	≤1.0	≤1.5

指标	一级	二级	三级
四、产品指标			
1. 汽油	产量的 50%达到《世界燃油规范》Ⅱ类标准	符合 GB 17930—1999 产品技术规范	
2. 轻柴油	产量的 30%达到《世界燃油规范》Ⅱ类标准	符合 GB 252—2000 产品技术规范	
五、环境管理要求			
1. 环境法律法规标准	符合国家和地方有关环境法律、法规,总量控制和排污许可证管理要求;污染物排放达到国家和地方排放标准：污水综合排放标准（GB 8978—1996）、工业炉窑大气污染物排放标准（GB 9078—1996）、大气污染物综合排放标准（GB 16297—1996）		
2. 组织机构	设专门环境管理机构和专职管理人员		
3. 环境审核	按照石油化工企业清洁生产审核指南的要求进行审核；按照 ISO14001	按照石油化工企业清洁生产审核指南的要求进行审核；环境管理制度健全，原始记录及统计数据齐全有效	
4. 废物处理	（或相应的 HSE）建立并运行环境管理体系，环境管理手册、程序文件及作业文件齐备	用符合国家规定的废物处置方法处置废物；严格执行国家或地方规定的废物转移制度。对危险废物要建立危险废物管理制度，并进行无害化处理	
5. 生产过程环境管理		1. 每个生产装置要有操作规程，对重点岗位要有作业指导书；易造成污染的设备和废物产生部位要有警示牌；对生产装置进行分级考核 2. 建立环境管理制度其中包括： 开停工及停工检修时的环境管理程序； 新、改、扩建项目环境管理及验收程序； 储运系统油污染控制制度； 环境监测管理制度； 污染事故的应急程序； 环境管理记录和台账	1.每个生产装置要有操作规程，对重点岗位要有作业指导书；对生产装置进行分级考核 2.建立环境管理制度其中包括： 开停工及停工检修时的环境管理程序； 新、改、扩建项目环境管理及验收程序； 环境监测管理制度； 污染事故的应急程序
6. 相关方环境管理		原材料供应方的环境管理； 协作方、服务方的环境管理程序	原材料供应方的环境管理程序

表 2　常减压装置清洁生产标准

指标		一级	二级	三级
一、生产工艺与装备要求		采用"三顶"瓦斯气回收技术； 加热炉采用节能技术； 采用 DCS 仪表控制系统； 现场设密闭采样设施。		
二、资源能源利用指标				
1. 综合能耗/（kg 标油/t 原料）		燃料油型≤10 润滑油型≤11	燃料油型≤12 润滑油型≤12.5	燃料油型≤13 润滑油型≤14.5
2. 新鲜水用量/（t 水/t 油）		≤0.05	≤0.1	≤0.15
3. 原料加工损失率/%		≤0.1	≤0.2	≤0.3
三、污染物产生指标				
1.含油污水	3.1.1 单排量/（kg/t 原料）	≤20	≤40	≤60
	3.1.2 石油类含量/（mg/L）	≤50	≤100	≤150
2.含硫污水	3.2.1 单排量/（kg/t 原料）	≤27	≤35	≤44
	3.2.2 石油类含量/（mg/L）	≤80	≤140	≤200
3. 加热炉烟气中的 SO_2 含量/（mg/Nm^3）		≤100	≤300	≤550

表 3　催化裂化装置清洁生产标准

指标			一级			二级			三级	
一、生产工艺与装备要求		采用提升管催化裂化工艺； 设烟气能量回收设备； 采用 DCS 仪表控制系统； 现场设密闭采样设施。								
二、资源能源利用指标	掺渣量比率			掺渣量比率			掺渣量比率			
	<35%	35%～70%	>70%	<35%	35%～70%	>70%	<35%	35%～70%	>70%	
1. 综合能耗/（kg 标油/t 原料）	≤62	≤65	≤73	≤65	≤73	≤80	≤68	≤80	≤95	
2. 催化剂单耗/（kg/t 原料）	≤0.40	≤0.60	≤0.80	≤0.50	≤0.70	≤1.0	≤0.60	≤0.90	≤1.4	
3. 原料加工损失率/%	≤0.40	≤0.50	≤0.60	≤0.50	≤0.65	≤0.75	≤0.60	≤0.75	≤0.85	
三、污染物产生指标	掺渣量比率			掺渣量比率			掺渣量比率			
	<35%	35%～70%	≥70%	<35%	35%～70%	>70%	<35%	35%～70%	>70%	

指标		一级			二级			三级		
1. 含油污水	单排量，kg/t 原料	≤120	≤120	≤120	≤160	≤160	≤200	≤200	≤200	≤250
	石油类含量，mg/L	≤100	≤130	≤150	≤140	≤170	≤200	≤200	≤220	≤250
2. 含硫污水	单排量，kg/t 原料	≤100	≤100	≤100	≤120	≤120	≤150	≤150	≤150	≤200
	石油类含量/（mg/L）	≤80	≤100	≤120	≤150	≤200	≤280	≤200	≤280	≤350
3. 催化再生烟气中 SO₂含量/（mg/Nm³）		≤550	≤550	≤550	≤800	≤1 000	≤1 200	≤1 200	≤1 400	≤1 600
4. 催化再生烟气中粉尘含量/（mg/Nm³）		≤100	≤100	≤100	≤150	≤170	≤180	≤160	≤180	≤190

表 4　焦化装置清洁生产标准

指标		一级	二级	三级
一、生产工艺与装备要求		焦碳塔采用密闭式冷焦、除焦工艺；冷焦水密闭循环处理工艺；采用 DCS 仪表控制系统；设密闭采样设施；设雨水系统；处理部分污水处理厂废渣。		
二、资源能源利用指标				
1. 综合能耗/（kg 标油/t 原料）		≤25.0 含吸收稳定≤30.0	≤28.0 含吸收稳定≤32.0	≤31.0 含吸收稳定≤35.0
2. 新鲜水用量/（t 水/t 原料）		≤0.12	≤0.2	≤0.3
3. 原料加工损失率/%		≤0.5	≤0.8	≤1.2
三、污染物产生指标				
1. 含油污水	单排量/（kg/t 原料）	≤130	≤150	≤180
	石油类含量/（mg/L）	≤200	≤300	≤500
2. 含硫污水	单排量/（kg/t 原料）	≤50	≤100	≤180
	石油类含量/（mg/L）	≤400	≤800	≤1 100
3. 加热炉烟气中的 SO₂ 含量/（mg/Nm³）		≤500	≤600	≤750

5 数据采集和计算方法

本标准所设计的各项指标均采用石油炼制业和环境保护部门最常用的指标，易于理解和执行。

5.1 本标准各项指标的采样和监测按照国家标准监测方法执行。

5.2 以下给出各项指标的计算方法

5.2.1 原料加工损失率

$$原料加工损失率（\%）=\frac{装置的年原料损失量}{装置的年原料加工量}\times100$$

5.2.2 污水单排量

$$污水单排量（kg污水/t原料）=\frac{装置每年产生的污水总量(去污水处理厂的总量)}{装置的年加工原料量}$$

5.2.3 污染物单排量

$$污染物单排量（kg污染物/t原料）=\frac{装置年去污水处理厂污水中某污染物的总量}{装置的年加工原料量}$$

5.2.4 新鲜水单耗

$$新鲜水单耗（t污水/t原料）=\frac{装置年新鲜水用量}{装置的年加工原料量}$$

5.2.5 取水量

$$石油炼制取水量（t）=自建供水设施取水量+外购水量-外供水量$$

5.2.6 加工吨原油取水量

$$加工吨原油取水量（t/t）=\frac{在一定的计量时间内,石油炼制的取水量}{在相应的计量时间内,石油炼制的原油加工量}$$

6 标准的实施

本标准由各级人民政府环境保护行政主管部门负责组织实施。

清洁生产标准　汽车制造业（涂装）

（HJ/T 293—2006）

1　适用范围

本标准适用于汽车制造企业（涂装）的清洁生产审核和清洁生产潜力与机会的判断、清洁生产绩效评定和清洁生产绩效公告制度。

2　规范性引用文件

下列文件中的条款通过本标准的引用而成为本标准的条款。当下列标准被修订时，其最新版本适用于本标准。

GB 6514　　涂装作业安全规程涂漆工艺安全及其通风净化

GB 7692　　涂装作业安全规程涂漆前处理工艺安全及其通风净化

GB 8264　　涂装作业安全规程涂装技术术语

GB 11893　总磷的测定钼酸铵分光光度法

GB 11914　水质化学需氧量的测定重铬酸盐法

GB 12367　涂装作业安全规程静电喷漆工艺安全

GB 14443　涂装作业安全规程涂层烘干室安全技术规定

GB 14444　涂装作业安全规程喷漆室安全技术规定

3　术语和定义

3.1　清洁生产

清洁生产是指不断采取改进设计、使用清洁的能源和原料、采用先进的工艺技术与设备、改善管理、综合利用等措施，从源头削减污染，提高资源利用效率，减少或者避免生产、服务和产品使用过程中污染物的产生和排放，以减轻或者消除对人类健康和环境的危害。

3.2　涂装将涂料涂覆于基底表面形成具有防护、装饰或特定功能涂层的过程。

3.3　污染物产生指标

指生产（或加工）单位量（产值、产量或加工面积）的产品产生污染物的量

（处理前）。该类指标主要有废水产生指标、废气产生指标和废渣产生指标。

4　技术要求

4.1　指标分级本标准将汽车制造业（涂装）生产过程清洁生产水平划分为三级技术指标：

　　一级：国际清洁生产先进水平；

　　二级：国内清洁生产先进水平；

　　三级：国内清洁生产基本水平。

4.2　指标要求

汽车制造业涂装清洁生产标准的指标要求见表1。

表 1　汽车制造业涂装清洁生产标准的指标要求

指标		一级	二级	三级
一、生产工艺与装备要求				
1. 基本要求		（1）禁止使用"淘汰落后生产能力、工艺和产品的目录"规定的内容； （2）优先采用"国家重点行业清洁生产技术导向目录"规定的内容； （3）禁止使用火焰法除旧漆；严格限制使用干喷砂除锈		
2. 涂装前处理	脱脂设施	有脱脂液维护与调整设施（如油水分离器、磁性分离器等）		
	磷化设施	有磷化液维护与调整设施（如磷化液除渣设施等）		
	温度控制	有自动控温系统		
	工艺安全	符合 GB 7692 涂漆前处理工艺安全		
3. 底漆	电泳漆加料	有自动补加装置		人工调输漆
	温度控制	有自动控温系统		
	电泳漆回收	有三级回收，RO 反渗透装置、全封闭冲洗（无废水排放）	有二级回收电泳漆装置	有一级回收电泳漆装置
4. 中涂	漆雾处理	有自动漆雾处理系统		有漆雾处理系统
	喷漆室	采用节能型设施，废溶剂有效回收；符合 GB 14444 喷漆室安全技术规定		
	烘干室	有脱臭装置，符合 GB 14443 涂层烘干室安全技术规定		符合 GB 14443
5. 面漆	漆雾处理	有自动漆雾处理系统		有漆雾处理系统
	喷漆室	采用节能型设施，废溶剂有效回收；符合 GB 14444 喷漆室安全技术规定		
	烘干室	有脱臭装置,符合 GB 14443 涂层烘干室安全技术规定		符合 GB 14443

指标		一级	二级	三级
二、原材料指标				
1. 基本要求		（1）禁止使用含苯的涂料、稀释剂和溶剂；禁止使用含铅白的涂料；禁止使用含红丹的涂料；禁止使用含苯、汞、砷、铅、镉、锑和铬酸盐的底漆； （2）严禁在前处理工艺中使用苯；禁止在大面积除油和除旧漆中使用甲苯、二甲苯和汽油； （3）限制使用含二氯乙烷的清洗液；限制使用含铬酸盐的清洗液		
2. 涂装前处理	脱脂剂	采用无磷、低温[1]或生物分解型的脱脂剂	采用低磷、低温的脱脂剂	采用高效、中温[2]的脱脂剂
	磷化液	（1）不含亚硝酸盐 （2）不含第一类金属污染物[3] （3）采用低温、低锌、低渣磷化液	采用低温、低锌、低渣磷化液	
3. 底漆		（1）水性漆（或水性涂料） （2）无铅、无锡、节能型阴极电泳漆 （3）节能型粉末涂料		（1）水性漆（或水性涂料） （2）阴极电泳漆 （3）粉末涂料
4. 中涂		（1）涂料固体分＞75% （2）水性涂料 （3）节能型粉末涂料	（1）涂料固体分＞70% （2）水性涂料 （3）节能型粉末涂料	（1）涂料固体分＞60% （2）水性涂料 （3）粉末涂料
5. 面漆		（1）涂料固体分＞75% （2）水性涂料 （3）节能型粉末涂料 （4）紫外线固化涂料	（1）涂料固体分＞70% （2）水性涂料 （3）节能型粉末涂料 （4）紫外线固化涂料	（1）涂料固体分＞60% （2）水性涂料 （3）粉末涂料 （4）紫外线固化涂料
三、资源能源利用指标				
1. 耗新鲜水量/（m^3/m^2）		≤0.1	≤0.2	≤0.3
2. 水循环利用率/%		≥85	≥70	≥60
3. 耗电量/（kW·h/m^2）	2C2B 涂层	≤15	≤18	≤22
	3C3B 涂层	≤20	≤23	≤27
	4C4B 涂层	≤25	≤28	≤32
	5C5B 涂层	≤30	≤33	≤37
四、污染物产生指标				
1. 废水产生量/（m^3/m^2）		≤0.09	≤0.18	≤0.27
2. COD 产生量/（g/m^2）		≤100	≤150	≤200

指标		一级	二级	三级
3. 总磷产生量/（g/m²）		≤5	≤10	≤20
4. 有机废气（VOC）产生量/（g/m²）	2C2B 涂层	≤30	≤50	≤70
	3C3B 涂层	≤40	≤60	≤80
	4C4B 涂层	≤50	≤70	≤90
	5C5B 涂层	≤60	≤80	≤100
5. 废漆渣产生量/（g/m²）		≤20	≤50	≤80

五、环境管理指标

1. 环境法律法规标准		符合国家和地方有关环境法律、法规，污染物排放达到国家和地方排放标准、总量控制指标和排污许可证管理要求		
2. 生产过程环境管理		生产中无跑、冒、滴、漏，有工艺过程管理		
3. 环境管理	环境审核	完成清洁生产审核并建立 ISO 14001 环境管理体系		完成清洁生产审核、有齐全的管理规章和岗位职责
	环境管理机构	建立并有专人负责		
	环境管理制度	健全、完善并纳入日常管理		较完善的环境管理制度
	环保设施的运行管理	记录运行数据并建立环保档案		记录运行数据并进行统计
	污染源监测系统	符合国家环保总局和当地环保局对主要污染物在线监测要求，同时具有主要污染物分析条件		具有主要污染物分析条件
	信息交流	具备计算机网络化管理系统		定期交流
4. 相关方环境管理		完成清洁生产审核并建立 ISO 14001 环境管理体系	完成清洁生产审核、有齐全的管理规章和岗位职责	有管理规章和岗位职责

注：1. 低温是指槽液工作温度<45℃；
　　2. 中温是指槽液工作温度 45～60℃；
　　3. 第一类金属污染物是指 Hg、Cr、Cd、As、Pb、Ni。

5　数据采集和计算方法

　　本标准所规定的各项指标，均采用国内涂装技术标准和环境保护部门的常用指标。

5.1　本标准的各项指标的采样和监测，按照国家标准监测方法执行。

5.2　污染物产生指标计算中，污染物数据系指末端处理之前的数据。

5.3　各项指标的计算方法。

5.3.1　耗水量

耗水量指涂装生产中每涂 1 m² 面积（涂料覆盖的实际面积）的零件所耗用的新鲜水量（m³）。

$$耗水量 = \frac{耗新鲜水总量（m^3/a）}{涂装总生产面积（m^2/a）}$$

耗新鲜水总量包括涂装生产中耗用的自来水新鲜水量，回收使用水不重复计算，以年为单位进行统计。

涂装总生产面积是指所有涂装工艺涂料所涂覆的实际面积总和。

5.3.2　水重复利用率

水重复利用率是指涂装工艺所有重复利用水量（含涂装工艺废水处理重复用水）占总用水量的百分数（%）

$$R = \frac{b}{f+b} \times 100\%$$

式中：R——水重复利用率；

$\quad b$——串级用水量+循环用水量＋回用水量；

$\quad f$——新鲜水用量。

5.3.3　耗电量

耗电量指涂装生产中每涂覆 1 m² 面积的零件所耗用的总电量（kW·h）。

$$耗水量 = \frac{耗电总量（kW·h/a）}{涂装总生产面积（m^2/a）}$$

耗电量包括涂装各工序动力设备直接用电、自产水、供风、设备维修及维护或试运转用电、本车间照明用电及车间办公室等照明用电，以及有关上述各项用电的线路和变压器损失。耗电量按生产工序分别计算，以年为单位进行统计。

以下情况不计入用电总量：（1）由于厂房要求不同，对全封闭车间空调用电不计入；（2）烘干室采用烘干方式不同，有些厂家采用重油、液化气方式，有些厂采用电加热，因此该工序若采用电加热，则该电量不计；（3）不包括非生产性用电，如食堂、托儿所、学校、职工住宅、基建和建筑安装工程（包括试运行）等用电。

5.3.4　废水产生量

废水产生量指涂覆单位面积产品产生的废水量。废水仅指用于涂装生产时洗涤工件或与涂装有关的其他排水，不包括非生产废水。

$$废水产生量 = \frac{废水产生总量（m^3/a）}{涂覆总生产面积（m^2/a）}$$

5.3.5 COD_{Cr} 产生量

COD_{Cr} 产生量指涂装单位面积产品产生的 COD_{Cr} 量。COD_{Cr} 仅指涂装生产过程中产生的 COD_{Cr}。

$$COD_{Cr}产生量 = \frac{COD_{Cr}产生总量（g/a）}{涂覆总生产面积（m^2/a）}$$

COD 值系指废水在进入废水处理车间之前 COD 的测定值。其浓度监测方法采用重铬酸盐法（方法标准号 GB 11914）。

COD 的浓度值取一年中 12 个月的平均值，即年均浓度。

$$COD年平均浓度 = \frac{1}{12}\sum_{1}^{12}COD月均浓度（mg/L）$$

COD 产生总量按下式计算：

$$COD 产生总量 = COD 年平均浓度（mg/L）×年废水产生量（m^3/a）$$

5.3.6 总磷产生量

总磷产生量指涂覆单位面积产品产生的总磷量。

$$总磷产生量 = \frac{磷产生总量（g/a）}{涂覆总生产面积（m^2/a）}$$

磷的浓度值系指废水在进入废水处理车间之前磷的测定值。其浓度监测方法采用钼蓝比色法（方法标准号 GB11893）。

磷的浓度值取值原则同 COD_{Cr}。

5.3.7 有机溶剂产生量

有机溶剂产生量指涂装单位面积产品产生的有机溶剂量。

$$有机溶剂产生量 = \frac{有机溶剂年挥发量（g/a）}{涂覆总生产面积（m^2/a）}$$

有机溶剂年挥发量=年使用量或油漆涂料（g/a）×有机溶剂含量百分比（%）

$$有机溶剂百分比 = \frac{涂料（或油漆）用量（g）-涂料(或油漆)完全干燥后重量（g）}{涂料（或油漆）用量（g）}×100\%$$

5.3.8 废漆渣产生量

废漆渣产生量指涂装单位面积产品产生的废漆渣量（干重）。

$$废漆渣产生量 = \frac{废漆渣产生总量（g/a）}{涂覆总生产面积（m^2/a）}$$

5.3.9 涂料固体分

当涂料干燥且液体部分（溶剂）蒸发之后，颜料和黏结剂是留在表面的成分，它们一起被称为涂料的固体部分。

$$涂料固体份(\%) = \frac{涂料(或油漆)完全干燥后重量（g）}{涂料（或油漆）用量（g）} \times 100\%$$

6 标准的实施

本标准由各级人民政府环境保护行政主管部门负责组织实施。

清洁生产标准 炼焦行业

（HJ/T 126—2003）

1 范围

本标准适用于常规机械化焦炉焦炭生产企业的炼焦、煤气净化工段及主要产品生产（不包括化学产品深加工和生活消耗）的清洁生产审核、清洁生产潜力与机会的判断、清洁生产绩效评定和清洁生产绩效公告制度。

2 规范性引用文件

以下标准所含条文，在本标准中被引用即构成本标准的条文，与本标准同效。

GB/T 16157—1996 固定污染源排气中颗粒物测定与气态污染物采样方法

HJ/T 57—2000 固定污染源排气中二氧化硫的测定 定电位电解法分析

HJ/T 40—1999 固定污染源排气中苯并[a]芘的测定 高效液相色谱法

GB 12999—91 水质 采样样品的保存和管理技术规定

GB 12998—91 水质 采样技术指导

GB 11914—89 水质 化学需氧量的测定 重铬酸钾法

GB 7479—89 水质 铵的测定 纳氏试剂比色法

GB 7490—87 水质 挥发酚的测定 蒸馏后 4-氨基安替吡啉分光光度法

GB 7486—87 水质 氰化物的测定 第一部分 总氰化物的测定

GB/T 16489—1996 水质 硫化物的测定 亚甲基蓝分光光度法

当上述标准被修订时，应使用其最新版本。

3 定义

3.1 清洁生产

清洁生产是指不断采取改进设计、使用清洁的能源和原料、采用先进的工艺技术与设备、改善管理、综合利用等措施，从源头削减污染，提高资源利用效率，减少或者避免生产、服务和产品使用过程中污染物的产生和排放，以减轻或者消除对人类健康和环境的危害。

3.2　污染物产生指标

包括水污染物产生指标和气污染物产生指标。水污染物产生指标是指污水处理装置入口的污水量和污染物种类、单排量或浓度。气污染物产生指标是指废气处理装置入口的废气量和污染物种类、单排量或浓度。

4　要求

4.1　指标分级

本标准将炼焦行业生产过程清洁生产水平划分为三级技术指标：

一级：国际清洁生产先进水平；

二级：国内清洁生产先进水平；

三级：国内清洁生产基本水平。

4.2　指标要求

炼焦行业清洁生产标准的指标要求见表 1 至表 6。

表 1　生产工艺与装备要求

	指标	一级	二级	三级
备煤工艺与装备	精煤贮存	室内煤库或大型堆取料机机械化露天贮煤场设置喷洒水设施（包括管道喷洒或机上堆料时喷洒）	堆取料机机械化露天贮煤场设置喷洒水装置	小型机械露天贮煤场配喷洒水装置
	精煤输送	带式输送机输送、密闭的输煤通廊、封闭机罩，配自然通风设施		
	配煤方式	自动化精确配煤		
	精煤破碎	新型可逆反击锤式粉碎机、配备冲击式除尘设施，除尘效率≥95%		
炼焦工艺与装备	生产规模/（万 t/a）	≥100	≥60	≥40
	装煤	地面除尘站集气除尘设施，除尘效率≥99%，捕集率≥95%，先进可靠的 PLC 自动控制系统	地面除尘站集气除尘设施，除尘效率≥95%，捕集率≥93%，先进可靠的自动控制系统	高压氨水喷射无烟装煤、消烟除尘车等高效除尘设施或装煤车洗涤燃烧装置、集尘烟罩等一般性的控制设施
	炭化室高度/m	≥6.0	≥4.0	
	炭化室有效容积/m³	≥38.5	≥23.9	
	炉门	弹性刀边炉门		敲打刀边炉门
	加热系统控制	计算机自动控制	仪表控制	
	上升管、桥管	水封措施		

	指标	一级	二级	三级
炼焦工艺与装备	焦炉机械	推焦车、装煤车操作电气采用 PLC 控制系统，其他机械操作设有联锁装置		先进的机械化操作并设有联锁装置
	荒煤气放散	装有荒煤气自动点火装置		
	炉门与炉框清扫装置	设有清扫装置，保证无焦油渣		
	上升管压力控制	可靠自动调节		
	加热煤气总流量、每孔装煤量、推焦操作和炉温监测	自动记录、自动控制	自动记录	
	出焦过程	配备地面除尘站集气除尘设施，除尘效率≥99%，捕集率≥90%，先进可靠的自动控制系统		配备热浮力罩等较高效除尘设施
	熄焦工艺	干法熄焦密闭设备，配备布袋除尘设施，除尘效率≥99%，先进可靠的自动控制系统	湿法熄焦、带折流板熄焦塔	
	焦炭筛分、转运	配备布袋除尘设施，除尘效率≥99%	采用冲击式或泡沫式除尘设备，除尘效率≥90%	
煤气净化装置	工序要求	包括冷鼓、脱硫、脱氰、洗氨、洗苯、洗萘等工序		
	煤气初冷器	横管式初冷器或横管式初冷器+直接冷却器		
	煤气鼓风机	变频调速或液力耦合调速		
	能源利用	水、蒸汽等能源梯级利用、配备制冷设施	水、蒸汽等能源梯级利用或利用海水冷却	
	脱硫工段	配套脱硫及硫回收利用设施		
	脱氨工段	配套洗氨、蒸氨、氨分解工艺或配套硫铵工艺或无水氨工艺		
	粗苯蒸馏方式	粗苯管式炉		
	蒸氨后废水中氨氮浓度/（mg/L）	≤200		
	各工段储槽放散管排出的气体	采用压力平衡或排气洗净塔等系统，将废气回收净化	采用呼吸阀，减少废气排放	
	酚氰废水	生物脱氮、混凝沉淀处理工艺，处理后水质达 GB 13456—92《钢铁工业水污染物排放标准》一级标准	生物脱氮、混凝沉淀处理工艺，处理后水质达 GB 13456—92《钢铁工业水污染物排放标准》二级标准	

表2　资源能源利用指标

指标		一级	二级	三级
工序能耗/（kg 标煤/t 焦）		≤150	≤170	≤180
吨焦耗新鲜水量/（m³/t 焦）		≤2.5	≤3.5	
吨焦耗蒸汽量/（t/t 焦）		≤0.20	≤0.25	≤0.40
吨焦耗电量/（kW·h/t 焦）		≤30	≤35	≤40
炼焦耗热量/（7%H_2O）kJ/kg 标煤	焦炉煤气	≤2 150	≤2 250	≤2 350
	高炉煤气	≤2 450	≤2 550	≤2 650
焦炉煤气利用率/%		100	≥95	≥80
水循环利用率/%		≥95	≥85	≥75

表3　产品指标

指标		一级	二级	三级
焦炭		粒度、强度等指标满足用户要求。产品合格率>98%	粒度、强度等指标满足用户要求，产品合格率95%～98%	粒度、强度等指标满足用户要求,产品合格率93%～95%
		优质的焦炭在炼铁、铸造和生产铁合金的生产过程中排放的污染物少，对环境影响小	焦炭在使用过程中对环境影响较小	焦炭在使用过程中对环境影响较大
		储存、装卸、运输过程对环境影响很小	储存、装卸、运输过程对环境影响较小	储存、装卸、运输过程对环境影响较小
焦炉煤气	用作城市煤气	H_2S≤20 mg/m³, NH_3≤50 mg/m³, 萘≤50 mg/m³（冬）萘≤100 mg/m³（夏）		
	其他用途	H_2S≤200 mg/m³	H_2S≤500 mg/m³	
煤焦油		使用合格焦油罐、配脱水、脱渣装置，进行机械化清渣；储存、输送的装置和管道采用防腐、防泄、防渗漏材质，罐车密闭运输		
铵产品		储存、包装、输送采取防腐、防泄漏等措施		
粗苯		生产、储存、包装和运输过程密闭、防爆，且与人体无直接接触		

表4　污染物产生指标

指标			一级	二级	三级
气污染物	颗粒物/（kg/t 焦）	装煤	≤0.5	≤0.8	—
		推焦	≤0.5	≤1.2	—

指 标		一级	二级	三级
气污染物	苯并[a]芘/（g/t 焦）装煤	≤1.0	≤1.5	—
	苯并[a]芘/（g/t 焦）推焦	≤0.018	≤0.040	
	SO₂/（kg/t 焦）装煤	≤0.01	≤0.02	—
	SO₂/（kg/t 焦）推焦	≤0.01	≤0.015	—
	SO₂/（kg/t 焦）焦炉烟囱	≤0.035	≤0.105	
	焦炉废气污染物无组织泄漏/（mg/m³）颗粒物	2.5		3.5
	焦炉废气污染物无组织泄漏/（mg/m³）苯并[a]芘	0.0025		0.0040
	焦炉废气污染物无组织泄漏/（mg/m³）BSO	0.6		0.8
水污染物	蒸氨工段 蒸氨废水产生量/（t/t 焦）	≤0.50		≤1.0
	蒸氨工段 CODCr/（kg/t 焦）	≤1.2	≤2.0	≤4.0
	蒸氨工段 NH₃-N/（kg/t 焦）	≤0.06	≤0.10	≤0.20
	蒸氨工段 总氰化物/（kg/t 焦）	≤0.008	≤0.012	≤0.025
	蒸氨工段 挥发酚/（kg/t 焦）	≤0.24	≤0.40	≤0.80
	蒸氨工段 硫化物/（kg/t 焦）	≤0.02	≤0.03	≤0.06

表 5　废物回收利用指标

指 标		一级	二级	三级
废水	酚氰废水	处理后废水尽可能回用，剩余废水可以达标外排		
	熄焦废水	熄焦水闭路循环，均不外排		
废渣	备煤工段收尘器煤尘	全部回收利用		
	装煤、推焦收尘系统粉尘	全部回收利用		
	熄焦、筛焦系统粉尘	全部回收利用（如用作钢铁行业原料、制型煤等）		
	焦油渣（含焦油罐渣）	全部不落地且配入炼焦煤或制型煤		
	粗苯再生渣	全部不落地且配入炼焦煤或制型煤或配入焦油中		
	剩余污泥	覆盖煤场或配入炼焦煤		

表 6　环境管理要求

指标	一级	二级	三级
环境法律法规标准	符合国家和地方有关环境法律、法规，污染物排放达到国家和地方排放标准、总量控制和排污许可证管理要求		
环境审核	按照炼焦行业的企业清洁生产审核指南的要求进行审核；按照ISO14001建立并运行环境管理体系，环境管理手册、程序文件及作业文件齐备	按照炼焦行业的企业清洁生产审核指南的要求进行审核；环境管理制度健全，原始记录及统计数据齐全有效	按照炼焦行业的企业清洁生产审核指南的要求进行审核；环境管理制度、原始记录及统计数据基本齐全

指标		一级	二级	三级
生产过程环境管理	原料用量及质量	规定严格的检验、计量控制措施		
	温度系数	$K_均 \geq 0.95$ $K_安 \geq 0.95$	$K_均 \geq 0.90$ $K_安 \geq 0.90$	$K_均 \geq 0.85$ $K_安 \geq 0.80$
	推焦系数 $K_总$	≥ 0.98	≥ 0.90	≥ 0.85
	炉门、小炉门、装煤孔、上升管的冒烟率（分别计算）	$\leq 3\%$	$\leq 5\%$	$\leq 8\%$
	装煤、推焦、熄焦等主要工序的操作管理	运行无故障、设备完好率达100%	运行无故障、设备完好率达98%	运行无故障、设备完好率达95%
	岗位培训	所有岗位进行过严格培训	主要岗位进行过严格培训	主要岗位进行过一般培训
	生产设备的使用、维护、检修管理制度	有完善的管理制度，并严格执行	对主要设备有具体的管理制度，并严格执行	对主要设备有基本的管理制度
	生产工艺用水、电、汽、煤气管理	安装计量仪表，并制定严格定量考核制度	对主要环节进行计量，并制定定量考核制度	对主要用水、电、汽环节进行计量
	事故、非正常生产状况应急	有具体的应急预案		
环境管理	环境管理机构	建立并有专人负责		
	环境管理制度	健全、完善并纳入日常管理	健全、完善并纳入日常管理	较完善的环境管理制度
	环境管理计划	制定近、远期计划并监督实施	制定近期计划并监督实施	制定日常计划并监督实施
	环保设施的运行管理	记录运行数据并建立环保档案	记录运行数据并建立环保档案	记录运行数据并进行统计
	污染源监测系统	水、气、声主要污染源，主要污染物均具备自动监测手段		水、气主要污染源，主要污染物均具备监测手段
	信息交流	具备计算机网络化管理系统	具备计算机网络化管理系统	定期交流
相关方环境管理	原辅料供应方、协作方、服务方	服务协议中要明确原辅料的包装、运输、装卸等过程中的安全要求及环保要求		
	有害废物转移的预防	严格按有害废物处理要求执行，建立台账、定期检查		

5 数据采集和计算方法

5.1 采样

本标准所涉及的各项指标均采用炼焦行业和环境保护专业最常用的指标，易于理解和执行。本标准的各项指标的采样和监测按照国家标准监测方法执行，见

表 7。废气和废水污染物产生指标均指末端处理之前的指标。所有指标均按采样次数的实测数据进行平均。

表 7　废水、废气污染物各项指标监测采样及分析方法

污染源类型	生产工序	监测项目	测点位置	监测采样及分析方法	监测频次	测试条件及要求
废气固定源	装煤推焦 干熄焦	颗粒物 SO_2 苯并[a]芘	炉顶、机侧、焦侧集气系统净化装置前	颗粒物：根据 GB/T 16157—1996 测定 SO_2：定电位电解法（HJ/T 57—2000） 苯并[a]芘：高效液相色谱法（HJ/T 40—1999）	连续考核 3 d，每个装煤、出焦过程分别测一个滤筒，每个过程对应一个炭化室，按作业的炭化室数抽测 60%，同时记录焦炉生产运行工况	风速<1.0 m/s；焦炉生产负荷达 80%以上；正常生产工况； 在装煤、推焦过程中完成一个测试
	焦炉烟囱	SO_2	烟囱开测孔	定电位电解法（HJ/T 57—2000）	至少采集三组以上样品	连续生产
废气无组织排放	炼焦	颗粒物 苯并[a]芘 BSO	焦炉炉顶煤塔侧第 1 至第 4 孔炭化室上升管旁	按 GB 16171—1996《炼焦炉大气污染物排放标准》的有关规定执行		风速<1.0 m/s；焦炉生产负荷达 80%以上；正常生产工况
废水污染源	蒸氨废水	流量	蒸氨塔后出水管处	GB 12999—91 和 GB 12998—91	连续 3 d，每天 6 次	蒸氨工段正常生产工况
		COD_{Cr}		重铬酸钾法（GB 11914—89）		
		NH_3-N		纳氏试剂比色法（GB 7479—89）		
		挥发酚		蒸馏后 4-氨基安替吡啉光度法（GB 7490—87）		
		总氰化物		异烟酸吡唑啉酮光度法（GB 7486—87）		
		硫化物		亚甲基蓝分光光度法（GB/T 16489—1996）		
	酚氰废水处理站	COD_{Cr} NH_3-N 挥发酚 氰化物 硫化物	酚氰废水处理站出口处	与蒸氨废水各项目监测方法相同	连续 3 d，每天 6 次	酚氰废水处理站正常运行工况

5.2 统计与计算

企业的原材料、新鲜水及能源使用量、产品产量、工序能耗、焦炉煤气利用率、吨焦耗热量等均以法定月报表或者年报表为准。各项指标的计算方法如下：

（1）温度系数

$$K_{均} = \frac{(M - A_{机}) + (M - A_{焦})}{2M}$$

式中：$K_{均}$——均匀系数；

　　　M——焦炉燃烧室数（除去检修炉和缓冲炉）；

　　　$A_{机}$——机侧测温火道的温度超过平均温度±20℃（边炉±30℃）的个数；

　　　$A_{焦}$——焦侧测温火道的温度超过平均温度±20℃（边炉±30℃）的个数。

$$K_{安} = \frac{2N - (A'_{机} + A'_{焦})}{2N}$$

式中：$K_{安}$——安定系数；

　　　N——每昼夜直行温度测定的次数；

　　　$A'_{机}$——机侧平均温度与加热制度所规定的温度标准偏差超过±7℃的次数；

　　　$A'_{焦}$——焦侧平均温度与加热制度所规定的温度标准偏差超过±7℃的次数。

（2）推焦系数

$$K_{总} = K_{计} \times K_{执}$$

$$K_{计} = \frac{m - a_1}{m} \qquad\qquad K_{执} = \frac{n - a_2}{n}$$

式中：$K_{总}$——总推焦系数；

　　　$K_{计}$——计划推焦均匀系数；

　　　$K_{执}$——执行推焦均匀系数；

　　　m——本班计划规定的推焦炉数；

　　　a_1——本班计划结焦时间与规定结焦时间相差±5 min 以上的炉数；

　　　a_2——本班计划推焦时间与规定推焦时间相差±5 min 以上的炉数；

　　　n——本班实际出炉数。

（3）冒烟率

$$炉门冒烟率（\%）= \frac{冒烟的炉门个数}{运行的炉门个数} \times 100$$

装煤孔、上升管冒烟率含义同上。

（4）吨焦耗干精煤量、吨焦耗新鲜水量、吨焦耗电量、吨焦耗蒸汽量

$$吨焦耗干精煤量（t/t 焦）= \frac{年(本季)生产焦炭消耗干精煤(t)}{年(本季)焦炭产量(t)}$$

$$吨焦耗新鲜水量（m^3/t 焦）= \frac{年(本季)生产焦炭消耗新鲜水量(m^3)}{年(本季)焦炭产量(t)}$$

$$吨焦耗电量（kW \cdot h/t 焦）= \frac{年(本季)生产焦炭耗电总量(kW \cdot h)}{年(本季)焦炭产量(t)}$$

$$吨焦耗蒸汽量（t/t 焦）= \frac{年(本季)生产焦炭耗蒸汽总量(t)}{年(本季)焦炭产量(t)}$$

（5）焦化工序能耗

$$工序能耗 = \frac{I - Q + E - R}{T}$$

式中：T——焦炭产量，t；

I——原料煤折热量，kg（标煤）；

Q——焦化产品折热量，kg（标煤）；

E——加工能耗折热量，kg（标煤）；

R——余热回收折热量，kg（标煤）。

工序能耗指炼焦及煤气净化工段的能耗。统一按标煤进行折算。

原料煤指炼焦所用洗精煤；焦化产品指焦炭、焦炉煤气、粗苯、煤焦油等；加工能耗指煤气、电、蒸汽耗量等，式中 I 值必须大于 Q 值。

焦炉使用高炉煤气加热时，高炉煤气的耗量乘以 0.88 的校正系数。

（6）吨焦气相污染物产生量

指焦炭生产时，装煤、推焦和熄焦生产过程的气污染物（烟尘、苯并[a]芘、SO_2）产生量与焦炭产量的比值。

$$气污染物产生量（t/t 焦）= \frac{年(本季)工序气污染物产生量(t)}{年(本季)焦炭产量(t)}$$

（7）吨焦蒸氨废水产生量

指焦炭生产时，煤气净化系统的蒸氨废水产生量与焦炭产量的比值。

$$废水产生量（t/t 焦）= \frac{年(本季)蒸氨工序废水产生量(t)}{年(本季)焦炭产量(t)}$$

（8）废水中污染物产生量

指焦炭生产过程中产生的废水中所含污染物质的量，该量可在各工序排放口处进行测定。

$$水污染物产生量（t/t 焦）＝\frac{年(本季)工序水污染物产生量(t)}{年(本季)焦炭产量(t)}$$

（9）焦炉煤气利用率

$$焦炉煤气利用率（\%）＝\frac{焦炉煤气利用量}{总焦炉煤气量}\times 100$$

利用途径除了用于焦炉做燃料外，还可用于粗苯管式炉、氨分解炉、燃气锅炉、工业炉窑、合成化工原料以及外送民用等。

（10）捕集率

$$捕集率（\%）＝\frac{1}{n\times P}\sum_{i=1}^{n}P_i$$

式中：P_i——i 炭化室所测的一个装煤或出焦过程的集尘量，kg/t 焦；

　　　P——一个装煤或出焦过程荒煤气无逸散状态下（通过目测确定）的集尘量，kg/t 焦；

　　　n——实测的焦炉炭化室孔数（n 值至少取整个焦炉炭化室数量的 60%）。

6　标准的实施

本标准由各级人民政府环境保护行政主管部门负责监督实施。

附　录

环境空气质量标准

（GB 3095—1996）

1 主题内容与适用范围

本标准规定了环境空气质量功能区划分、标准分级、污染物项目、取值时间及浓度限值，采样与分析方法及数据统计的有效性规定。本标准适用于全国范围的环境空气质量评价。

2 引用标准

GB/T 15262 空气质量 二氧化硫的测定 甲醛吸收副玫瑰苯胺分光光度法

GB 8970 空气质量 二氧化硫的测定 四氯汞盐副玫瑰苯胺分光光度法

GB/T 15432 环境空气 总悬浮颗粒物测定 重量法

GB 6921 空气质量 大气飘尘浓度测定方法

GB/T 15436 环境空气 氮氧化物的测定 Saltzman 法

GB/T 15435 环境空气 二氧化氮的测定 Saltzman 法

GB/T 15437 环境空气 臭氧的测定 靛蓝二磺酸钠分光光度法

GB/T 15438 环境空气 臭氧的测定 紫外光度法

GB 9801 空气质量 一氧化碳的测定 非分散红外法

GB 8971 空气质量 苯并[*a*]芘的测定 乙酰化滤纸层析荧光分光光度法

GB/T 15439 环境空气 苯并[*a*]芘的测定 高效液相色谱法

GB/T 15264 空气质量 铅的测定 火焰原子吸收分光光度法

GB/T 15434 环境空气 氟化物的测定 滤膜氟离子选择电极法

GB/T 15433 环境空气 氟化物的测定 石灰滤纸氟离子选择电极法

3 定义

3.1 总悬浮颗粒物（TSP）：指能悬浮在空气中，空气动力学当量直径$\leqslant 100\,\mu m$的颗粒物。

3.2 可吸入颗粒物（PM_{10}）：指悬浮在空气中，空气动力学当量直径 $\leq 10\ \mu m$ 的颗粒物。

3.3 氮氧化物（以 NO_2 计）：指空气中主要以一氧化氮和二氧化氮形式存在的氮的氧化物。

3.4 铅（Pb）：指存在于总悬浮颗粒物中的铅及其化合物。

3.5 苯并[a]芘（B[a]P）：指存在于可吸入颗粒物中的苯并[a]芘。

3.6 氟化物（以 F 计）：以气态及颗粒态形式存在的无机氟化物。

3.7 年平均：指任何一年的日平均浓度的算术均值。

3.8 季平均：指任何一季的日平均浓度的算术均值。

3.9 月平均：指任何一月的日平均浓度的算术均值。

3.10 日平均：指任何一日的平均浓度。

3.11 一小时平均：指任何一小时的平均浓度。

3.12 植物生长季平均：指任何一个植物生长季月平均浓度的算术均值。

3.13 环境空气：指人群、植物、动物和建筑物所暴露的室外空气。

3.14 标准状态：指温度为 273K，压力为 101.325 kPa 时的状态。

4 环境空气质量功能区的分类和标准分级

4.1 环境空气质量功能区分类

一类区为自然保护区、风景名胜区和其他需要特殊保护的地区。

二类区为城镇规划中确定的居住区、商业交通居民混合区、文化区、一般工业区和农村地区。

三类区为特定工业区。

4.2 环境空气质量标准分级

环境空气质量标准分为三级。

一类区执行一级标准；

二类区执行二级标准；

三类区执行三级标准。

5 浓度限值

本标准规定了各项污染物不允许超过的浓度限值，见表 1。

表 1　各项污染物的浓度限值

污染物名称	取值时间	浓度限值			浓度单位
		一级标准	二级标准	三级标准	
二氧化硫 SO_2	年平均	0.02	0.06	0.10	mg/m^3 （标准状态）
	日平均	0.05	0.15	0.25	
	1 h 平均	0.15	0.50	0.70	
总悬浮颗粒物 TSP	年平均	0.08	0.20	0.30	
	日平均	0.12	0.30	0.50	
可吸入颗粒物 PM_{10}	年平均	0.04	0.10	0.15	
	日平均	0.05	0.15	0.25	
氮氧化物 NO_x	年平均	0.05	0.05	0.10	
	日平均	0.10	0.10	0.15	
	1 h 平均	0.15	0.15	0.30	
二氧化氮 NO_2	年平均	0.04	0.04	0.08	
	日平均	0.08	0.08	0.12	
	1 h 平均	0.12	0.12	0.24	
一氧化碳 CO	日平均	4.00	4.00	6.00	
	1 h 平均	10.00	10.00	20.00	
臭氧 O_3	1 h 平均	0.12	0.16	0.20	
铅 Pb	季平均	1.50			$\mu g/m^3$ （标准状态）
	年平均	1.00			
苯并[a]芘 B[a]P	日平均	0.01			
氟化物	日平均	7[①]			
	1 h 平均	20[①]			
F	月平均	1.8[②]		3.0[③]	$\mu g/（dm^2 \cdot d）$
	植物生长季平均	1.2[②]		2.0[③]	

注：①适用于城市地区；②适用于牧业区和以牧业为主的半农半牧区，蚕桑区；③适用于农业和林业区。

6　监测

6.1　采样

环境空气监测中的采样点、采样环境、采样高度及采样频率的要求，按《环境监测技术规范》（大气部分）执行。

6.2　分析方法

各项污染物分析方法，见表2。

表2 各项污染物分析方法

污染物名称	分析方法	来源
二氧化硫	（1）甲醛吸收副玫瑰苯胺分光光度法； （2）四氯汞盐副玫瑰苯胺分光光度法； （3）紫外荧光法	GB/T 15262—94 GB 8970—88
总悬浮颗粒物	重量法	GB/T 6921—86
可吸入颗粒物	重量法	GB 6921—86
氮氧化物（以 NO_2 计）	（1）Saltzman 法 （2）化学发光法	GB/T 15436—95
二氧化氮	（1）Saltzman 法 （2）化学发光法	GB/T 15435—95
臭氧	（1）靛蓝二磺酸钠分光光度法； （2）紫外光度法； （3）化学发光法	GB/T 15437—95 GB/T 15438—95
一氧化碳	非分散红外法	GB 9801—88
苯并[a]芘	（1）乙酰化滤纸层析—荧光分光光度法； （2）高效液相色谱法	GB 8971—88 GB/T 15439—95
铅	火焰原子吸收分光光度法	GB/T 15264—94
氟化物 （以 F 计）	（1）滤膜氟离子选择电极法； （2）石灰滤纸氟离子选择电极法	GB/T 15434—95 GB/T 15433—95

注：①②③分别暂用国际标准 ISO/CD 10498、ISO 7996，ISO 10313，待国家标准发布后，执行国家标准；④用于日平均和 1 h 平均标准；⑤用于月平均和植物生长季平均标准。

7 数据统计的有效性规定

各项污染物数据统计的有效性规定，见表3。

表3 各项污染物数据统计的有效性规定

污染物	取值时间	数据有效性规定
SO_2，NO_x，NO_2	年平均	每年至少有分布均匀的 144 个日均值， 每月至少有分布均匀的 12 个日均值
TSP，PM_{10}，P_b	年平均	每年至少有分布均匀的 60 个日均值， 每月至少有分布均匀的 5 个日均值
SO_2，NO_x，NO_2，CO	日平均	每日至少有 18 h 的采样时间
TSP，PM_{10}. B[a]P，Pb	日平均	每日至少有 12 h 的采样时间

污染物	取值时间	数据有效性规定
SO_2，NO_x，NO_2，CO，O_2	1 h 平均	每小时至少有 45 min 的采样时间
Pb	季平均	每季至少有分布均匀的 15 个日均值， 每月至少有分布均匀的 5 个日均值
	月平均	每月至少采样 15 d 以上
F	植物生长季平均	每一个生长季至少有 70% 个月平均值
	日平均	每日至少有 12 h 的采样时间
	1 h 平均	每小时至少有 45 min 的采样时间

8　标准的实施

8.1　本标准由各级环境保护行政主管部门负责监督实施。

8.2　本标准规定了小时、日、月、季和年平均浓度限值，在标准实施中各级环境保护行政主管部门应根据不同目的监督其实施。

8.3　环境空气质量功能区由地级市以上(含地级市)环境保护行政主管部门划分，报同级人民政府批准实施。

附：

《环境空气质量标准》（GB 3095—1996）
修改单

一、取消氮氧化物（NO_x）指标。

二、二氧化氮（NO_2）的二级标准的年平均浓度限值，由 0.04 mg/m^3 改为 0.08 mg/m^3；日平均浓度限值由 0.08 mg/m^3 改为 0.12 mg/m^3；小时平均浓度限值由 0.12 mg/m^3 改为 0.24 mg/m^3。

三、臭氧（O_3）的一级标准的小时平均浓度限值，由 0.12 mg/m^3 改为 0.16 mg/m^3；二级标准的小时平均浓度限值由 0.16 mg/m^3 改为 0.20 mg/m^3。

后 记

当前，我国正处于全面建设小康社会的关键时期，大气污染问题已经成为当前十分突出的环境问题。本书力求通过对大气环境管理相关的法律法规、政策规章、部委文件、地方经验以及环境标准进一步分类梳理和归纳，使其条理性和针对性更强，便于从事环境保护管理人员在工作和学习时查阅。

本书在环境保护部的主持下，在环境保护部污染防治司的指导下，由环境保护部环境规划院负责编写，参与书稿撰写的有：杨金田、燕丽、贺晋瑜、汪旭颖、雷宇等。由于水平有限，加之时间仓促，书中难免有不妥之处，敬请各位同仁批评指正、多提宝贵意见，以便在环境管理实践中正确运用和再编时进一步修改完善。最后，特别感谢环境保护部污染防治司逯世泽、李丽娜等同志对本书的编写工作给予地悉心指导和大力支持！

作者

2014 年 12 月